汉中鸟类图鉴

BIRDS IN HANZHONG

张生奇　主　编
毛治彦 蔡 琼　夏永光　陈 旭　副主编

科学出版社

审图号：图陕F审（2017）060005

图书在版编目（CIP）数据

汉中鸟类图鉴 / 张生奇主编. -- 北京 ：科学出版社，2018.1

ISBN 978-7-03-055765-0

Ⅰ. ①汉… Ⅱ. ①张… Ⅲ. ①鸟类－汉中－图集 Ⅳ. ①Q959.708-64

中国版本图书馆CIP数据核字(2017)第298658号

责任编辑：张　婷 王亚萍/ 责任校对：杨　然

封面设计：彭隆丰 / 内文设计：唐飞飞

责任印制：张克忠

科学出版社 出版

北京东黄城根北街 16 号

邮政编码：100717

http://www.sciencep.com

北京奇良海德印刷股份有限公司 印刷

科学出版社发行 各地新华书店经销

*

2018 年 1月第　一　版　开本：787×1092 1/16

2018 年 1 月第一次印刷　印张：27

字数：350 000

定价：598.00元

（如有印装质量问题，我社负责调换）

《汉中鸟类图鉴》编辑委员会

序

汉中北枕秦岭，南面巴山，两山之间一条蜿蜒的绿丝带——汉江横贯东西。秦岭是世界动物地理古北界与东洋界的分界线，也是中国的南北地理分界线；它是亚热带与暖温带气候的过渡带，是中国最大的两条河流——长江和黄河的分水岭。多样化的生态环境为众多鸟类提供了优良的栖息繁衍之所，因此，汉中自古以来就有着丰富的鸟类资源，是鸟类研究工作者关注的重点地区之一。

汉中对鸟类的研究始于20世纪五六十年代，陕西省内外相关高等院校和科研院所对汉中动物区系和鸟类生态方面做了大量的调查研究工作。影响较大的有郑作新先生1973年出版的《秦岭鸟类志》。

在全球视野中，中国的秦岭山地、岷山和横断山北段，是具有全球保护意义的生物多样性关键地区之一。生活在秦岭的大熊猫、金丝猴、羚牛和朱鹮四大国宝齐聚汉中，在这些明星物种的光芒之下，人们常常忽略了其他物种的存在，其实汉中的鸟类世界非常多姿多彩。汉中有392种鸟类，它们在汉中的山野田园中上演着迷人动听的“舞剧”和“歌剧”，它们的精彩演出少有“观众”欣赏，但这是自然生命历程的一部分。鸟儿们只和那些热爱自然的人们结缘，在荒野中穿行的人有时惊鸿一瞥，才知道原来这些鸟儿也是天之尤物，美艳惊人。

汉中的“旗舰”鸟类非朱鹮莫属，它被誉为“东方宝石”。在汉中，与朱鹮同样位居国宝地位的鸟类，还有金雕、黑鹳、中华秋沙鸭等；而白琵鹭、血雉、红腹锦鸡、红腹角雉、白冠长尾雉、蓑羽鹤、大天鹅、鸳鸯和秃鹫等均为国家二级保护动物。这些珍贵的鸟类与众多生活在山林中的庞大鸟类群体，在汉中的山野、田园及湿地中安家落户，一年四季让汉中的天空绚丽多彩，让汉中充满了悠扬动听的旋律，充满了生命的灵性和律动。

朱鹮是汉中鸟类中的王者，它不仅是陕西，更是中国的骄傲。1981年5月，中国科学院动物研究所鸟类专家刘荫增先生先后在汉中洋县八里关乡大店村姚家沟的山林中发现两个朱鹮的营巢地：7只朱鹮，其中4只成鹮，3只幼鹮，这为野生朱鹮家族的复生带来了希望。一时间将世界关注的目光引向汉中。

经过汉中人30多年艰辛努力的保育，朱鹮种群已经发展繁衍超过

朱鹮的连贯飞行动作。摄影：陈 旭

3000只，朱鹮保护行动成为“人类拯救濒危物种最成功的范例之一”。我曾作为专家组长，参与由陕西省林业厅组织的朱鹮野外放归基地的选择，亲眼目睹了朱鹮觅食于稻田和河流湿地间，美丽身影映衬出的人与自然和谐相处的景象。

多年来，汉中人对朱鹮的呵护，为世人昭示了未来文明的走向，给今天的汉中创造出百鸟争鸣的春天。汉中境内的所有鸟类因此受益，生活于此的所有汉中人也因此受益——汉中人保护了朱鹮和众多鸟类，也保证了生活在这里的人们可以吃到绿色的大米，以及无污染的蔬菜、水果和鱼类，可以呼吸到更清洁的空气。对于汉中人来说，可以在这样的环境中健康地生活，就是最大的福祉！

绿水青山就是金山银山。今天的汉中是近400种鸟类生息繁衍的家园，也是汉中人用30多年时间积攒起来的巨大生态财富，会在此后长久的岁月里反哺曾经贫穷的汉中人民。今天的汉中，早已成为世界闻名的观鸟胜地、摄鸟胜地和旅游胜地，这也是汉中人多年来精心保护朱鹮与众多鸟类的最大回报！

今天，《汉中鸟类图鉴》一书的正式出版，是近几十年来汉中林业工作者在这一领域所取得成果的集中反映。汉中鸟类千姿百态的美丽瞬间在书中定格，一幅幅鲜活灵动的画面，不仅可以填补秦巴山区的鸟类研究空白，更向读者展现了汉中鸟类的多样性，艺术地体现了人与鸟类的和谐共生共存的关系和理念。我相信这本书的出版，能为汉中鸟类的研究和教学、能为汉中蓬勃发展的野生动物保护事业、观鸟和生态旅游产业添砖加瓦，促使它们更上层楼，更能够引导人们从自身做起，积极主动地爱护鸟类，爱护人类与鸟类共同的生存环境，进而唤醒人们珍爱地球生命的自觉意识。

中国工程院院士

东北林业大学教授

2017年12月21日

前言

汉中位于陕西南部，北依秦岭，南屏巴山，长江第一大支流——汉江横贯其中，自古就有“天府之国”和“鱼米之乡”的美誉。它古称“兴元”“梁州”或“天汉”，是两汉三国文化的重要发祥地，素有“汉家发祥地，中华聚宝盆”的美誉。今天，它保存着中国内陆最清洁的田园、河流和森林，是国家南水北调中线水源的重要涵养地。

汉中物华天宝，自然环境优良，是当今地球上同一纬度生态最好和最适宜人类居住的地区之一。汉中拥有国家级自然保护区7处，省级自然保护区3处，国家湿地公园2处，国家级森林公园4处，省级森林公园5处。全市林地面积194.16万公顷，森林覆盖率59.11%，林地面积居全省之冠。汉中地处古北界和东洋界动物区系的交汇处，南北动物兼有。秦岭四大国宝——大熊猫、金丝猴、羚牛和朱鹮齐聚汉中，尤其是针对世界珍禽朱鹮的拯救与保护行动，被誉为“人类拯救濒危物种最为成功的范例之一”。如今，朱鹮是汉中当之无愧的市鸟。

据统计，汉中有鸟类392种，约占全国鸟类总种数（1371种）的29%，约占全省鸟类总种数（465种）的84%，是全省乃至全国鸟类资源分布和保护的重点地区。

多年来，随着保护力度的加大，汉中许多珍贵鸟类的种群数量和分布地域都发生了很大的变化，并不断有鸟类新记录种被发现。为了科学且准确地掌握全市鸟类资源的变化情况，推动野生动物保护事业的健康发展，2002～2007年，汉中市林业局组织专业人员对全市的鸟类资源展开调查，之后在工作中补充了新记录种，统计汇总了400余种。其中，国家一级重点保护鸟类7种，国家二级重点保护鸟类46种，陕西省重点保护鸟类20种，国务院公布的有益、有重要经济价值和科学研究价值的鸟类（三有动物）228种。

为了保护好这些珍贵的鸟类资源，我们根据调查统计结果，并经多方收集资料，精心编写了《汉中鸟类图鉴》一书。希望用精美的照片来直观展示汉中丰富的鸟类资源和汉中的鸟类之美与环境之美。

本书是汉中市60余年来开展鸟类调查和研究工作的总结，是目前汉中记载鸟类资源与分布最完整的资料，是全市第一部鸟类图志。它科学系统、内容丰富、图文并茂、形象直观，不仅可作为野生动物保护研究工作者必备的工具书，也可作为执法监管、科研教学和养殖利用等工作者的重要参考书，也是向全社会宣传鸟类科学知识的实用著作。这本书既有工具书的实用性，又有典藏书的艺术性和欣赏性。

在本书的编撰过程中，我们首先依照汉中市林业局多年来调查汇总的汉中分布鸟类名录，同时吸纳了该地区最新鸟类研究及观鸟成果，并参照目前国内新近出版的各类鸟类书籍，采用最新的鸟类分类系统和观点进行了修订，对汉中分布鸟类名录进行了重新梳理，合并了一些鸟类亚种，对普遍存疑并有争议的鸟种暂不收录。例如，广泛分布于青藏高原的渡鸦和广泛分布于陕北的石鸡、毛腿沙鸡暂不列入。目前，《汉中鸟类图鉴》共收录汉中鸟类392种，一些汉中新记录鸟种是首次公布于众。

我们通过编撰《汉中鸟类图鉴》一书，希望能为汉中迅猛发展的野生动物保护事业、观鸟摄鸟和生态旅游产业添砖加瓦，促使它们更上层楼。

在《汉中鸟类图鉴》付印之际，谨向从事野生动物资源保护的工作者和长期关心支持我市鸟类资源保护事业的各界人士表示衷心的感谢。希望以此为契机，促进我市的野生动物保护事业再攀新高，为生态文明建设做出更大的贡献。

汉中市林业局

汉中观鸟路线图

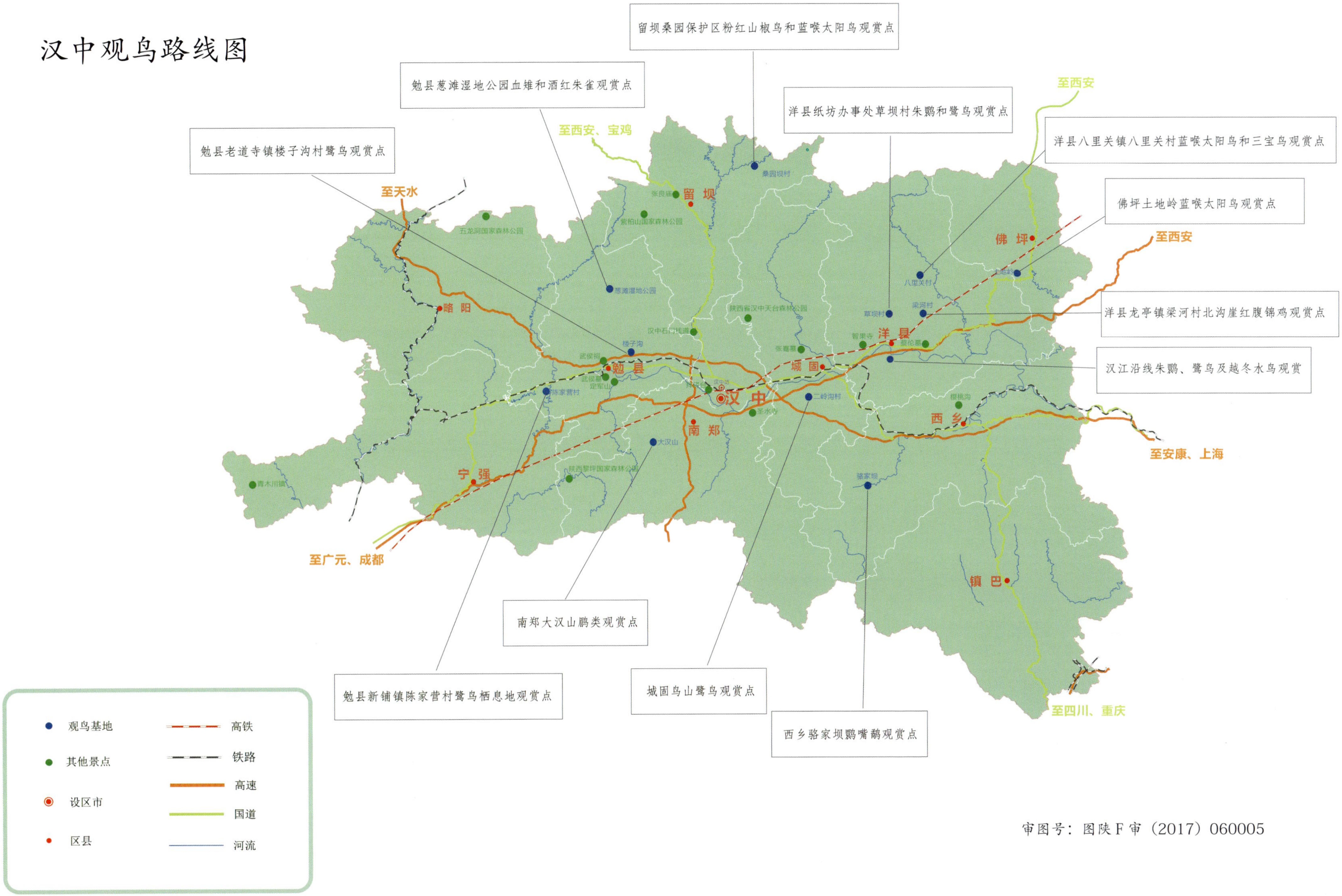

审图号：图陕F审（2017）060005

汉中政区示意图

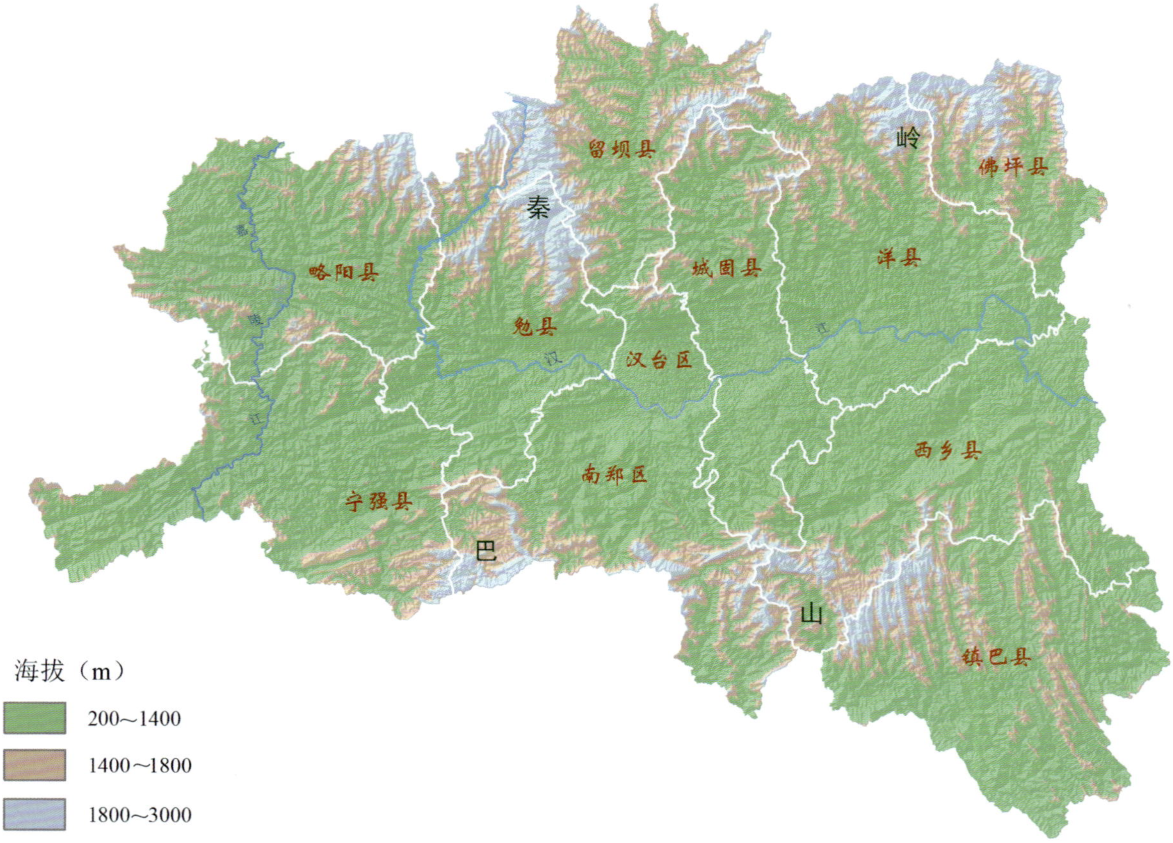

审图号：图陕F审（2017）060005

国家一级保护鸟类分布图

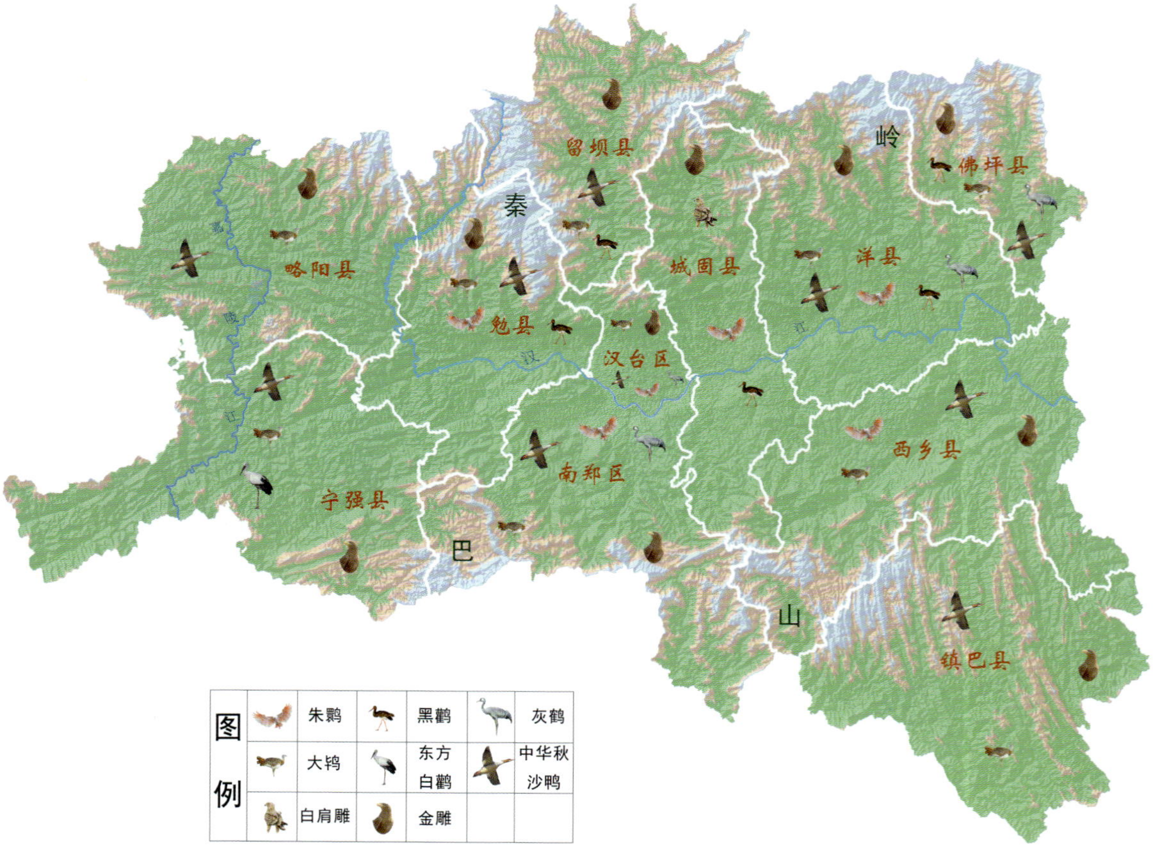

审图号：图陕F审（2017）060005

国家二级保护鸟类分布图

图例								
	凤头鹰	松雀鹰	红翅绿鸠	秃鹫	蓑羽鹤	领鸺鹠	红脚隼	蛇雕
	普通鵟	鹊鹞	红角鸮	红腹锦鸡	短耳鸮	毛脚鵟	长耳鸮	红腹角雉
	黄爪隼	燕隼	勺鸡	红隼	赤腹鹰	鹰鸮	白冠长尾雉	游隼
	小鸦鹃	红脚隼	白尾鹞	纵纹腹小鸮	猎隼	大天鹅	灰背隼	鸳鸯
	四川林鸮	领角鸮	雕鸮	雀鹰	苍鹰	东方角鸮	灰脸鵟鹰	凤头蜂鹰
	血雉	灰林鸮	斑头鸺鹠	黄腿渔鸮	大鵟			

审图号：图陕F审（2017）060005

省级重点保护鸟类分布图

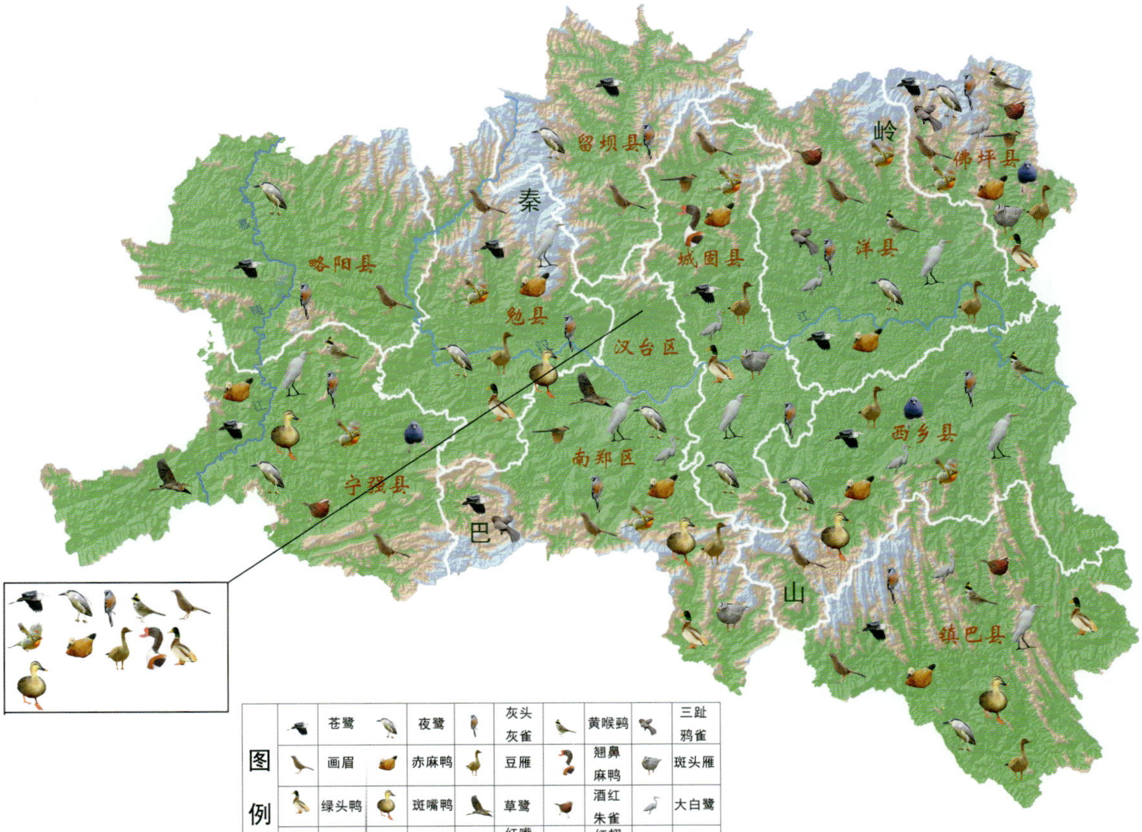

图例					
	苍鹭	夜鹭	灰头灰雀	黄喉鹀	三趾鸦雀
	画眉	赤麻鸭	豆雁	翘鼻麻鸭	斑头雁
	绿头鸭	斑嘴鸭	草鹭	酒红朱雀	大白鹭
	中白鹭	蓝鹀	红嘴相思鸟	红翅凤头鹃	

审图号：图陕F审（2017）060005

鉴别鸟类所用形态术语

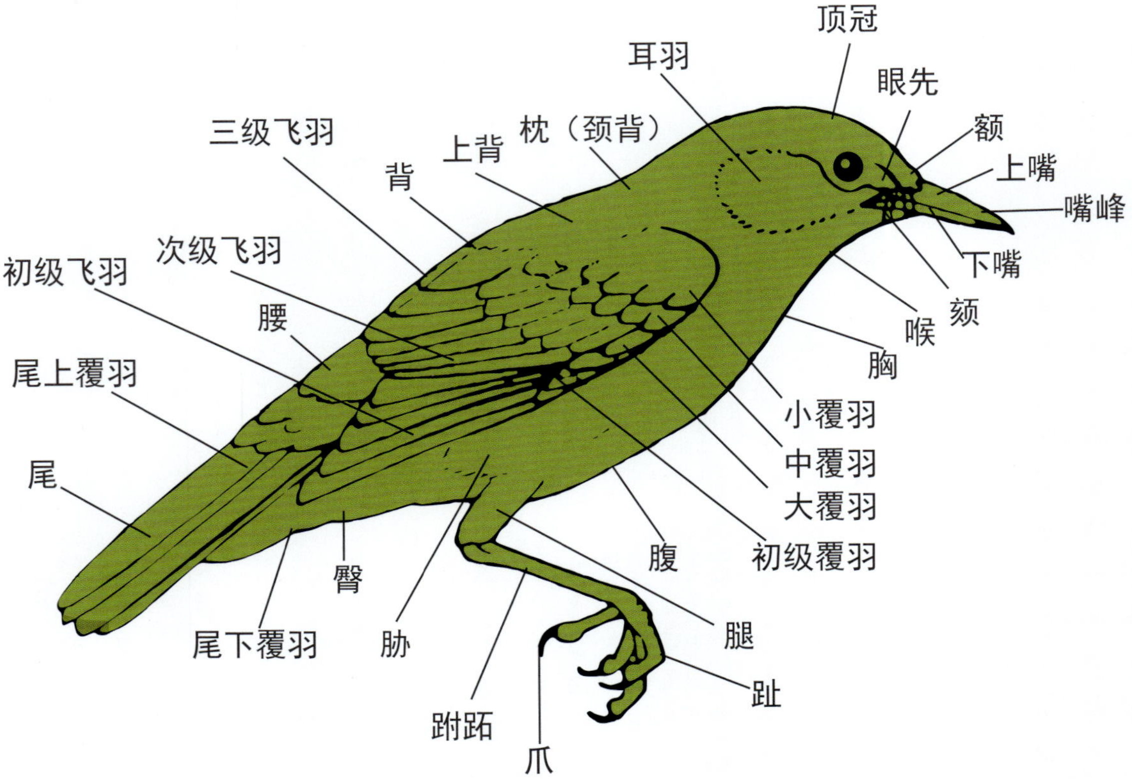

鸟类的身体结构

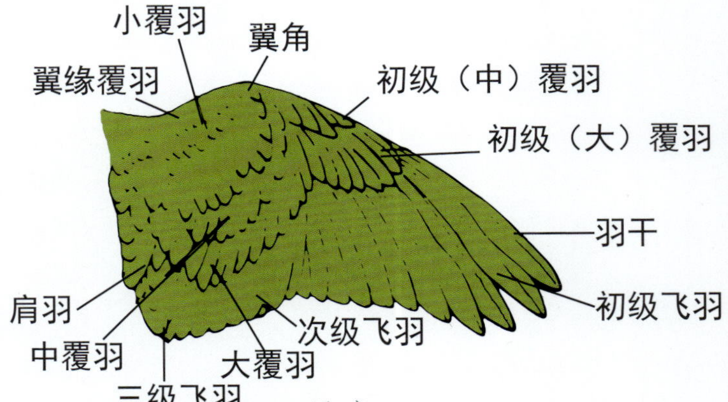

翼上

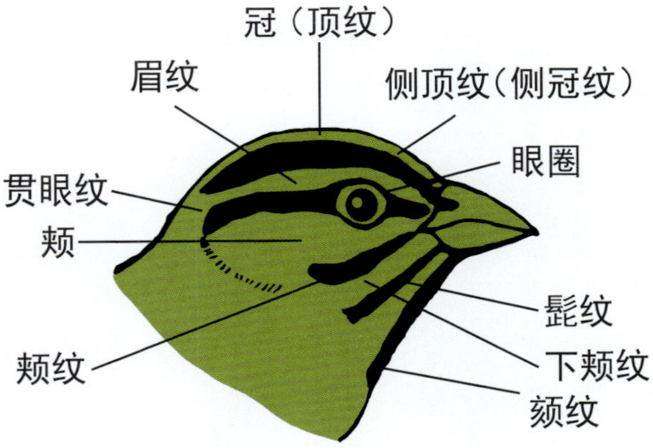

鸟的头部

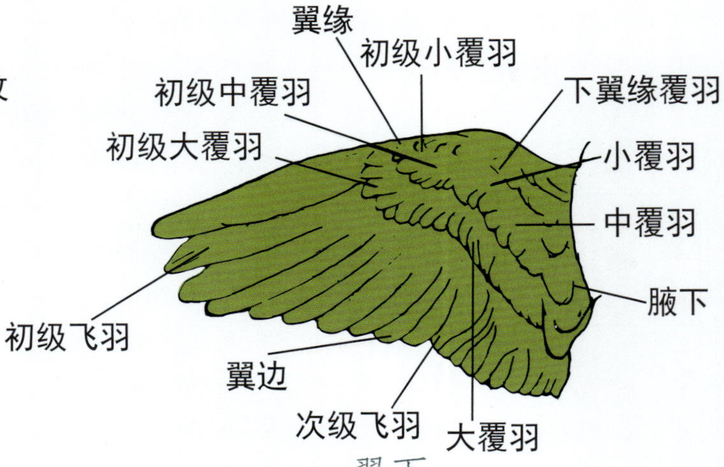

翼下

目　录

朱鹮——汉中市市鸟。摄影：夏永光

小䴙䴘（三有动物）

摄影：陈 旭

䴙 䴘 目 Podicipediformes
䴙 䴘 科 Podicipedidae
学　　名 *Podiceps ruficollis* (Pallas)
英 文 名 Little Grebe
别　　名 潜水鸭子、水葫芦

识别特征 小型游禽，体长 25 ～ 32 厘米，体重 198 ～ 235 克。夏羽额、眼先、颊、头和后颈黑色，头后与颈侧棕栗色；肩、背和腰呈深棕褐色；颏与喉部黑色杂有白色，向后转为棕栗色，至胸部为黑棕色，羽端白，呈棕色与白色相杂状。冬羽额部至上体棕褐色；颏与喉白色；颈部棕黄色；胸侧与两胁棕白色，羽干纹黑色；尾棕黑色。它是水禽中体形最小的一种。

汉中分布 佛坪、洋县、城固、汉台区、勉县、宁强、南郑、西乡和镇巴。

外地分布 省内见于陕南、渭河流域、榆林和神木等地；在我国中东部是较常见的种类，不同亚种分布于新疆和台湾等地。

栖息地与习性 栖息在有芦苇与水草的湖泊、江河、水库和水塘中。多单独或成对活动，善游泳和潜水。以鱼虾和水生昆虫为食，还吃一部分植物性食物。繁殖期为 5 ～ 7 月，每窝产卵 4 ～ 7 枚，卵呈污白色，孵化期为 21 ～ 24 天。

居留型 在汉中为留鸟。

摄影：陈 旭

摄影：徐永春

黑颈䴙䴘（三有动物）

䴙 䴘 目 Podicipediformes
䴙 䴘 科 Podicipedidae
学　　名 *Podiceps nigricollis* (Brehm)
英 文 名 Black-necked Grebe
别　　名 黑水葫芦

识别特征 中型水鸟，体长约 30 厘米，体重约 400 克。嘴黑色，两胁红褐色。夏羽头、羽冠和上胸黑色；眼后和耳区后的羽毛延长形成黑色耳羽簇；上体自背至尾上覆羽黑褐沾棕色；尾短，几由绒羽构成，羽色棕白相杂，基部黑褐；颏与喉黑色；下体余部洁白光亮呈丝绒状；肛周羽毛灰色，尾下覆羽灰白，胸两侧和胁棕栗色。冬羽头侧的羽簇和头部的羽冠消失，上体呈淡灰黑色。

汉中分布 洋县、城固和汉台区。

外地分布 省内见于陕南；国内分布于四川、云南、福建、广东、新疆、内蒙古和东北三省，为留鸟、旅鸟和冬候鸟，属不常见的种类。本种有 4 个亚种分化，国内仅有 1 个亚种。指名亚种 *P. n. nigricollis*。

栖息地与习性 主要生活在低山丘陵与平原地带的溪流、湖泊、沼泽和苇塘等水域附近。食物以水生植物和水生昆虫为主，也吃蜘蛛等。营巢于杂草密生的湖泊和沼泽等水域，巢用水草筑成皿状。每窝产卵通常 4 枚，卵呈淡青绿色，污染后变为赤褐色，大小约 4.3 厘米 ×3.0 厘米。

居留型 在汉中为冬候鸟。

凤头䴙䴘（三有动物）

摄影：陈 旭

䴙 䴘 目 Podicipediformes
䴙 䴘 科 Podicipedidae
学　 名 *Podiceps cristatus* (Linnaeus)
英 文 名 Great Crested Grebe
别　 名 冠䴙䴘、凤头王八鸭子

识别特征 中型游禽，体长 45 ~ 58 厘米，体重 500 ~ 1000 克。夏羽前额和头顶黑褐色；枕部两侧羽毛向后延长成羽冠；嘴长而尖，眼先有一黑线；头部两侧呈黄色；上体暗褐色；翅暗褐色，具白色翼斑；颏与喉部黄白色，白色之下有栗色羽毛围绕在喉的下部，形成一围绕颈的栗色环；下体亮白色，富有光泽；腋羽和翼下覆羽白色。冬羽头部羽冠不显，下喉和颈上部由栗红色和黑色长羽形成的环纹亦不显著。它是水禽中个体较大者。

汉中分布 南郑、洋县和城固。

外地分布 省内见于秦岭巴山，以及渭河、黄河流域；国内见于大部分地区。

栖息地与习性 主要生活在低山和平原地带的湖泊、水塘、江河、水库和沼泽地区。极善潜水，主要以鱼类和水生昆虫为食，也吃部分水生植物。通常营巢在芦苇或草丛中，巢漂浮于水面上。每窝通常产卵 4 或 5 枚，卵呈污白色，由雌雄亲鸟共孵且共育。在迁徙期较为常见。

居留型 在汉中为旅鸟。

摄影：蔡 琼

摄影：陈 旭

普通鸬鹚（三有动物）

鹈 形 目 Pelecaniformes
鸬 鹚 科 Phalacrocoracidae
学　　名 *Phalacrocorax carbo* (Linnaeus)
英 文 名 Great Cormorant
别　　名 鸬鹚、鱼鹰

识别特征 大型水鸟，体长约 80 厘米，体重约 2000 克。体羽呈黑色具紫色光泽；头和颈被有白色细丝状羽；肩羽和翼上大覆羽呈暗棕褐色；繁殖期间脸部有红色斑，下胁有一块白色斑；喉部色白，形成一条宽带包围着裸露的喉囊；喉囊黄色，具有伸缩性；上嘴弯曲成钩状。

汉中分布 佛坪、洋县（可见上百只大群）、城固、汉台区和南郑。

分外地布 省内广泛分布于陕南和关中；我国各地均有分布。属于常见种类，易驯养捕鱼。本种分化为 7 个亚种，我国仅有 1 个亚种——中国亚种 *P.c.sinensis*。

栖息地与习性 生活在宽阔的水域，性喜群栖，尤其在繁殖季节。游泳和潜水能力很强，嗜食鱼类。营巢于近水的崖壁上、树间或芦苇丛中，巢用树枝和杂草等筑成。每窝产卵 3～6 枚，卵呈白色或染青绿色，大小约 6.6 厘米 ×4.4 厘米。

居留型 在汉中为旅鸟和冬候鸟。

摄影：夏永光

摄影：蔡 琼

绿鹭（三有动物）

鹳 形 目 Ciconiiformes
鹭 科 Ardeidae
学 名 *Butorides striatus* (Linnaeus)
英 文 名 Green Heron
别 名 鹭丝、打鱼郎

识别特征 中型涉禽，体长 40 ~ 52 厘米，体重约 315 克。嘴长而尖，颈短，体较粗胖，尾短；额、头顶、枕和眼下纹绿黑色；头顶具黑色羽冠，有绿色光泽；羽冠从头顶延伸至枕下部，其中最后一根羽毛特长；上背灰褐色，翅和尾黑褐色，翅覆羽绿色，后颈和胸侧淡灰白色，下体白色。

汉中分布 佛坪、洋县、汉台区、留坝、勉县、宁强和南郑。

外地分布 省内见于秦岭南北山区各县；国内在东北地区为夏候鸟，在其他地区分别为旅鸟、冬候鸟和留鸟。

栖息地与习性 栖息在水库、湖泊、江河岸边的树林中。性孤独，通常在黄昏和晚上活动，有时亦见在水面上方飞翔。飞行高度较低，飞行速度甚快。食物以鱼类为主，兼食昆虫和蛙等。常单独营巢在树上小枝杈间，巢简陋，呈浅碟状。每窝产卵 4 或 5 枚，卵青绿色，大小约 3.0 厘米 ×4.0 厘米，重 18 ~ 20 克。孵化期为 20 ~ 22 天，双亲育雏。

居留型 在汉中为夏候鸟。

苍鹭（三有动物、省级重点）

鹳 形 目 Ciconiiformes
鹭 科 Ardeidae
学 名 *Ardea cinerea* (Linnaeus)
英 文 名 Grey Heron
别 名 老等灰鹭、青桩

摄影：陈 旭

识别特征 体形纤瘦，体长约 93 厘米，体重 1500～1750 克。眼先和眼周裸出，颈长，似“Z”形；嘴直尖，黄绿色；脚黄偏黑色，身体以灰白色为主；头顶和颈白色，前颈有黑纵纹；眼后有两条辫状黑冠羽；下体灰白色，前胸两侧至肛门周围有紫黑色带斑。雌鸟体形稍小，黑冠羽较短，胸两侧紫黑色块斑较淡。幼鸟头顶黑褐色，无辫羽。

汉中分布 佛坪、洋县、城固、汉台区、留坝、勉县、略阳、宁强、南郑、西乡和镇巴。

外地分布 省内广泛分布于延安、铜川、渭南、宝鸡、咸阳、西安、安康和商洛等地。

栖息地与习性 栖息在草滩、江畔河岸、沼泽草丛、湖泊及水库的浅水处，常单腿或双腿缩颈而立，注视水面。飞行时缩颈伸足，鼓翼缓慢。食物主要以鱼类为主，也吃水草、水生昆虫、两栖类和鼠类。繁殖期为 3～6 月。营巢于大树上或沼泽芦苇中。一年产卵两次，在北方 4～5 月中旬产卵。每窝卵数 2～7 枚，通常 3 或 4 枚，雌雄共同孵卵，孵化期为 24～28 天。

居留型 在汉中为留鸟。

摄影：蔡 琼

摄影：高延钧

草鹭（三有动物、省级重点）

鹳 形 目 Ciconiiformes
鹭　　科 Ardeidae
学　　名 *Ardea purpurea* (Linnaeus)
英 文 名 Purple Heron
别　　名 紫鹭、灰桩

识别特征 体长80～90厘米，体重约1000克。嘴褐色；脚红褐色；体色以灰、栗和黑色为主；额至枕蓝黑色，枕部有黑色长羽形成羽冠；颈两侧栗棕色，各具一条黑纵纹；嘴角具蓝黑色纹经颊至枕，并沿后颈各下至上背。背部蓑羽灰色，肩部蓑羽最长呈棕色。翼、腰部和尾羽均呈灰色；跗跖短于或等于中趾连爪之长。雌雄同色，雌鸟体形稍小。

汉中分布 宁强和南郑。

外地分布 省内见于石泉和长安；国内其他各省均有分布。

栖息地与习性 生活在稻田、沼泽、池塘和水库岸边的浅水处，常3～5只成群，单独或大群少见。飞行轻缓，在树上休息时，长久站立，伸颈张望。以水蛭、蜻蜓、龙虱和半翅目昆虫为食，还食蝗虫、鲫鱼、黄鳝、黑斑蛙、幼鸟和啮齿动物。4月中旬雌雄共同营巢，4月下旬至5月上旬产卵，于5月中旬（最迟至6月末）结束。每窝卵数3～6枚，通常4或5枚，卵呈卵圆形，淡蓝色。雌雄共同孵卵，孵化期为24～28天。

居留型 在汉中为夏候鸟。

大白鹭(三有动物、省级重点)

鹳 形 目 Ciconiiformes
鹭　　科 Ardeidae
学　　名 *Ardea alba* (Linnaeus)
英 文 名 Great Egret
别　　名 白老鹳、白桩

识别特征 体长约 95 厘米，体重 890 ～ 900 克。体羽白色，颈长且弯曲；无冠羽；颈和腿很长，黑色；翼长大于 40 厘米。夏羽和嘴皆黑色。眼先裸区蓝绿色；背部有 3 列蓑羽直达尾部，前颈下部有矛状羽。冬羽、嘴和眼先同为黄色；冬季蓑羽脱落。飞行时腿伸出，尾羽很长。

汉中分布 佛坪、洋县、城固、南郑、西乡和镇巴。

外地分布 省内见于渭河、汉江及其支流沿岸，为冬候鸟；国内在东北地区和云南为繁殖鸟，在其他地区则为旅鸟或冬候鸟。

栖息地与习性 栖息在海滨、河川、江湖边草滩地、苇丛、沼泽、池塘浅水区及水田中。涉水时步态轻盈，飞行时悠扬缓慢。主要以鱼、蛙、软体动物、甲壳动物和水生昆虫为食，偶食幼鸟和小型啮齿动物。4 月初雌雄共同营巢或修葺旧巢，4 月中旬产卵，每窝卵数 3 ～ 6 枚，通常为 4 枚。卵呈椭圆形，天蓝色。孵化期 25 或 26 天，雌雄亲鸟共同育雏。

居留型 在汉中为冬候鸟。

摄影：李小莉

摄影：陈 旭

池鹭（三有动物）

鹳 形 目 Ciconiiformes
鹭　　科 Ardeidae
学　　名 *Ardeola bacchus* (Bonaparte)
英 文 名 Chinese Pond-heron
别　　名 沙鹭、花洼子、红毛鹭、半红头

摄影：李 冬

识别特征 中型涉禽，体长45～54厘米，体重150～200克。嘴粗直而尖，黄色，尖端黑色；脚橙黄色。头部、枕部冠羽和颈均栗红色，冠羽甚长，一直延伸至背部。下颈和上胸羽毛呈长矛状；上背和肩羽铅灰褐色，呈蓑衣状；其余体羽白色。

汉中分布 佛坪、洋县、城固、汉台区、留坝、勉县、略阳、宁强、南郑、西乡和镇巴。

外地分布 省内见于汉阴、周至和渭河流域。国内遍布于长江以南各省，其中在部分省为留鸟；在东北地区的中南部为夏候鸟；在青海和内蒙古也有分布。

栖息地与习性 栖息在沼泽、稻田、湖泊、水库和池塘等地。性好群居，但冬季多单独生活。以小鱼、蟹、虾、蛙和小蛇等动物性食物为主，兼食少量植物性食物。营巢在树冠部，巢较简陋。每窝产卵3～5枚，多为4枚。卵呈蓝绿色，大小约2.9厘米×3.8厘米，重约15克，孵化期约22天。

居留型 在汉中为夏候鸟。

摄影：蔡 琼

中白鹭（三有动物、省级重点）

鹳 形 目 Ciconiiformes
鹭　　科 Ardeidae
学　　名 *Egretta intermedia* (Wagler)
英 文 名 Intermediate Egret
别　　名 春锄、白鹭

摄影：谢 辉

识别特征 中型涉禽，体长 62 ～ 70 厘米。通体白色，眼先黄色，脚和趾黑色，形似大白鹭，但体形较小且嘴较短。背上蓑羽特长，常远超尾长；胸部蓑羽较背上的短。冬季蓑羽脱落，嘴为黄色，尖端黑色。

汉中分布 洋县、城固、勉县、宁强、南郑、西乡和镇巴。

外地分布 省内见于渭河与汉江流域；国内广泛分布于长江以南各省及云南等地。

栖息地与习性 栖息和活动在稻田、沼泽、湖泊、河川、水塘岸边的浅水处及河滩上。常集小群活动，也常与其他鹭类混群。休息时常栖于树上，颈缩成“S”形。食物以鱼、虾、蛙和水生昆虫为主。常在乔木或竹枝上集群营巢，也常与鹳等鸟类的巢区混杂。繁殖期为 4 ～ 6 月，每窝产卵 3 ～ 5 枚，通常 4 枚。卵呈蓝绿色，大小约 3.5 厘米 ×4.7 厘米。

居留型 在汉中为夏候鸟。

白鹭（三有动物、省级重点）

鹳 形 目 Ciconiiformes
鹭 科 Ardeidae
学 名 *Egretta garzetta* (Linnaeus)
英 文 名 Little Egret
别 名 小白鹭、白鹤

摄影：陈 旭

识别特征 中型涉禽，体长52～60厘米。嘴和腿较长，嘴黑色，胫和跗跖黑绿色。眼先裸出部分夏季粉红色，秋季黄绿色。颈甚长，体羽白色。夏羽枕部着生两条狭长而软的矛状羽，状若头后的两条辫子；肩和背部着生羽枝分散的长形蓑羽，一直向后伸展至尾端；前颈下部也有长的矛状饰羽，向下披至前胸。冬羽全身亦为乳白色，但头部冠羽、肩、背和前颈的蓑羽或矛状饰羽消失。

汉中分布 佛坪、洋县、城固、汉台区、留坝、勉县、略阳、宁强、南郑、西乡和镇巴。

外地分布 省内广泛分布于汉江、丹江、渭河等流域及低山河谷沿岸和稻田中；国内在江南各省为夏候鸟，在广东、海南、台湾和云南为留鸟。

栖息地与习性 栖息在平原、丘陵和低海拔的湖泊、溪流、鱼塘、水田、水库、江河与沼泽地带。喜集群，常一条腿站立于水中，另一条腿曲缩于腹下，长时间呆立不动。飞行时头往回缩至肩背处，颈向下曲成袋状，两腿向后直伸，远远突出于尾后，两翅缓慢地鼓动飞翔。通常晚上成群栖息在小块密林中高大的树木顶部。以小鱼、黄鳝、泥鳅、蛙、虾、水蛭、蜻蜓幼虫、蝼蛄、蟋蟀和蛴螬等鞘翅目与鳞翅目幼虫、水生昆虫等动物性食物为食。有时也吃少量谷物等植物食物。繁殖期为3～7月，在进入繁殖期前一个月亲鸟即结对成双。营巢由雌雄鸟共同完成。每窝产卵3～6枚，通常间隔24或28小时产一枚卵。雌雄亲鸟轮流孵卵，但雌鸟孵卵时间较长，孵化期为23～25天。

居留型 在汉中为留鸟。

摄影：陈 旭

牛背鹭（三有动物）

鹳形目 Ciconiiformes
鹭　科 Ardeidae
学　名 *Bubulcus ibis* (Linnaeus)
英文名 Cattle Egret
别　名 黄头鹭、黄毛鹭

识别特征 中型涉禽，体长 50 ～ 52 厘米，体重 390 ～ 440 克。嘴橙黄色；脚黑褐色；全身羽毛大部白色；头、颈、喉和上胸蓑羽呈鲜黄橙色；背上蓑羽长达尾端，为金黄色。冬羽全身白色，背无蓑羽。

汉中分布 佛坪、洋县、城固、汉台区、留坝、勉县、略阳、宁强、南郑、西乡和镇巴。

外地分布 省内见于安康和汉阴；国内在长江以南为夏候鸟，部分地区为留鸟，在东北地区为旅鸟。

栖息地与习性 栖息在平原草地、牧场、湖泊、水库、低山脚下的沼泽、稻田和荒地等地。常停在牛和其他家畜背上，啄食其体表的寄生虫。集群营巢于高树上，繁殖期为 4 ～ 7 月，每窝产卵 4 ～ 6 枚。卵呈浅蓝色，大小约 4.1 厘米 ×3.0 厘米，重约 16 克。孵化期约 21 天。食物以鱼和水生昆虫为主。

居留型 在汉中为夏候鸟。

摄影：吴 海

摄影：李 侠

夜鹭（三有动物、省级重点）

鹳形目 Ciconiiformes
鹭科 Ardeidae
学名 *Nycticorax nycticorax* (Linnaeus)
英文名 Black-crowned Night Heron
别名 夜娃子

摄影：蔡琼

识别特征 中型涉禽，体长50～62厘米。体形较粗胖，颈较短；嘴尖细，微向下曲，呈黑色；胫裸出部分较少，其裸出部、跗跖、脚和趾呈黄色；额、头顶、枕、羽冠、后颈、肩和背呈绿黑色且具金属光泽；额基和眉纹白色，头枕部生2或3条丝状白色饰羽，下垂至背上，极为醒目；腰、两翅和尾羽灰色；尾为圆尾，尾羽12根；颏与喉白色，颊、颈侧、胸和两胁淡灰色，腹白色。幼鸟上体暗褐色，缀有淡棕色羽干纹和白色星状端斑；下体白色且满缀暗褐色细纵纹，尾下覆羽棕白色。

汉中分布 佛坪、洋县、城固、汉台区、留坝、勉县、略阳、宁强、南郑、西乡和镇巴。

外地分布 省内见于周至等地；国内分布于华东、华南、华中地区，以及吉林、辽宁、河北、河南、山东、甘肃、四川和海南。

栖息地与习性 栖息和活动于平原和低山丘陵地区的溪流、水塘、江河岸边的浅水处及沼泽、水田里。喜结群，常成小群于晨昏和夜间活动。常缩颈长时间站立不动，身体呈驼背状。主要以鱼、蛙、虾和水生昆虫等动物性食物为食，通常于黄昏后从栖息地分散成小群出来活动或觅食。繁殖期为4～7月，每窝产卵3～5枚，通常4枚。孵卵由雌雄亲鸟共同承担，孵化期为21～22天。

居留型 在汉中为留鸟。

摄影：陈旭

大麻鳽（三有动物）

鹳 形 目 Ciconiiformes
鹭　　科 Ardeidae
学　　名 *Botaurus stellaris* (Linnaeus)
英 文 名 Great Bittern
别　　名 水骆驼

摄影：陈 旭

摄影：蔡 琼

识别特征 大型鹭科鸟类，体长61～78厘米，体重790～1350克。嘴粗而尖，呈黄褐色；额、头顶和枕部黑褐色；眼上有淡黄色眉纹；上背黑色，其余上体部分和尾上覆羽棕黄色，具有波浪状黑色斑纹和黑斑；尾羽亦为棕黄色，具黑色横斑；飞羽红褐色，具有显著的波浪状黑色横斑和大的黑色端；颏与喉部乳白色；前颈、胸部和腹部皆棕黄色，具棕褐色纵纹；脚较粗短，呈黄绿色。

汉中分布 佛坪、洋县、城固、汉台区、留坝、勉县、略阳、宁强、南郑、西乡和镇巴。

外地分布 省内分布于汉江和黄河流域；国内分布于山西、甘肃、河南、山东、江苏、浙江、福建、广东、新疆、内蒙古、黑龙江、吉林、辽宁、河北和台湾等地。

栖息地与习性 栖息在山地、丘陵和山脚平原地带的河流、湖泊、池塘边的芦苇丛、草丛和灌丛中。在黄昏和晚上活动，食物以鱼、虾、蛙、蟹、螺及水生昆虫为主。繁殖期为5～7月，常成对单独营巢。

居留型 在汉中为夏候鸟。

紫背苇鳽(三有动物)

鹳 形 目 Ciconiiformes
鹭　　科 Ardeidae
学　　名 *Ixobrychus eurhythmus* (Swinhoe)
英 文 名 Von Schrenck's Bittern

识别特征 体长约33厘米。雄鸟头顶黑色，上体紫栗色，下体具皮黄色纵纹，喉与胸有深色纵纹形成的中线。雌鸟亚成鸟褐色较重，上体具黑白色和褐色杂点，下体具纵纹，飞行时翼下灰色为其特征。虹膜黄色；嘴绿黄色；脚绿色。飞行时发出低声“呱呱”叫。

汉中分布 南郑。

外地分布 繁殖于西伯利亚东南部、中国东部、朝鲜和日本，越冬南迁至菲律宾和印度尼西亚。全球性近危。不罕见，繁殖于黑龙江，经中国东部、中部至云南、广东等地，迁徙途经海南和台湾。

栖息地与习性 性孤僻羞怯，喜芦苇地、稻田和沼泽地。

居留型 在汉中为夏候鸟。

摄影：刘晓勤

摄影：陈 旭

黄斑苇鳽（三有动物）

鹳 形 目 Ciconiiformes
鹭　　科 Ardeidae
学　　名 *Ixobrychus sinensis* (Gmelin)
英 文 名 Yellow Bittern
别　　名 水骆驼、苇漂

识别特征 小型鹭类，体长 34 ~ 35 厘米，体重 130 ~ 134 克。颈较长，脚较短。雄鸟头顶和枕部长羽呈黑色；头侧和颈侧黄白色；颈和背部黄棕色；腰与尾上覆羽土黄色；翼和尾黑色；下体淡黄色，颈基部具大型黑斑。雌鸟似雄鸟，但头顶为栗褐色，具黑色纵纹。

汉中分布 南郑。

外地分布 省内见于关中渭河平原；国内除青海、新疆和贵州外，其他各省均有分布。国内为指名亚种 *I.s.sinensis* (Gmelin)。在全国大部分地区为夏候鸟，在江苏为旅鸟，在台湾、广东和海南为留鸟。

摄影：陈 旭

栖息地与习性 栖息在芦苇茎上，有时在水面上掠飞鸣叫。食物以鱼、虾、蛙和水生昆虫为主，可供观赏。营巢在芦苇或其他水草丛中，以芦苇和杂草为巢材。每窝产卵 5 或 6 枚，卵呈蓝绿色，大小约 3.2 厘米 ×2.4 厘米。

居留型 在汉中为留鸟。

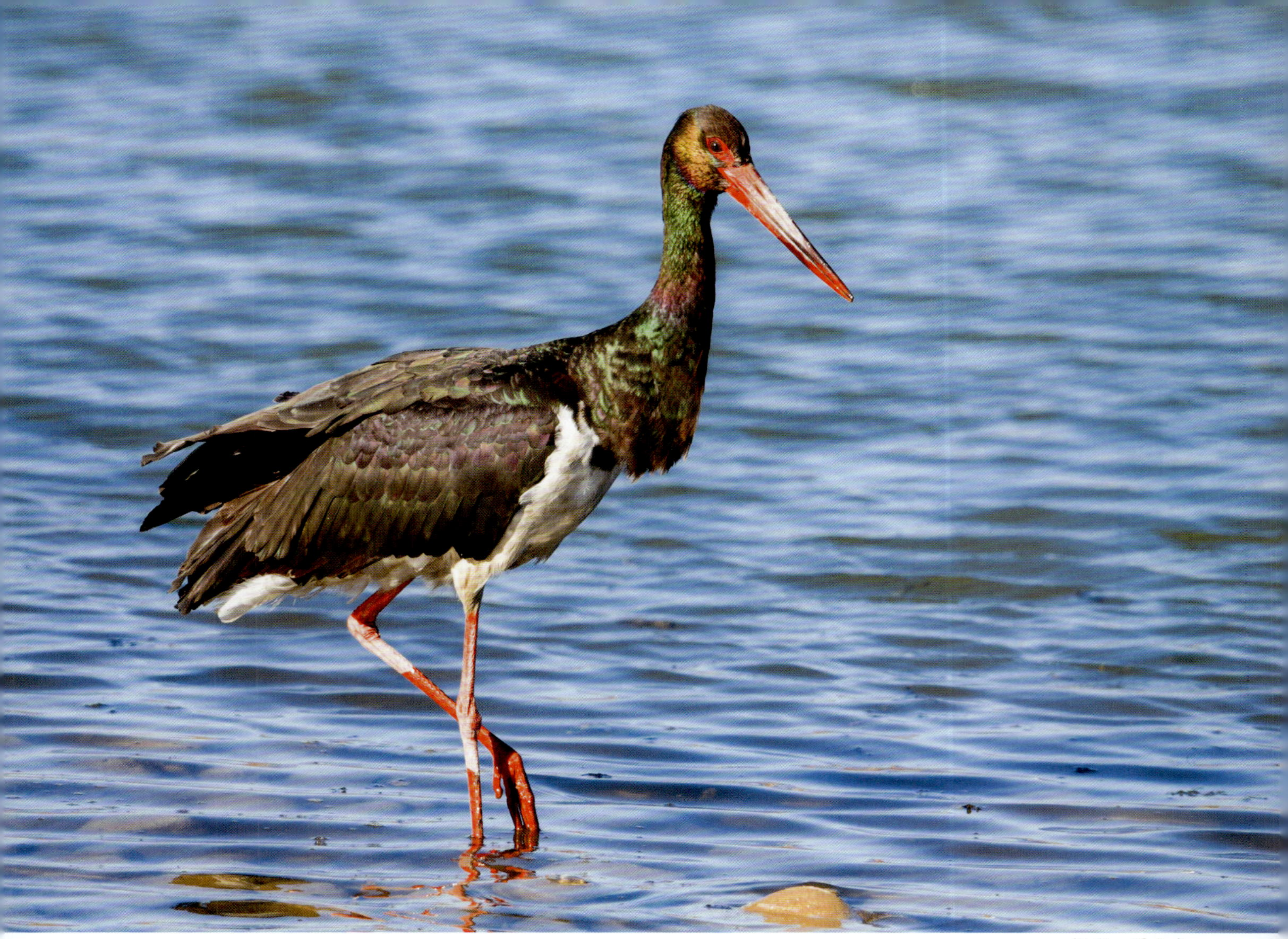

摄影：夏永光

黑鹳（国家Ⅰ级）

鹳形目 Ciconiiformes
鹳　科 Ciconiidae
学　名 *Ciconia nigra* (Linnaeus)
英文名 Black Stork
别　名 黑老等、黑灵鸡、黑老鹳、乌鹳

识别特征 大型涉禽，体长约 94 厘米，体重约 2500 克。嘴、颈和脚甚长，雌雄羽色相似。成鸟嘴长而直，基部粗圆，往先端渐细，朱红色，尖端色淡；眼周裸露皮肤红色，虹膜褐色。上体从头至尾包括翼羽均为黑褐色；头顶缀有绿辉，翅、背和尾上覆羽具紫绿色金属光泽；颏、喉至上胸亦为黑褐色；脚长，呈朱红色，胫下部裸出，具四趾，前三趾基部有蹼相连。幼鸟上体表面呈黑褐色，紫绿色光泽不明显。

汉中分布 佛坪、洋县、城固、留坝和勉县。

外地分布 省内见于榆林、神木、延安、黄陵、长安、铜川、洛南及渭河流域；国内分布于甘肃、宁夏、新疆、青海、东北地区、山西、内蒙古、河北、云南、湖南、四川、长江下游地区、福建、广东、广西、海南和台湾等地。

栖息地与习性 栖息在平原和低山丘陵植被良好、林木较多且无干扰的水塘或河谷附近。性机警，难接近，站立时颈部常缩成“S”形，单腿独立。常单独活动，食物以鱼类为主。繁殖期为 4～7 月。繁殖期内雌雄成对活动，通常成对营巢，巢呈盘状，筑于悬崖上。一般 4 月产卵，每窝产卵 4 或 5 枚，卵呈白色，椭圆形。孵化期约 21 天。

居留型 在汉中为旅鸟。

摄影：夏永光

东方白鹳（国家Ⅰ级）

鹳形目 Ciconiiformes
鹳　科 Ciconiidae
学　名 *Ciconia boyciana* (Swinhoe)
英文名 Oriental White Stork
别　名 水老鹳、白鹤

识别特征 大型涉禽，体长 110 ～ 128 厘米，体重 3900 ～ 4500 克。嘴粗壮而长，微向上翘，黑色，尖端色稍淡；眼周裸露皮肤、眼先和喉部朱红色；腿甚长，胫下部裸露，红色；体羽白色，尾羽、翅上大覆羽、初级飞羽（除基部白色外）和次级飞羽皆黑色，具绿色或紫色光泽；前颈下部披针形长羽，求偶期间常能竖起。幼鸟和成鸟相似，但飞羽羽色较淡，呈褐色，金属光泽亦较弱。成鸟飞翔时，头和颈向前伸直，腿向后伸，远远超出尾外。野外特征极明显，易识别。

汉中分布 宁强。

外地分布 省内见于安康、平利及黄河湿地自然保护区等地；国内分布于新疆喀什一带，为繁殖鸟；在东北地区和内蒙古东部为繁殖鸟或夏候鸟；在河北、北京、湖北、湖南、福建、广东和台湾等地为旅鸟或冬候鸟。

栖息地与习性 繁殖期主要栖息在开阔且僻静的平原和沼泽地带，冬季主要栖息在开阔的大型湖泊和沼泽地带。除繁殖期成对活动外，其他季节常成群活动。觅食活动主要在白天，食物以鱼类为主，也吃蛙、小型啮齿类、蛇、蜥蜴、软体动物、节肢动物、环节动物及雏鸟等其他动物性食物；偶尔也吃少量叶子、种子和苔藓等植物性食物。繁殖期为 4 ～ 6 月，每窝产卵 4 ～ 6 枚，一般 4 或 5 枚。雄雌亲鸟轮流孵卵，32 ～ 35 天出雏，幼鸟 8 ～ 10 周离巢。

居留型 在汉中为旅鸟。

摄影：陈 旭

摄影：刘晓勤

白琵鹭（国家Ⅱ级）

鹳 形 目 Ciconiiformes
鹮 科 Threskiornithidae
学 名 *Platalea leucorodia* (Linnaeus)
英 文 名 White Spoonbill
别 名 琵琶鹭、匙嘴鹭、琵鹭

识别特征 大型涉禽，体长 80 ～ 93 厘米，体重 1400 ～ 2040 克。嘴长直而平扁，黑色，前端扩大成匙状，端部黄色；体羽白色。繁殖期枕部具长的橙黄色发丝状冠羽，前颈下部具橙黄色颈圈；非繁殖期（冬羽）无冠羽，前颈下部亦无橙黄色颈圈；喉部裸露无羽，呈橙黄色；脚较长，黑色，具有四趾，位于同一平面上。

汉中分布 佛坪、汉台区和南郑。

外地分布 省内见于周至、神木和合阳等地，为旅鸟，冬季偶见。国内分布于东北地区，为繁殖鸟；在新疆、甘肃和宁夏为夏候鸟；在山东、河南、河北、山西、西藏、四川及长江下游地区为旅鸟；在福建、广东、台湾和江西等地为冬候鸟。

栖息地与习性 主要栖息在开阔的沼泽地、浅水湖泊、水库边和河流滩地。善飞翔，鼓翼缓慢而有节奏。食物以小鱼、虾、蟹、水生昆虫、昆虫幼虫、软体动物、蛙及蝌蚪等为主，也吃一些植物性食物。每年繁殖一次，每窝产卵 3 或 5 枚。卵呈白色，长椭圆形，孵化期为 21 天。雌雄亲鸟共孵共育，幼鸟 28 日离巢。10 月中旬南迁至越冬地。

居留型 在汉中为旅鸟。

摄影：蔡 琼

朱鹮（国家Ⅰ级）

鹳 形 目 Ciconiiformes
鹮　　科 Threskiornithidae
学　　名 *Nipponia nippon* （Temminck）
英 文 名 Crested Lbis
别　　名 红鹤、朱鹭

识别特征 体长约78厘米，体重1200～1900克。全身白色，渲染有粉红色，以腋下和两翼最浓；头枕部有长的矛状羽，形成羽冠，头顶和两侧裸露无羽，皮肤呈朱红色；嘴长且向下弯曲略呈弧，呈黑色，上、下嘴尖端和下嘴基部红色；脚朱红色。雌鸟在繁殖期体表为烟灰色，两翼粉红色较淡。幼鸟体羽似雌鸟，为灰色。

汉中分布 洋县、城固、汉台区、勉县、南郑、佛坪、宁强和西乡。

外地分布 省内见于宁陕、铜川和千阳；国内还见于河南董寨和浙江德清。

栖息地与习性 栖息在水田、沼泽和山溪附近的高大乔木上。白昼活动，在水田沼泽等地觅食，食物以小鱼、泥鳅、虾、蟹、蛙、软体动物和昆虫为主。每年3月中旬至6月下旬为繁殖期，每窝产卵1～4枚，一般3枚。雌雄共同孵卵，28天后雏鸟出壳，30～40天幼鸟离巢活动。

朱鹮是东北亚地区特产鸟类之一，曾分布于中国的中部和东部，西伯利亚东南部、日本列岛及朝鲜半岛。至20世纪60年代，各地野生种群陆续灭绝。自1978年起，中国科学院动物研究所刘荫增等人历时3年多，调查了中国13个省、市，于1981年在陕西省洋县重新发现了野生朱鹮。朱鹮种群从1981年的7只，至今已繁衍至3000余只。

居留型 在汉中为留鸟。

摄影：夏永光

摄影：蔡 琼

斑头雁（三有动物、省级重点）

雁 形 目 Anseriformes
鸭　　科 Anatidae
学　　名 *Anser indicus* (Latham)
英 文 名 Bar-headed Goose
别　　名 白头雁

识别特征 中型雁类，体长 65 ~ 85 厘米，体重 2000 ~ 3000 克。通体大部灰褐色，两性相似，但雌鸟略小。成鸟头顶污白色，头顶后部有两道醒目的黑色横斑，极易与其他雁类区分。头部白色向下延伸，在颈的两侧各形成一道白色纵纹；后颈暗褐色，背部淡灰褐色，羽端缀有棕色，形成鳞状斑；腰与尾上覆羽白色，尾灰褐色，具白色端斑；颏与喉污白色，前颈暗褐色，胸和上腹灰色，下腹与尾下覆羽污白色，两胁暗灰色；嘴橙黄色，嘴甲黑色；脚和趾橙黄色。幼鸟头顶污黑色；不具横斑；颈灰褐色，两侧无白色纵纹；胸和腹灰白色，两胁淡灰色。

汉中分布 佛坪、城固、汉台区和南郑。

外地分布 省内见于渭河、汉江流域及黄河沿岸；国内在青海、西藏、新疆及东北的一些地区繁殖，在东北的海拉尔、湖南、四川和云南等地越冬；国外在克什米尔地区、俄罗斯中部地区及蒙古繁殖，在印度和缅甸等国越冬。

栖息地与习性 在高原湖泊繁殖，尤喜咸水湖，淡水湖和开阔的沼泽地带亦可；在低地湖泊、河流和沼泽地上越冬。性喜集群，无论是繁殖期、越冬期，还是迁徙季节，均成群活动。迁徙时 20 ~ 30 只列队成阵，且飞且鸣。刚迁至繁殖地时，多成小群栖息于湖滨草滩上或游泳于已经解冻的浅水中。性机警，见人接近即高声鸣叫并立即逃走，常与人保持数十米的距离。随着迁入的数量增加，集群越来越大，有时多至数百甚至上千只栖息在一起。善游泳，但以陆栖为主。行走虽显笨拙，但相当稳健，奔跑快捷。食物以禾本科和莎草科植物的叶、茎及豆科植物的种子等为主，有时也吃贝类、软体动物和其他小型无脊椎动物。通常在黄昏和晚上，于植物茂密且人迹罕至的湖边和浅滩多水草的地方寻找食物，冬季也到农田中觅食农作物。通常在 3 月末至 4 月初进入繁殖地并开始雌雄结对，结对完成后出现交配活动。4 月中旬至 4 月末，在巢筑好后 10 ~ 12 天开始产卵，每窝产卵 2 ~ 10 枚，通常 4 ~ 6 枚。雌孵雄卫，离巢前以羽盖卵，26 天出雏。

居留型 在汉中为旅鸟。

摄影：陈 旭

摄影：陈 旭

摄影：赵纳勋

豆雁（三有动物、省级重点）

雁形目 Anseriformes
鸭科 Anatidae
学名 *Anser fabalis* (Latham)
英文名 Bean Goose
别名 大雁、麦鹅

识别特征 大型雁类，体长 70 ~ 80 厘米，体重 2300 ~ 3000 克。外形大小和形状似家鹅，两性体征相似。头和颈棕褐色；肩和背灰褐色，具淡黄白色羽缘；尾黑褐色，具白色端斑，尾上和下覆羽白色；喉与胸淡棕褐色；腹污白色，两胁具灰褐色横斑；嘴甲和嘴基褐色，嘴甲和鼻孔之间有一橙黄色横斑，并沿嘴的两侧边缘向后延伸至嘴角；脚橙黄色，爪黑色。

汉中分布 佛坪、洋县、城固、汉台区、勉县、南郑、西乡和镇巴。

外地分布 省内见于合阳、韩城、大荔和潼关等地的黄河与渭河沿岸，陕北无定河和陕南汉江、黄河流域及北部长城风沙草滩区的内陆湖泊；国内不同亚种分布于新疆西部、青海、甘肃、内蒙古、河北、东北地区、长江中下游地区、华南地区、海南和台湾。

栖息地与习性 以植物性食物为主；迁徙和越冬季节，以谷物种子、豆类、麦苗、马铃薯、红薯和少量软体动物为食。雌雄配对较为固定。通常成对且成群在一起营巢。繁殖期为 5 ~ 7 月，5 月末至 6 月中旬产卵，一年繁殖一窝，每窝产卵多数为 3 或 4 枚。雌鸟孵卵，26 天出雏。7 月下旬成鸟换羽，雏鸟长羽，成鸟与雏鸟结群生活，9 月集群南迁。

居留型 在汉中为冬候鸟。

摄影：谢 辉

大天鹅（国家Ⅱ级）

雁 形 目 Anseriformes
鸭　　科 Anatidae
学　　名 *Cygnus cygnus* (Linnaeus)
英 文 名 Whooper Swan
别　　名 天鹅、大白鹅、白天鹅、黄嘴天鹅

摄影：陈 旭

摄影：陈 旭

识别特征 大型水禽，体长 120 ～ 160 厘米，体重 8500 ～ 9500 克。颈特长，几乎与躯干相等。雌雄羽色相同，全身皆呈白色。眼先裸露，鼻孔椭圆形，上嘴基部黄色，沿嘴两侧向前延伸至鼻孔之下，约占嘴峰长度的一半；上嘴先端与下嘴黑色；跗跖、蹼和爪均为黑色。

汉中分布 洋县、城固、汉台区、勉县、略阳、南郑和西乡。

外地分布 省内见于西安、榆林、横山、神木、合阳、大荔等渭河流域与黄河沿岸地区；国内除西藏、云南、贵州、浙江、广东、广西、海南和台湾外，其他各省均有分布。在我国北方繁殖，在华中与东南沿海等地越冬。

栖息地与习性 栖息在芦苇或水草丰盛的大型湖泊与水库附近，多为数十只乃至数百只成群活动。善游泳，很少潜水。在水面休息时，颈呈"S"形；游泳时颈向上伸直，几乎与水面垂直。飞翔时，颈向前伸，两脚后伸至尾下；群体常排列成"一"字形或倒"V"形。食物以水生植物的叶、茎、根和种子为主，也吃少量软体动物和水生昆虫等。营巢于水域岸边干燥的地面上或浅水处堆集的干芦苇上，巢呈圆帽状。每年产卵一窝，每窝 4 ～ 7 枚。卵呈乳白色，长椭圆形。孵化期为 35 ～ 40 天。幼鸟秋季随亲鸟南迁。

居留型 在汉中为旅鸟。

翘鼻麻鸭（三有动物、省级重点）

雁形目 Anseriformes
鸭　科 Anatidae
学　名 *Tadorna tadorna* (Linnaeus)
英文名 Common Shelduck
别　名 翘鼻鸭

摄影：陈 旭

识别特征 大型鸭类，体长 52 ~ 63 厘米，体重 800 ~ 1700 克。体羽大多白色。雄鸟头和上颈黑褐色，具绿色光泽；下颈、背、腰、尾上覆羽和尾羽全白色，尾羽具黑色横斑。肩羽和初级飞羽黑褐色；三级飞羽外翈栗色，翅上覆羽白色；由上背至胸有一条宽阔的栗色环带；尾下覆羽棕白色，其余下体白色。嘴上翘，赤红色。雌鸟羽色较雄鸟略淡，头和颈不具绿色金属光泽，前额有一小块白色斑点，棕栗色胸带窄而色浅，腹部黑色纵带亦不甚清晰，嘴上翘并呈赤红或紫红色。雌雄鸟虹膜皆棕褐色或褐色。脚肉红色或粉红色，爪红色。飞翔时翼上和翼下的白色覆羽、绿色翼镜、黑色飞羽、腹部纵带及棕栗色的胸环和鲜红色的嘴和脚形成鲜明的对照。

汉中分布 洋县、城固、汉台区和留坝。

外地分布 省内主要分布于汉江流域；国内在东北及北方地区繁殖，在东南部地区越冬。

栖息地与习性 繁殖期主要栖息于开阔的盐碱平原草地、碱水和淡水湖泊、海岸、岛屿及其附近的沼泽地带；迁徙和越冬期间也栖息于浅水海湾、淡水湖泊、水库、河口、盐田和海边滩地。喜欢成群生活，繁殖期间则成对生活。食物以陆栖昆虫、水生昆虫、藻类、小鱼和鱼卵等食物为主。繁殖期为 5 ~ 7 月，营巢于海岸和湖边的沙丘或石壁间。每窝产卵 7 ~ 12 枚，通常 8 ~ 10 枚。雌鸟孵卵，雄鸟守卫，27 ~ 39 天出雏。

居留型 在汉中为冬候鸟。

摄影：陈 旭

摄影：陈 旭

赤麻鸭（三有动物、省级重点）

雁 形 目 Anseriformes
鸭　　科 Anatidae
学　　名 *Tadorna ferruginea* (Pallas)
英 文 名 Ruddy Shelduck
别　　名 黄鸭

识别特征 体形较大，体长 51 ～ 68 厘米，体重 1100 ～ 1500 克。全身赤黄褐色，翅上有明显的白色翅斑和铜绿色翼镜；嘴、跗跖、尾黑色；飞翔时，黑色的飞羽、尾、嘴和脚与黄褐色的体羽及白色的翼上、翼下覆羽形成鲜明的对比；头顶棕白色；颏、喉、前颈和颈侧淡棕黄色；下颈基部在繁殖季节有一窄的黑色领环；胸、上背和两肩均为赤黄褐色，下背稍淡，腰羽棕褐色，具暗褐色虫蠹状斑；尾和尾上覆羽黑色；下体棕黄褐色，腋羽和翼下覆羽白色。雌鸟羽色和雄鸟相似，但色稍淡，头顶和头侧几白色，颈基部无黑色领环。

汉中分布 佛坪、洋县、城固、汉台区、勉县、宁强、南郑、西乡和镇巴。

外地分布 省内见于汉江、渭河流域及定边、榆林和神木等地；国内除海南省无分布记录外，广布于全国各地，在东北和西北地区（包括青藏高原）繁殖，在华中和华南地区越冬。

栖息地与习性 栖息在江河、湖泊、河口、水塘及其附近的草原、荒地、沼泽、沙滩、农田和平原疏林等各类生境中。繁殖期成对生活，非繁殖期则以家族群或群生活。食物以水生植物的叶、芽、种子及农作物幼苗和谷物等为主，也吃昆虫、甲壳动物、软体动物、虾、水蛭、蚯蚓、小蛙和小鱼等。窝卵数 6 ～ 12 枚，多为 8 ～ 10 枚；每天产卵一枚。雌鸟孵卵，27 ～ 29 天出雏，翌年 3 ～ 4 月结群迁离，部分留居。

居留型 在汉中为冬候鸟。

摄影：陈 旭

摄影：向定乾

绿翅鸭（三有动物）

雁 形 目 Anseriformes
鸭　　科 Anatidae
学　　名 *Anas crecca* (Linnaeus)
英 文 名 Eurasian Teal
别　　名 小水鸭

识别特征 小型鸭类，体长 31 ～ 47 厘米，体重 200 ～ 400 克。雄鸟头至颈部深栗色，嘴和脚均为黑色；自眼周向后有一宽阔的具有光泽的绿色带斑，延伸至后头侧；自嘴角至眼有一窄的浅棕白色细纹，在眼前分别向眼后绿色带斑上下缘延伸，在头侧栗色和绿色之间形成一条分界线；两侧各有一黄色三角形斑，极为醒目；上背黑色，有暗色细纹；下背和腰暗褐色，羽缘色较淡；尾上覆羽和尾羽为黑褐色，肩羽外侧乳白色或淡黄色；两翅表面大多为暗灰褐色。雌鸟上体暗褐色，具棕色或棕白色羽缘；下体白色或棕白色，杂以褐色斑点；下腹和两胁具暗褐色斑点；翼镜较雄鸟小。

汉中分布 佛坪、洋县、城固、汉台区、勉县、南郑和西乡。

外地分布 省内分布于渭河流域以南；国内在新疆、内蒙古、黑龙江、吉林和辽宁为繁殖鸟；在海南和台湾等地越冬。

栖息地与习性 繁殖期主要栖息在水面开阔、水生植物茂盛且少干扰的中小型湖泊和水塘中；非繁殖期则喜欢栖息在开阔的大型湖泊、江河河口、港湾、沙洲、沼泽和沿海地带。喜集群，以植物性食物为主，特别是水生植物的种子和嫩叶。繁殖期为 5 ～ 7 月。营巢于湖泊和河流等水域的岸边或附近草丛和灌木丛的地上，每窝产卵 8 ～ 11 枚。卵呈白色或淡黄白色。

居留型 在汉中为冬候鸟。

摄影：陈 旭

绿头鸭（三有动物、省级重点）

雁 形 目 Anseriformes
鸭　　科 Anatidae
学　　名 *Anas platyrhynchos* (Linnaeus)
英 文 名 Mallard
别　　名 大野鸭

识别特征 大型鸭类，体长 50～62 厘米，体重约 1000 克。雄鸟嘴黄绿或橄榄绿色，嘴甲黑色；跗跖红色；头和颈绿色，具金属光泽，颈部有一明显的白色领环。上体上背与两肩褐色，杂以密的灰白色波状细纹，羽缘棕黄色；下背黑褐色，腰和尾上覆羽绒黑色，微具绿色光泽；中央两对尾羽黑色，向上卷曲成钩状；外侧尾羽灰褐色，具白色羽缘；最外侧尾羽大多灰白色。两翅灰褐色，翼镜紫蓝色具金属光泽，其前后缘各有一条绒黑色窄纹和白色宽边。颏近黑色，上胸浓栗色，具浅棕色羽缘；下胸和两胁灰白色，杂以细密暗褐色波状纹。腹部色淡，亦密布暗褐色波状细纹；尾下覆羽绒黑色。雌鸟头顶至枕部黑色，具棕黄色羽缘；头侧、后颈和颈侧浅棕黄色，杂有黑褐色细纹；贯眼纹黑褐色；上体亦黑褐色，具棕黄或棕白色羽缘，形成明显的“V”形斑；尾羽淡褐色，羽缘淡黄白色；两翅似雄鸟，亦具紫蓝色翼镜；颏和前颈浅棕红色。雌鸟嘴黑褐色，嘴端暗棕黄色；跗跖橙黄色。

汉中分布 佛坪、洋县、城固、汉台区、留坝、勉县、南郑和镇巴。

外地分布 省内见于汉江与渭河流域，以及定边等地；国内除海南外，遍布全国各地。

栖息地与习性 主要栖息在水生植物丰富的湖泊、河流、池塘和沼泽等水域中；冬季和迁徙期间亦出现于开阔的湖泊、水库、江河、沙洲和海岸附近的沼泽和草地中。除繁殖期外，常成群活动。杂食，食物以野生植物的叶、芽、茎、种子和水藻等为主，也吃软体动物、甲壳类和水生昆虫等。繁殖期为 4～6 月，营巢于湖泊、河流、水库和池塘等岸边草丛中地上或倒木下的凹坑处，每窝产卵 7～11 枚。雌鸟孵卵，24～28 天出雏，幼鸟 8 周能飞，10 月迁离，一般 1 岁后性成熟。

居留型 在汉中为冬候鸟。

摄影：陈 旭

摄影：陈 旭

斑嘴鸭（三有动物、省级重点）

雁 形 目 Anseriformes
鸭　　科 Anatidae
学　　名 *Anas poecilorhyncha* (Forster)
英 文 名 Spot-billed Duck
别　　名 黄嘴尖鸭

识别特征 大型鸭类，体长 53 ~ 64 厘米，体重 850 ~ 1200 克。雌雄羽色相似。雄鸭上嘴黑色，先端黄色；从额至枕棕褐色，从嘴基经眼至耳区有一条棕褐色纹；眉纹淡黄白色；眼先、颊、颈侧、颏与喉均呈淡黄白色，点缀暗褐色斑点。上背灰褐沾棕色；下背褐色；腰、尾上覆羽和尾羽黑褐色；翅上覆羽暗褐色，大覆羽近端处白色，端部黑色，形成翼镜前缘的白色纹。胸淡棕白色，杂有褐色斑；腹部褐色。雌鸟似雄鸟，但上体后部较淡，下体自胸以下均淡白色。嘴蓝黑色，嘴端黄斑不明显，嘴甲尖端微具黑色；胫和跗跖橙黄色，爪黑色。

汉中分布 洋县、城固、汉台区、勉县、南郑和西乡。

外地分布 省内见于汉江、渭河、无定河流域，以及黄河沿岸和北部长城风沙草滩区的内陆湖泊；国内除海南无记录外，广泛分布于全国各地。

栖息地与习性 主要栖息在内陆各类大小湖泊、水库、江河、水塘、河口、沙洲和沼泽地带。除繁殖期外，常成群活动。食物以水生植物的叶、嫩芽、茎、根和松藻、浮藻等水生藻类及草籽等为主。繁殖期为 5 ~ 7 月，营巢于湖泊、河流岸边的草丛或芦苇丛中。每窝产卵 2 ~ 14 枚，通常 9 或 10 枚。雌鸟孵卵，24 天出雏。9 月集群，10 月南迁。

居留型 在汉中为冬候鸟。

罗纹鸭（三有动物）

雁形目 Anseriformes
鸭　科 Anatidae
学　名 *Anas falcata* (Georgi)
英文名 Falcated Duck
别　名 镰刀鸭

识别特征 中型鸭类，体长 44 ~ 52 厘米，体重 430 ~ 900 克。雄鸟繁殖期头顶暗栗色，头和颈的两侧及后颈、冠羽铜绿色，并具紫铜色光泽。前额基处有一块白斑；喉至前颈白色，其间有一黑色横斑。上背和两胁灰白色，满布以暗褐色波状细纹；下背和腰暗褐色；下体满杂以黑白相间的波浪状细纹；尾短，褐灰色，两侧有乳黄色块斑。翼镜墨绿色；腋羽白色。雌鸭较雄鸭略小，全身大体黑褐色，满布以淡棕红色“U”形斑；下体棕白色，满布以黑斑。

汉中分布 洋县、城固、汉台区和南郑。

外地分布 省内分布于太白（冬候鸟）和渭南等地；国内在东北地区的湖泊和湿地繁殖，冬季飞经国内大部分地区，包括云南西北部，在香港常有越冬鸟。

栖息地与习性 主要栖息在湖泊、江河的河湾、河口及沼泽地带。食物以水藻、水生植物的嫩叶、种子、草籽和草叶等为主。繁殖期为 5 ~ 7 月，每窝产卵 6 ~ 10 枚，通常 8 枚。卵呈淡黄色。孵化期为 24 ~ 29 天。

居留型 在汉中为冬候鸟。

摄影：宛晋中

花脸鸭（三有动物）

雁形目 Anseriformes
鸭　科 Anatidae
学　名 *Anas formosa* (Georgi)
英文名 Baikal Teal
别　名 野鸭子

摄影：张永文

摄影：张永文

识别特征 小型鸭类，体长 38～43 厘米，体重 360～520 克。雄鸭繁殖羽艳丽，头顶至后颈上部黑褐色，具淡棕色羽端；颏、喉和前颈上部黑褐色，特别是脸部由黄、绿、黑和白等多种色彩组成花斑状，胸和腹部白色，胸部有点状黑斑；大覆羽具宽的棕色端斑，形成翼镜前面棕色边缘。雌鸟头顶褐色较浓，近黑色，上体暗褐色，羽缘稍淡；翼镜较雄鸭小，铜绿色光泽亦差；胸与雄鸭相似，但斑点较少。

汉中分布 洋县、城固、汉台区和南郑。

外地分布 省内分布于户县和渭河流域；在长江以南及江苏等地越冬，在东北地区的小型湖泊繁殖。

栖息地与习性 花脸鸭是一种喜欢集群的鸭类，冬季常集成大群生活；繁殖期主要栖息在沼泽、河口三角洲、湖泊和水塘中。食物以轮叶藻、柳叶藻和菱角等水生植物的芽、嫩叶、果实和种子为主。繁殖期为 5～7 月，通常到达繁殖地后不久即开始营巢。每窝产卵 6～9 枚。

居留型 在汉中为冬候鸟。

琵嘴鸭（三有动物）

雁 形 目 Anseriformes
鸭　　科 Anatidae
学　　名 *Anas clypeata* (Linnaeus)
英 文 名 Northern Shoveler
别　　名 琵琶嘴鸭、铲土鸭

识别特征 中型鸭类，体长约 51 厘米，体重约 500 克。雄鸭头和颈黑褐色，两侧具绿辉；胸、上背两侧与外侧肩羽纯白色；翼镜翠绿色；腹栗色。雌鸭上体大多暗黑褐色，下体淡棕色。嘴先端呈铲状，雄鸟嘴为黑色，雌鸟嘴为黄褐色。

汉中分布 宁强和洋县。

外地分布 省内见于渭南和潼关；国内广泛分布于全国各地。在新疆西部和东北北部繁殖，在南方越冬。

栖息地与习性 栖息在平原和草原开阔的水域中，以水生昆虫和植物的种子、茎、叶为食。5～6 月繁殖，营巢于近水源的草地和灌丛中的地面上。每窝产卵 8～12 枚。卵呈淡绿灰色，大小约 5.1 厘米 ×3.7 厘米。

居留型 在汉中为冬候鸟。

雌鸟 / 摄影：阮 跃

雄鸟 / 摄影：阮 跃

针尾鸭（三有动物）

雁形目 Anseriformes
鸭　科 Anatidae
学　名 *Anas acuta* (Linnaeus)
英文名 Northern Pintail
别　名 尖尾鸭

识别特征 中型鸭类，体长 52.5 ~ 71 厘米，体重 550 ~ 1050 克。雄鸟夏羽头顶暗褐色，后颈中部黑褐色；头侧、颏、喉和前颈上部淡褐色；颈侧白色，呈一条白色纵带，向下与腹部白色相连；背部满杂以暗褐色与灰白色相间的波状横斑，翼镜铜绿色，正中一对尾羽特别长。雌鸭体形较小，上体大多黑褐色，杂以黄白色斑纹；尾较雄鸭短，较长的肩羽有宽阔的绒黑色羽端，最长的肩羽几乎全为绒黑色，具银灰色或棕黄色羽；翅上覆羽大多灰褐色，飞羽暗褐色，具褐色翼镜。

汉中分布 洋县、城固、汉台区和南郑。

外地分布 省内分布于太白、眉县、周至和西安等地；国内分布于西藏及长江以南部分地区；在新疆繁殖，在台湾越冬。

栖息地与习性 栖息在河流、湖泊、沼泽、盐碱湿地和水塘等生境中；繁殖期主要栖息在内陆的大型湖泊、流速缓慢的河流河湾及其附近的沼泽和湿地上。常成群活动，食物以草籽和其他水生植物为主，也到农田中觅食散落的谷粒。繁殖期为 4 ~ 7 月，每窝产卵 6 ~ 11 枚。

居留型 在汉中为冬候鸟。

摄影：陈 旭

摄影：陈 旭

摄影：匡中帆

赤膀鸭（三有动物）

雁 形 目 Anseriformes
鸭　　科 Anatidae
学　　名 *Anas strepera* (Linnaeus)
英 文 名 Gadwall
别　　名 青边子、小棕头鸭

识别特征 中型鸭类，体长约52厘米，体重约850克。雄鸭嘴黑色，背部暗褐色，前部杂以白色波纹；胸部褐色具新月状白斑；腹部白色；尾上下覆羽绒黑色；翼镜黑白色。雌鸭体背暗褐色，下体白沾棕色，具褐色斑。

汉中分布 洋县、城固、汉台区和留坝。

外地分布 省内见于西安、渭南、太白、潼关；国内除海南和台湾外，广泛分布于其他各地区。

栖息地与习性 多栖息在水生植物繁茂的河流、草原中的湖沼及其他各类水域附近。食物以谷物、浆果、杂草及其种子为主。3～4月北返东北北部繁殖，9～10月南迁越冬。营巢的环境较广泛，在河或湖岸边、湖中岛、沼泽湿地、草原的灌丛及草丛中。每窝产卵7或8枚，卵为白色，大小约5.3厘米×3.8厘米。

居留型 在汉中为旅鸟。

摄影：陈 旭

赤颈鸭（三有动物）

雁 形 目 Anseriformes
鸭　　科 Anatidae
学　　名 *Anas penelope* (Linnaeus)
英 文 名 Eurasian Wigeon
别　　名 赤颈凫、鹅子鸭、红鸭

摄影：匡中帆

摄影：陈 旭

识别特征 中型鸭类，体长约40厘米，体重约550克。雄鸭头顶棕白色，头的其余部分和颈大多棕红色；背与胁灰白色，密布褐色虫蠹状细斑；翼上覆羽大多白色；翼镜翠绿色，前后衬以绒黑色宽边；上胸灰棕色；尾下覆羽绒黑色；下体余部白色。雌鸟头顶和后颈黑褐色，满杂以浅棕色细纹；上体大多呈褐色；翼镜暗灰褐色；上胸棕色；下胸与腹纯白色。

汉中分布 洋县、城固、汉台区、宁强和南郑。

外地分布 省内见于关中和陕南；国内广泛分布于各地，在东北和西北地区繁殖，在南方越冬。

栖息地与习性 常栖息在江、河、湖沼等水域。杂食性，食物以植物为主，也食昆虫和软体动物等。营巢于疏林、河畔、湿地和草原。5～6月繁殖，每窝产卵7或8枚，卵呈黄白色，大小约5.3厘米 ×3.8厘米。

居留型 在汉中为冬候鸟。

白眉鸭（三有动物）

雁 形 目 Anseriformes
鸭　　科 Anatidae
学　　名 *Anas querquedula* (Linnaeus)
英 文 名 Garganey
别　　名 白眼鸭、眉鸭

识别特征 小型鸭类，体长 34 ~ 41 厘米，体重 260 ~ 400 克。雄鸭额和头顶黑褐色，头其余部分与颈为淡栗色，密杂以白色细纹。眉纹白色，宽而长，一直延伸至后颈。上体暗褐色，具淡棕色羽缘；两肩与翅为蓝灰色；胸棕黄色，杂以暗褐色波状斑。两胁棕白色，缀有灰白色波浪形细斑。雌鸟头顶至后颈黑褐色，满杂以棕色细纹；眉纹棕白色，贯眼纹黑色，眼下有一条棕白色纹，自额基向后延伸至耳区。头侧和颈侧亦为棕白色，具细密的暗褐色纹。颏和喉纯白色。上体黑褐色，羽缘淡棕色。

汉中分布 洋县、城固和汉台区。

外地分布 省内分布于渭河流域以南；国内在新疆、内蒙古和黑龙江为繁殖鸟，在海南和台湾为冬候鸟，在黄河以南越冬。

栖息地与习性 栖息在开阔的湖泊、江河、沼泽、河口、池塘和沙洲等水域中。常成对或成小群活动，迁徙和越冬期间集成大群。食物以水生植物的叶、茎和种子为主，春夏季节也吃软体动物、甲壳类和水生昆虫等动物。不潜水取食。繁殖期为 5 ~ 7 月，每窝产卵 7 ~ 12 枚。

居留型 在汉中为冬候鸟。

摄影：王昌大

凤头潜鸭（三有动物）

雁 形 目 Anseriformes
鸭　　科 Anatidae
学　　名 *Aythya fuligula* (Linnaeus)
英 文 名 Tufted Duck
别　　名 泽凫、凤头鸭子、黑头四鸭

识别特征 中型潜鸭，体长约 43 厘米，体重约 700 克。雄鸭头上具长形羽冠；除腹、两胁和翼镜为白色外，其余皆黑色。雌鸭与雄鸭羽色相似，但体羽主要为褐色，腹部白亦渲染褐色。

汉中分布 洋县、城固和汉台区。

外地分布 省内见于陕南和关中；国内除北京、海南和台湾未见记录外，广泛分布于其他地区。

栖息地与习性 栖息在河流和湖沼等开阔的水域。杂食性，食物以水藻、谷物、草籽、鱼、虾和软体动物等为主。9～10 月南迁越冬，次年 3～4 月北返，在黑龙江和吉林繁殖。多在近水的草丛、灌丛和苇丛中营巢，每窝产卵 6～12 枚。卵为淡黄褐色，大小约 5.6 厘米 ×4.1 厘米，孵化期为 25 或 26 天。

居留型 在汉中为冬候鸟。

摄影：张永文

白眼潜鸭（三有动物）

雁 形 目 Anseriformes
鸭　　科 Anatidae
学　　名 *Aythya nyroca* (Güldenstädt)
英 文 名 Ferruginous Pochard
别　　名 白眼鸭

识别特征 中型潜鸭，体长约 40 厘米，体重约 550 克。雄鸭头、颈和胸等部位为暗栗色，上体余部大多黑褐色；上腹和尾下覆羽白色。雌鸭头和颈呈棕色，其他部位与雄鸭相似。

汉中分布 洋县、城固和汉台区。

外地分布 省内见于渭河流域；国内主要分布于内蒙古、天津、甘肃、青海、新疆、西藏、浙江、山东、湖南、湖北、贵州、云南、广东和广西等地。

栖息地与习性 善潜水，多栖息在水草和芦苇丛生的淡水或半碱水湖沼等湿地中。杂食性，食物以植物的球茎、嫩枝、芽、叶和种子为主，也捕食甲壳类、软体动物、水生昆虫和鱼等。

居留型 在汉中为旅鸟。

摄影：蔡 琼

摄影：陈 旭

红头潜鸭（三有动物）

雁 形 目 Anseriformes
鸭　　科 Anatidae
学　　名 *Aythya ferina* (Linnaeus)
英 文 名 Common Pochard
别　　名 红头鸭、矶凫

识别特征 中型潜鸭，体长约47厘米，体重约750克。雄鸭头和颈栗红色，背和胸黑色，肩和下背灰色且杂以黑色波状斑，翼镜和腹灰色。雌鸭头和颈棕褐色，胸暗黄褐色，腹灰褐色。

汉中分布 汉台区和洋县。

外地分布 省内见于陕南和关中；国内分布广泛，除青海、河南和海南未见记录外，其他各地均有分布。

栖息地与习性 多栖息在水生植物丛生的开阔水域。9～10月南迁越冬，次年3～4月北返繁殖。通常营巢于近岸水域的半漂浮物上。每窝产卵6～11枚，卵呈绿灰色，大小约6.1厘米×4.4厘米。食物以水生藻类为主，也捕食软体动物及鱼、蛙等。

居留型 在汉中为旅鸟。

雌鸟 / 摄影：阮 跃

雄鸟 / 摄影：沈惠明

鹊鸭（三有动物）

雁 形 目 Anseriformes
鸭 科 Anatidae
学 名 *Bucephala clangula* (Linnaeus)
英 文 名 Common Goldeneye
别 名 喜鹊鸭、金眼鸭、白脸鸭

识别特征 中型鸭类，体长约 46 厘米，体重约 850 克。雄鸭头黑色，两颊近嘴基处有大型白色圆斑，上体黑色，外侧肩羽和下体白色。雌鸭较小，头和颈褐色，颊无白斑，颈基具污白色圆环，上体淡褐色，余部同雄鸭。

汉中分布 洋县、城固、汉台区和南郑。

外地分布 省内分布于太白、周至和渭南；国内除贵州与海南未见记录外，其他地区均有分布。

栖息地与习性 多栖息在海滨及沿岸河口和沼泽地等水域中。3 月开始由南向北迁徙至黑龙江繁殖，10 月向南迁徙到沿海越冬。杂食，喜食螺、蛤及水生植物。常营巢于树洞或河边洞穴里，每窝产卵 10 ～ 12 枚，卵呈灰绿色，大小约 5.9 厘米 ×4.3 厘米。

居留型 在汉中为冬候鸟。

摄影：胡万新

摄影：张永文

鸳鸯（国家Ⅱ级）

雁 形 目 Anseriformes
鸭　　科 Anatidae
学　　名 *Aix galericulata* (Linnaeus)
英 文 名 Mandarin Duck
别　　名 匹鸭、官鸭

识别特征 中型鸭类，体长 34 ～ 43 厘米，体重约 500 克。雌雄异色。雄鸟羽色华丽，额和头顶中央翠绿色，枕部赤铜色，与后颈的暗紫绿色长羽组成枕冠；眼后有宽而长的辉亮栗色翎羽；背和腰暗褐色，并具铜绿色金属光泽。翅具暗绿色翼镜，繁殖期翅上有一对栗黄色的扇状直立帆羽，称“相思羽”。尾羽暗褐色而带金属绿色；颏与喉近纯绿色；上胸暗紫色，下胸两侧绒黑色，具两条明显的白色横带，下胸至尾下覆羽纯白色。

雌鸟头和颈的背面均灰褐色，无枕冠，眼周白色，其后一条纹与眼周白圈相连，形成特有的白色眉纹。头和颈的两侧浅灰褐色，颏与喉白色，上体余部灰褐色，两侧羽色似雄鸟，但无直立帆羽。

汉中分布 佛坪、洋县、城固、汉台区、略阳、南郑和镇巴。

外地分布 省内见于华县、华阴、石泉、汉阴、大荔和潼关等地；国内在东北、华北、内蒙古和甘肃等地繁殖，在东部沿海至长江中下游及华南地区、台湾等地越冬。

栖息地与习性 栖息在溪流、沼泽、湖泊、水田及近山河川等处，常出没于水面宽阔且周围多芦苇等水生植物的水域。喜群居，性杂食，以草籽、橡子及水生生物等为食。繁殖期为 4 ～ 6 月，营巢于水边的树洞中，每窝产卵 7 ～ 12 枚。6 月中旬可见到雏鸟，9 月下旬开始集群，月底逐渐南迁。

居留型 在汉中为冬候鸟。

摄影：陈 旭

摄影：夏永光

摄影：陈 旭

中华秋沙鸭（国家Ⅰ级）

雁 形 目 Anseriformes
鸭　　科 Anatidae
学　　名 *Mergus squamatus* (Gould)
英 文 名 Chinese Merganser
别　　名 秋沙鸭、唐秋沙（鸭）

识别特征 大型秋沙鸭，体长 49 ～ 64 厘米，体重 800 ～ 1170 克，体形较其他鸭类纤细。嘴暗红色，细长而尖，鼻孔位于嘴峰中部；跗跖橙红色。雄鸭头和上颈黑色，具绿色金属光泽，冠羽明显，呈双冠状。后颈和背墨绿色，两侧白色；初级飞羽和初级覆羽黑灰色，中覆羽和大覆羽具宽阔的白色亚端斑和黑色尖端，在翅上形成一块大型白斑和两条黑纹。羽端具两个同心黑色斑纹；胸以下白色，两胁具鼠灰色鳞状纹。雌鸟头至颈栗褐色，具冠羽。背鼠灰色，腹白色，胸和两胁亦具黑色鳞状斑，次级飞羽和最外侧三级飞羽白色，形成翅上白色翼镜。下背和腰白色，羽端具黑灰色同心横纹，形成鳞状斑。尾上覆羽白色，具明显的黑灰色虫蠹状斑。

汉中分布 佛坪、洋县和西乡。

外地分布 国内分布于东北地区及贵州、四川、湖南、湖北、安徽、江苏、广东、福建和山东等省。

栖息地与习性 繁殖期主要栖息在成熟阔叶林和混交林中多石的河谷与溪流附近，常在白天单只、成对或成小群活动。善潜水，通常每次潜水时间较长。食物以石蛾幼虫（石蚕）、虾、红点鲑和细鳞鱼等水生动物为主；4 ～ 6 月繁殖期间，食物则以石蛾幼虫为主（约占全部食物的 97%）。

居留型 在汉中为冬候鸟。

雌鸟 / 摄影：蔡 琼

雄鸟 / 摄影：蔡 琼

普通秋沙鸭（三有动物）

雁 形 目 Anseriformes
鸭　　科 Anatidae
学　　名 *Mergus merganser* (Linnaeus)
英 文 名 Common Merganser
别　　名 秋沙鸭、大锯嘴鸭子、鱼钻子、鱼鸭

识别特征 为秋沙鸭中个体最大的一种，体长约60厘米，体重约1200克。雄鸭头部黑褐色，具绿色金属光泽，枕部有短的羽冠；颈白色；背与腰灰黑色；翼镜白色；腹白色。雌鸟头部棕褐色，上体灰色，下体白色。

汉中分布 佛坪、洋县、城固、汉台区和宁强。

外地分布 省内分布于安康、渭南、潼关、旬阳和周至；国内除海南外，其他地区均有分布；国外广泛见于欧洲和北美洲。本种分化为3个亚种。在我国有指名亚种*M.m.merganser*，嘴长，雄鸭次级飞羽黑缘较窄，在东北和西北地区繁殖；中亚亚种*M.m.comatus*，嘴短，雄鸭次级飞羽黑缘较宽，终年留居在青海至西藏南部。

栖息地与习性 多栖息在河流、淡水湖泊、池塘与沼泽地附近，迁徙时也常见在沿海停歇。食物以小鱼和水生昆虫为主。营巢于天然洞穴或树洞中，每窝产卵7～12枚。卵呈乳白色或淡黄色，大小约6.6厘米×4.6厘米。

居留型 在汉中为冬候鸟。

摄影：陈 旭

摄影：陈 旭

斑头秋沙鸭（三有动物、省级重点）

雁 形 目 Anseriformes
鸭　　科 Anatidae
学　　名 *Mergellus albellus* (Linnaeus)
英 文 名 Smew

摄影：陈 旭

摄影：胡万新

识别特征 体形小，体长约 40 厘米，体态优雅，身体呈黑白色。繁殖期雄鸟体白，但眼罩、枕纹、上背、初级飞羽和胸侧的狭窄条纹为黑色，体侧具灰色蠕虫状细纹。雌鸟与非繁殖期雄鸟上体灰色，具两道白色翼斑，下体白，眼周近黑，额、顶及枕部栗色。与普通秋沙鸭的区别在于喉白色。虹膜褐色；嘴近黑色；脚灰色。通常无声，雄鸟发情时发出“呱呱”低声与啸音，雌鸟发出低沉的哮声。

汉中分布 洋县、城固、汉台区和南郑。

外地分布 分布于北欧和北亚，在印度北部、中国和日本越冬，在内蒙古东北部的沼泽地繁殖，冬季南迁时经过中国大部分地区。分布广泛，但并不常见。

栖息地与习性 常栖息在小池塘与河流等处，在树洞中繁殖。

居留性 在汉中为冬候鸟。

黑鸢（国家Ⅱ级）

隼形目 Falconiformes
鹰　科 Accipitridae
学　名 *Milvus migrans* (Gmelin)
英文名 Black Kite
别　名 黑耳鸢、鸢、老鹰、饿老刁

识别特征 体长约 62 厘米，体重约 1000 克。雌雄羽色相似，体背暗褐色，体腹棕褐色有黑斑；飞翔时翅下左右各具有一白斑，特别明显；尾呈叉状。我国有两个亚种：普通亚种，上体棕褐色，尾棕褐具黑色横斑；云南亚种，上体黑褐色，尾褐色具黑色横斑，下体纯棕褐色。

汉中分布 宁强、佛坪和洋县。

外地分布 省内见于各地，国内遍布各省。

栖息地与习性 栖息在山区和城郊附近，经常单独长时间翱翔于天空中，飞翔时且飞且鸣。发现猎物后立即俯冲追捕，以鼠类、兔、蛙和鱼类为食。繁殖期为 4～5 月，每窝产卵 2 或 3 枚，孵化期约 38 天。

居留型 在汉中为留鸟。

摄影：赵纳勋

摄影：蔡 琼

摄影：崔建宁

摄影：孟宪伟

凤头蜂鹰（国家Ⅱ级）

隼 形 目 Falconiformes
鹰　　科 Accipitridae
学　　名 *Pernis ptilorhynchus* (Temminck)
英 文 名 Oriental Honey-buzzard
别　　名 蜂鹰

识别特征 体长约60厘米，体重约1400克。头具短羽冠，背部暗褐色，腹部棕褐或栗褐色；尾羽褐色，末端有一条宽黑带，靠近基部有二道黑横斑。

汉中分布 洋县和佛坪。

外地分布 国内分布于黑龙江、吉林、海南和台湾等地。

栖息地与习性 喜栖息在针叶林和混交林中及林边草原和农田上。常单独飞行，鸣声短促响亮似哨音。嗜食蜜蜂、胡蜂和其幼虫及蜂蜜、蜂蜡，偶食鼠、蛙和蛇等。繁殖期为4～5月，筑巢于高大的针叶树或阔叶树上。

居留型 在汉中为夏候鸟。

凤头鹰（国家Ⅱ级）

隼 形 目 Falconiformes
鹰　　科 Accipitridae
学　　名 *Accipiter trivirgatus* (Temminck)
英 文 名 Crested Goshawk
别　　名 凤头苍鹰、凤头雀鹰

识别特征 中型猛禽，体长 36 ~ 49 厘米，体重约 370 克。头部具有羽冠；上体和背部褐色；飞羽具暗褐色横斑；尾羽褐色，并有 4 道暗色横斑。下体为白色，自颏部至上胸中央纵贯一条黑褐色纹；下体其余部分有棕褐色的横斑，腹部为淡褐色。

汉中分布 洋县和佛坪。

外地分布 国内分布于四川、广西、西藏、海南、福建、江西、湖北、广东、海南、贵州和云南等地。

栖息地与习性 栖息在中低海拔山地的阔叶林中或开阔地。可捕食环颈雉等大中型鸟类及赤腹松鼠等形体比它大的猎物，也捕食两栖类动物和昆虫。

居留型 在汉中为旅鸟。

摄影：徐永春

赤腹鹰（国家Ⅱ级）

隼 形 目 Falconiformes
鹰　　科 Accipitridae
学　　名 *Accipiter soloensis* (Horsfield)
英 文 名 Chinese Goshawk
别　　名 鹞子、鸽子鹰

识别特征 小型猛禽，体长约 30 厘米，体重约 112 克。雄鸟上体和两翅表面呈灰蓝色；喉乳白色，胸和上腹棕色，横纹不明显；下腹白色。雌鸟与雄鸟相似，但羽色较暗，胸和腹部灰色，具褐色横纹，中央尾羽具暗色横带。幼鸟胸和腹部布满褐色矛状斑。脚绿黄色。

汉中分布 佛坪、洋县、城固、汉台区、留坝、勉县、略阳、宁强、南郑、西乡和镇巴。

外地分布 省内见于陕西南部和秦岭北麓；国内分布于四川、贵州、湖北、湖南、安徽、江西、江苏、福建、广西、广东和海南等地。

栖息地与习性 常在疏林中活动，穿梭追捕小鸟、小型啮齿动物和昆虫为食。筑巢于森林的树枝上，每窝产卵 2～5 枚。由雌鸟负责孵卵，孵卵期为 32～34 天，7 月中旬雏鸟出巢。

居留型 在汉中为留鸟。

摄影：蔡 琼

摄影：陈 旭

雀鹰（国家Ⅱ级）

隼 形 目 Falconiformes
鹰　　科 Accipitridae
学　　名 *Accipiter nisus* (Linnaeus)
英 文 名 Eurasian Sparrow Hawk
别　　名 鹞子、雀儿鹰

识别特征 体长约 35 厘米，体重约 200 克。雌鸟个体较雄鸟略大，翅阔而圆，尾较长。雌雄体色略有差异。雄鸟头顶、后颈至上体青灰色或暗灰色；眼先灰色，具黑色刚毛，眉纹白色；头侧面和脸棕色，颏部和喉部满布褐色羽干细纹；下体白色，胸、胁和腹部具赤褐和暗褐色横斑；尾羽灰褐色，具 5 道黑褐色横斑，尾羽先端棕白色。雌鸟上体灰褐色，头顶和后颈灰褐色或鼠灰色，头后杂有少许白色斑，前额乳白色或缀有棕黄色；头侧和颊乳白色，微沾淡棕黄色，并缀有细的暗褐色纵纹；下体乳白色，颏与喉部具有较宽的黑褐色纵纹；胸腹部和两胁及覆腿羽均具暗褐色横斑，其余特征和雄鸟相似。嘴黑色，基部青黄色，蜡膜绿黄色；跗跖黄色；爪黑色。

汉中分布 佛坪、洋县、城固、汉台区、留坝、勉县、略阳、宁强、南郑、西乡和镇巴。

外地分布 省内见于周至、石泉、渭南和定边等地；国内分布于其他各省；国外分布于俄罗斯、朝鲜、日本、印度和缅甸等国。

栖息地与习性 夏季多栖居在较高的山林中，冬季则多见于低山丘陵、山脚平原、农田和村庄附近，多白天单独活动。属肉食性猛禽，每只每年可食鼠约 290 只。3 月份开始繁殖，多营巢于距地面 4 ~ 14 米高的树上。每窝产卵 3 或 4 枚，一般隔日产卵 1 枚。卵呈椭圆形或近圆形，淡青色，光滑无斑。由雌鸟孵卵，32 ~ 35 天出雏。雌雄亲鸟共同育雏，雏鸟 24 ~ 30 日（一般 27 日）离巢。8 月中旬至 10 月下旬结群迁徙。

居留型 在汉中为夏候鸟。

松雀鹰（国家Ⅱ级）

隼 形 目 Falconiformes
鹰　　科 Accipitridae
学　　名 *Accipiter virgatus* (Temminck)
英 文 名 Besra Sparrow-hawk
别　　名 松子鹰、雀鹰

识别特征 小型猛禽，体长约 35 厘米，体重约 230 克。雌雄个体大小和羽色稍有不同。雄鸟额、头顶和枕均为石板黑色；眼先、耳羽和颈侧棕灰色；上体黑灰色，喉白色，喉中央具一条宽且显著的黑色中央纹；尾褐灰色，具四五道灰黑色横斑。雌鸟体形较大。头顶至枕黑褐色，后颈羽基部的白色较雄鸟多；上体和尾上覆羽褐色；下体白色，喉部纵纹较雄鸟稍宽，胸、腹、胁和覆腿羽具褐色横斑；嘴黑色，基部青黄色；蜡膜绿色；跗跖和趾淡黄色，爪黑色。

汉中分布 佛坪和宁强。

外地分布 省内见于太白和周至等地；国内在东北地区繁殖，在长江以南地区越冬，迁徙时几乎遍及全国，有的亚种终年居留于西藏、福建或台湾；国外分布于日本、菲律宾和印度等国。

摄影：蔡 琼

摄影：蔡 琼

栖息地与习性 主要栖息在茂密的针叶林、混交林、阔叶林及开阔的林缘疏林地带，冬季常到山下和平原的小块林地、竹园与河谷地带活动。常单独或成对在林边的空旷处、低山、丘陵、草地和果园活动，性机警，视觉敏锐。以小型鸟类和昆虫等为食。繁殖期为 5 ~ 7 月，通常营巢于密林中枝叶茂盛的高大树木上部，有时也在林缘大树上筑巢或利用经过修理的旧巢。巢呈圆盘状或皿状，每窝产卵约 5 枚。卵呈浅蓝白色，上有少许细小的紫褐色斑点。雌鸟孵卵，7 月中下旬见雏。雄鸟运食，由雌鸟喂雏，8 月底雏鸟出飞。

居留型 在汉中为旅鸟。

摄影：蔡 琼

苍鹰（国家Ⅱ级）

隼 形 目 Falconiformes
鹰 科 Accipitridae
学 名 *Accipiter gentilis* (Linnaeus)
英 文 名 Northern Goshawk
别 名 黄鹰

识别特征 体形较大，体长约 63 厘米，体重约 900 克。雌鸟、雄鸟和幼鸟三者的体色略有不同。雄鸟的头顶、后颈与头侧黑褐色，白色眉纹延伸至枕侧，耳羽呈黑色；背、肩、腰和尾上覆羽均呈石板灰色，尾上覆羽具白色横斑；尾羽灰褐色，有 4 道宽阔的黑褐色横带，端部具污白色边缘；颏、喉和前颈具黑褐色细纵纹；胸、胁、翼下覆羽、腹至覆腿羽均为白色底色，杂以黑褐色横斑。雌鸟背羽较雄鸟暗，下体羽色亦深，黑褐色横斑较粗大。幼鸟头顶和枕部暗褐色；上体褐色，具淡青色羽缘；下体淡黄色，杂以暗褐色羽干纹。嘴黑色，嘴基铅灰色；跗跖和趾黄色，爪黑褐色。

汉中分布 佛坪、城固、汉台区、勉县、宁强、南郑和镇巴。

外地分布 省内见于榆林等地；国内除海南外，各省均有分布；国外分布于俄罗斯、日本、朝鲜及欧洲、北美和北非等国家和地区。

栖息地与习性 栖息在不同海拔的针叶林、混交林和阔叶林中，也活动于山麓平原和丘陵地带的疏林与小块森林内，偶尔在村庄和农田上空翱翔。常单独白天活动，善高飞，扑翼快速，惯沿直线滑翔，翼持水平状。食物包括啄木鸟、山斑鸠、鸭、鸦、田鼠、黄鼠和兔等，属肉食性猛禽。繁殖期为 4 ~ 7 月。营巢于森林中的高大乔木上，有时也侵占其他猛禽的旧巢。巢多呈皿状，每窝产卵 2 ~ 4 枚，多为 2 枚。卵为椭圆形，青色，具淡赤褐色或青灰色斑。孵卵以雌鸟为主，30 ~ 33 天出雏。雌雄亲鸟共同育雏，雏鸟 35 ~ 37 天离巢，9 月中旬至 12 月下旬迁徙。

居留型 在汉中为冬候鸟。

摄影：蔡 琼

大鵟（国家Ⅱ级）

隼 形 目 Falconiformes
鹰　　科 Accipitridae
学　　名 *Buteo hemilasius* (Temminck *et* Schlegel)
英 文 名 Upland Buzzard
别　　名 花豹、老鹰、大豹

识别特征 大型猛禽，体长 57 ～ 72 厘米，体重约 1200 克。体羽颜色变化较大，有淡色型、暗色型和中间型，以淡色型最常见。淡色型通常头顶至后颈为白色，微沾棕色并具褐色纵纹。上体为土灰褐色，具淡棕色或灰白色羽缘及淡褐色羽干纹。下体白色，颏、喉和胸部具稀疏的淡褐色纵纹；上腹和两胁具宽阔且显著的淡棕褐色纵纹；下腹至尾下腹羽近白色。尾羽淡褐色，具七八条暗色横斑与灰白色先端。暗色型全身除几根初级飞羽和尾羽外，均为暗褐色，具黑褐色羽干纹。头、颈和胸具棕黄色羽缘，上体淡褐色，外侧 5 根初级飞羽主要为暗棕褐色。虹膜黄色；嘴黑褐色；蜡膜黄绿色，跗跖和趾暗黄色，爪黑色。

汉中分布 佛坪、汉台区、宁强和南郑。

外地分布 省内见于关中和陕北等地；国内在东北、华北与青藏高原的东南部部分地区繁殖（也有可能在西北地区繁殖），冬季南迁至华中和华东地区，偶至广东、广西和福建等地；国外分布于俄罗斯、蒙古国、朝鲜和日本等国。

栖息地与习性 主要栖息在高山林缘、开阔的山地草原、干旱草原和荒漠平原，冬季也常出没于低山丘陵和山脚平原地带的农田、芦苇沼泽、村落和城市附近。多在白天单独活动，主要以鼠类、兔、蛙、蜥蜴、小型鸟类和昆虫为食，也啄食一些动物的尸体。通常营巢于树上和悬崖峭壁上，可多年利用，但每年都要补充巢材。每年 5 ～ 7 月为繁殖期，每窝产卵 2 ～ 4 枚。卵呈淡黄色，具红褐色和灰色斑。雌鸟孵卵，孵化期约 30 天。

居留型 在汉中为留鸟。

普通鵟（国家Ⅱ级）

隼形目 Falconiformes
鹰　科 Accipitridae
学　名 *Buteo buteo* (Linnaeus)
英文名 Common Buzzard
别　名 老鹰、鸽虎、鸡姆鹞、土豹

摄影：蔡琼

识别特征 体长48～56厘米，体重约900克。体色变化较大，共有3种类型，即暗色型、棕色型和淡色型。淡色型头羽具窄的暗色羽缘；上体灰褐色，羽缘白色，微缀紫色光泽。额和喉部具淡褐色纵纹，下体乳黄白色，胸和两胁具粗的棕褐色横斑，腹部有细的淡褐色斑纹。外侧初级飞羽黑褐色，内翈基部和羽缘呈污白色或乳白色；内侧飞羽黑褐色，内翈基部和羽缘白色，展翅时在翼下形成显著的白斑；尾羽暗灰黑褐色。暗色型颏、喉与颊部棕黄色，其余下体黑褐色，尾羽棕褐色，具数道暗褐色横斑和灰白色端斑。棕色型上体棕褐色，羽端呈淡褐色或白色；颊和喉部乳黄色，其棕褐色较暗色型稍淡；尾羽下面银灰色，有不清晰的暗色横斑。虹膜褐色；嘴黑色，蜡膜黄色；跗跖和趾黄色，爪黑色。飞行时两翼宽而圆，在高空翱翔时两翼略呈“V”形。

汉中分布 佛坪、洋县和留坝。

外地分布 省内见于石泉、凤县、关中地区、定边、榆林和神木等地；国内在东北地区繁殖，长江以南越冬，迁徙时遍及全国各地；国外分布于欧洲、东南亚和非洲。

栖息地与习性 主要栖息在阔叶林、混交林和针叶林等山地森林与林缘地带，有时也出现在海拔2000米以上的山顶或高原上空。多在白天单独活动，食物以各种鼠类为主，也吃蛙、蜥蜴、蛇、野兔、小鸟、昆虫和家禽。每年5～7月繁殖，通常在森林中高大的树上营巢，尤其喜欢针叶树；亦营巢于悬岩峭壁上或侵占乌鸦和喜鹊的旧巢。每窝产卵2或3枚，卵青白色，通常被有栗褐色和紫褐色斑点。幼鸟约40天离巢。

居留型 在汉中为留鸟。

摄影：蔡琼

毛脚鵟（国家Ⅱ级）

隼 形 目 Falconiformes
鹰　　科 Accipitridae
学　　名 *Buteo lagopus* (Pontoppidan)
英 文 名 Rough-legged Buzzard
别　　名 老鹰、白豹

识别特征 中型猛禽，体长 51 ～ 60 厘米，体重约 680 克，嘴黑褐色，嘴基和蜡膜淡黄色；虹膜褐色；贯眼纹褐色；上体暗褐色，下背和肩部常缀有近白色不规则的横带；尾羽白色，末端有宽的黑褐色次端斑；腹部暗褐色；颏棕白色，有黑褐色羽干纹；喉与胸黄褐色，有轴纹和大块轴斑；尾下覆羽白色；飞行时翼上初级飞羽基部有弧形白斑，翼下白色，翼角、翼端和翼后缘黑色；跗跖被羽达趾基；趾黄褐色，爪黑色。

汉中分布 佛坪和宁强。

外地分布 省内见于渭河流域；国内分布于东北地区、华北地区、南方各省及新疆等地；国外分布于北欧的丹麦、俄罗斯西伯利亚和日本等地。

栖息地与习性 栖息在山地林区、农田和草原上。性机警，视觉敏锐，多在白天单独活动。飞翔时两翼鼓动较慢，多在空中盘旋翱翔。觅食时，通过在空中飞翔寻找目标或在高处等待猎物。食物以小型啮齿动物、蛙、昆虫和野兔等为主，有时也吃动物的尸体。每年 5 ～ 7 月繁殖，营巢于岩壁或树上，巢呈浅盘状。每窝产卵 3 或 4 枚，卵呈青白色或黄白色，有褐色或灰色斑纹。孵化期约 28 天。

居留型 在汉中为留鸟。

摄影：蔡 琼

摄影：夏永光

灰脸鵟鹰（国家Ⅱ级）

隼 形 目 Falconiformes
鹰　　科 Accipitridae
学　　名 *Butastur indicus* (Gmelin)
英 文 名 Grey-faced Buzzard
别　　名 屎鹰

识别特征 体长约 42 厘米，体重约 410 克。头至背灰褐色；眼周和眼后耳羽灰褐色；眉纹白色；喉白色，有 4 条黑色宽阔横带。飞行时从腹面观之，翼下羽白色，略带淡褐色斑纹。胸和腹部密布横纹。幼鸟背部褐色，腹面有黑褐色纵纹。嘴黑色；脚黄色，爪黑色。

汉中分布 佛坪、洋县、城固、汉台区、留坝、勉县、略阳、宁强、南郑、西乡和镇巴。

外地分布 省内见于陕南和陕北；国内分布于黑龙江、吉林、辽宁、河北、山东、广东、福建、云南和台湾等地。

栖息地与习性 栖息在森林地带，常伴随小型鸟类南迁。飞行迅速，常近地面飞行，以昆虫、蛙类和鱼类为食。营巢于松林和混交林的树端，每窝产卵 2 或 3 枚。

居留型 在汉中为夏候鸟。

金雕（国家Ⅰ级）

隼 形 目 Falconiformes
鹰　　科 Accipitridae
学　　名 *Aquila chrysaetos* (Linnaeus)
英 文 名 Golden Eagle
别　　名 老雕、黑翅雕、红头雕

识别特征 体长约85厘米，体重4000～5000克，翼展约190厘米。头顶黑褐色，枕和后颈羽毛尖长，呈披针形，金黄色，具黑褐色羽干纹；上体暗褐色，肩部较淡。下体的颏与前颈黑褐色，羽基白色；胸和腹亦为黑褐色，羽轴纹较淡；尾羽灰褐色，具不规则的暗灰褐色横斑和一宽黑褐色端斑；尾上覆羽淡褐色，覆腿羽、尾下覆羽和翅下覆羽均为暗褐色，覆腿羽具赤色纵纹。嘴端部黑色，基部蓝褐色或蓝灰色。趾黄色，爪黑色。飞行时腰部白色明显可见，尾长而圆，两翼呈浅"V"形。

汉中分布 佛坪、洋县、城固、汉台区、留坝、勉县、略阳、宁强、南郑、西乡和镇巴。

外地分布 省内见于石泉、西安、周至、武功、扶风、镇坪、延安和神木等地；国内分布于东北和西北地区的山地及喜马拉雅山脉高海拔地，在内蒙古东北部等地繁殖，在长白山等地越冬，迷鸟偶见于东南沿海省份，在新疆、青海、甘肃和宁夏的一些地方为留鸟；国外分布于北美洲、欧洲、中东、东亚、西亚和北非。

栖息地与习性 栖息在高山、草原、荒漠、河谷和森林地带，冬季多到平原、农田、山地和丘陵上空活动。多单独或成对白天活动，常随暖气流在高空翱翔；冬季也有成小群活动的现象。主要捕食大型鸟类和中小型兽类，有时也吃动物的尸体。每年2～3月开始营巢繁殖，巢呈盘状，每窝产卵1或2枚。卵呈青灰白色，具红褐色斑点。

居留型 在汉中为留鸟。

摄影：蔡 琼

白肩雕（国家Ⅰ级）

隼形目 Falconiformes
鹰　科 Accipitridae
学　名 *Aquila heliaca* (Savigny)
英文名 Imperial Eagle
别　名 白膀子、老雕

识别特征 体长 79 ～ 84 厘米，体重 2000 ～ 3000 克。前额至头顶黑褐色；枕、后颈和头侧棕褐色，后颈缀细的黑褐色羽干纹；上体大部分为黑褐色，肩羽纯白色，因形成白色肩斑而得名；下体均为黑褐色；尾羽灰色或灰褐色，具不规则的黑褐色横纹，并具宽阔的黑色端斑；尾下覆羽淡黄褐色，微缀暗色纵纹；跗跖被羽至趾基部。幼鸟头、后颈和上背土褐色，具细的棕白色羽干纹；下背至尾上覆羽淡棕皮黄色；尾羽土灰褐色，具宽阔的皮黄色端斑；下体棕褐色，下腹和尾下覆羽淡棕色。虹膜红褐色；嘴黑褐色，嘴基铅蓝灰色；蜡膜和趾黄色，爪黑色。

汉中分布 城固和佛坪。

外地分布 省内还见于铜川、太白和渭河平原；国内在新疆西北部繁殖，迁徙期或冬季可见于全国各地。

栖息地与习性 栖息在海拔 2000 米以下的阔叶林和混交林等山地森林中。冬季常活动于低山丘陵、平原、小块丛林和林缘地带，有时也见于荒漠、草原、沼泽与河谷地带。白天活动，食物以啮齿类和鸟类为主，有时也吃动物的尸体和捕食家禽。每年 4 ～ 6 月繁殖。巢呈盘状，每窝产卵 2 或 3 枚，卵呈白色。白肩雕数量正在迅速减少，面临灭种的严重威胁。

居留型 在汉中为冬候鸟。

摄影：陈 旭

摄影：刘晓勤

蛇雕（国家Ⅱ级）

隼 形 目 Falconiformes
鹰　　科 Accipitridae
学　　名 *Spilornis cheela* (Latham)
英 文 名 Crested Serpent Eagle
别　　名 蛇鹰、大冠鹫

识别特征 体长59～73厘米，体重约1480克。嘴铅灰色，跗跖和趾黄色，跗跖前后缘的鳞片几乎等大。羽冠显著，头顶和羽冠黑色，羽基白色。上体暗褐色，下体棕褐色。尾上覆羽端缘白色，尾黑色，尾基部暗褐色。飞行中因翅膀和尾部宽阔的白色横带而易被辨别。高空盘旋时，两翼呈浅“V”形。未成年鸟下体白色，往往有沾黑色的斑纹，尾有密横纹，上胸有时有一条横带。

汉中分布 佛坪。

外地分布 国内分布于辽宁、西藏、江苏、浙江、安徽、江西、湖北、贵州、云南、海南和台湾等地。

摄影：刘晓勤

栖息地与习性 常见于沿海岛屿，也见于疏林上空。常站立在枯树顶端，有时尾巴两边摆动。非常爱叫，在森林上空翱翔时常发出响亮的尖叫声，成对相互召唤。蛇雕，古称“鸩”，以蛇、蛙、蜥蜴、鼠和小鸟等为食。因以蛇为主食，故曾被认为是毒鸟，传说用它的羽毛泡的酒，喝了能毒死人，故视“鸩酒”为毒酒。

居留型 在汉中为旅鸟。

鹰雕（国家Ⅱ级）

隼 形 目 Falconiformes
鹰　　科 Accipitridae
学　　名 *Spizaetus nipalensis*（Hodgson）
英 文 名 Hodgson's Hawkeagle
别　　名 角鹰

识别特征 大型猛禽，体长 64 ~ 80 厘米，体重 2500 ~ 3500 克。头、颈淡黄褐色，具宽阔的褐色条纹；头后有长的羽冠，常常垂直竖立于头上。上体暗褐色，腰和尾上覆羽有淡白色横斑，尾有宽阔的黑色和灰白色交错排列的横带；喉和胸白色，喉有显著的黑色中央纵纹；胸有黑褐色纵纹。腹密被淡褐色和白色交错排列的横斑。跗跖被羽，和覆腿羽一样亦具有淡褐色和白色交错排列的横斑。飞翔时两翼宽阔，翼下和尾下被以黑色和白色交错的横斑，极为醒目。

汉中分布 2003 年 2 月 8 日，发现分布于佛坪自然保护区，为陕西新记录种。

外地分布 国内分布于西藏西部、云南、安徽、福建、广东、广西、海南和台湾等地。

栖息地与习性 繁殖季节多栖息在不同海拔的山地森林地带，最高可达海拔 4000 米以上，常在阔叶林和混交林中单独活动。食物以野兔、各种鸡形目鸟类和鼠类为主，也捕食小鸟和大型昆虫。营巢于山地森林高大的乔木上。巢由枯树枝构成，较庞大，通常位于树上部靠主干的枝杈上。繁殖期为 4 ~ 6 月，每窝产卵通常 2 枚，少有 1 或 3 枚。卵呈灰白色或白色。

居留型 在汉中为旅鸟。

摄影：蔡 琼

秃鹫（国家Ⅱ级）

隼 形 目 Falconiformes
鹰　　科 Accipitridae
学　　名 *Aegypius monachus* (Linnaeus)
英 文 名 Cinereous Vulture
别　　名 座山雕、狗头雕

识别特征 体形巨大，体长 102 ~ 112 厘米，体重约 9000 克，翼展 234 ~ 274 厘米，通体黑褐色。头裸出，雄性背有短的黑褐色绒羽；头侧、颊和耳区具稀疏的黑褐色毛状短羽，眼先被有黑褐色纤羽。后颈上部完全裸出无羽，呈铅蓝色，颈基部被有长的黑色或暗褐色羽簇形成的皱领，有的皱领缀有白色。上体暗褐色；前胸密被黑褐色毛状绒羽，两侧各具一束蓬松的矛状长羽，其余下体暗褐色，腹部缀以淡色纵纹。尾羽略呈楔形，暗褐色。嘴强大，呈黑褐色。腿和趾灰色或灰白色，爪黑色。

汉中分布 留坝、佛坪、宁强和镇巴。

外地分布 省内分布于榆林和延安，有时在关中渭河流域的宝鸡和武功等地也可见到；国内除上海、河南、安徽、贵州和海南等地外，其他地区均有分布。常年居留于青藏高原和黄土高原，在新疆西部的喀什和天山、青海东部与南部、甘肃、宁夏、内蒙古西部及四川北部繁殖。

栖息地与习性 主要栖息在海拔 2500 ~ 5000 米的高山、草原、河谷与森林中的荒原草地、山谷溪流和林缘地带，冬季有时也到山脚平原地区的村庄、牧场、草地及荒漠和半荒漠地区活动，可在高空翱翔几个小时。主要以大型动物的尸体为食，偶尔也猎取活的小型兽类、鸟类及家禽和家畜。每年 3 ~ 5 月繁殖，巢建在大树上，一般为盘状。每窝产卵 1 或 2 枚，呈暖污白色，孵化期约 55 天。雏鸟生长较慢，8 月初才出巢。

居留型 在汉中为冬候鸟。

摄影：胡 琳

白尾鹞（国家Ⅱ级）

隼 形 目 Falconiformes
鹰　　科 Accipitridae
学　　名 *Circus cyaneus* (Linnaeus)
英 文 名 Hen Harrier
别　　名 灰鹰、白尾鹞子

识别特征 体长 47 ～ 51 厘米，体重 355 ～ 431 克。雄鸟、雌鸟和幼鸟三者体色略有不同。雄鸟额部灰白色，头顶灰褐色，后头暗褐色，耳羽后下方向下至颏部，有一圈蓬松且稍卷曲的羽毛形成的皱领；后颈至上体蓝灰色，尾上覆羽纯白色；下体颏、喉和上胸蓝灰色，其余下体纯白色。雌鸟上体暗褐色，头至后颈、颈侧和翅上覆羽具棕黄色羽缘，尾上覆羽白色；下体棕白色或黄白色，具较粗的红褐色（或棕黄色）纵纹，杂有暗棕褐色纵纹。幼鸟和雌鸟相似，但下体较淡，纵纹更显著。嘴黑色，基部蓝灰色；蜡膜绿黄色，跗跖和趾黄色，爪黑色。

汉中分布 汉台区、宁强、南郑和镇巴。

外地分布 省内见于西安、周至和安康等地；国内在东北地区、河北及新疆西部繁殖，迁徙时遍及全国，在长江以南地区、青海东部和西藏东南部越冬。

栖息地与习性 主要栖息在平原、低山丘陵、湖泊、沼泽、草原、农田和芦苇塘等开阔地带。冬季也常到村庄附近的农田、草坡和疏林地带活动。食物以小型鸟类、啮齿类动物、蛙、蜥蜴和大型昆虫等为主，其捕食活动多在早晨和黄昏进行。每年 4 ～ 7 月繁殖。营巢于芦苇丛、草丛或灌木丛间的地上，巢多呈浅盘状。每窝产卵 4 或 5 枚，卵呈淡绿色或白色。

居留型 在汉中为冬候鸟。

鹊鹞（国家Ⅱ级）

隼 形 目 Falconiformes
鹰　　科 Accipitridae
学　　名 *Circus melanoleucos* (Pennant)
英 文 名 Pied Harrier
别　　名 喜鹊鹞、喜鹊鹰

识别特征 中型猛禽，体长约 43 厘米，体重约 320 克。雄鸟头、上体、喉及胸均为黑色；腹、尾下覆羽和覆腿羽为白色。雌鸟上体暗褐色，下体白色杂有黑褐色纵纹。脚和趾呈黄色或橙黄色。

汉中分布 宁强。

外地分布 省内见于陕南等地区；国内分布于内蒙古、河北、江苏、浙江、安徽、山东、江西及东北、西南和华南地区。

栖息地与习性 多栖息在开阔的旷野，常见于芦苇沼泽、河谷、山坡、农田和林缘地带。食物以小鸟、蛙、鼠、鱼为主，也捕食甲虫和蝗虫等，属益害参半的鸟类。营巢在草丛和灌丛中，每窝产卵 3 ~ 5 枚。卵呈白色或淡绿白色，大小约 4.2 厘米 ×3.2 厘米。

居留型 在汉中为夏候鸟。

摄影：蔡 琼

黄爪隼（国家Ⅱ级）

隼 形 目 Falconiformes
隼　　科 Falconidae
学　　名 *Falco naumanni*
英 文 名 Lesser Kestrel

识别特征 小型猛禽，体长约 30 厘米。雄鸟头蓝灰色，上体赤褐色无斑纹，腰及尾蓝灰色； 下体淡棕色，颏及臀白色；胸具稀疏黑点；尾近端处有黑色横带，端处白色。雌鸟红褐色，上体具横斑及点斑，下体具深色纵纹。该鸟与红隼最大的区别在于红隼爪黑色，而该鸟爪黄色。高叫声似红隼但音速较快。

汉中分布 佛坪。

外地分布 国内分布于山东、河南、山西及东北、华北、西北、西南各地。

栖息地与习性 营巢于悬崖峭壁，迁徙时结大群。主要以昆虫为食。

居留型 在汉中为留鸟。

摄影：徐永春

摄影：徐永春

燕隼（国家Ⅱ级）

隼 形 目 Falconiformes
隼　　科 Falconidae
学　　名 *Falco subbuteo* (Linnaeus)
英 文 名 Hobby
别　　名 青条子、蚂蚱鹰

识别特征 小型猛禽，体长 28 ～ 36 厘米，体重约 210 克。雄鸟、雌鸟和幼鸟体羽颜色有差异。雄鸟额部白色，头顶至后颈灰黑色，后颈羽基白色；其余上体呈暗石板灰色或蓝灰色；头侧与眼下嘴角垂直向下的颊纹黑色；颈侧、颏与喉白色，略沾棕色；胸与上腹白色或黄白色，具黑色纵纹。雌鸟体形较雄鸟大，体色与雄鸟相似，但上体较暗，下腹和尾下覆羽多为淡棕色或淡棕黄色，并缀黑褐色纵纹或矢状斑。幼鸟和雌鸟相似，但上体为暗褐色，下体自胸以下为浅棕黄色，具黑色纵纹。嘴蓝灰色，尖端黑色；跗跖和趾黄色，爪黑色。

汉中分布 佛坪。

外地分布 省内见于眉县、周至、西安、大荔和黄龙等地。

栖息地与习性 主要栖息在比较开阔的疏林、林缘灌丛、农田、草原、山谷、海岸和村庄附近，常单独或雌雄成对活动。昆虫是燕隼赖以生存的主要食物，其捕食的小型鸟类主要有雀、白鹡鸰、家燕和画眉等。每年 5 ～ 7 月繁殖，通常营巢于疏林、林缘和田间高大的乔木上，大多占用乌鸦和喜鹊的旧巢。巢区较固定，一般要沿用好几年。每窝产卵 2 ～ 4 枚，孵化期约 28 天，育雏期约 30 天。

居留型 在汉中为留鸟。

摄影：蔡 琼

红隼（国家Ⅱ级）

隼 形 目 Falconiformes
隼　　科 Falconidae
学　　名 *Falco tinnunculus* (Linnaeus)
英 文 名 Common Kestrel
别　　名 红鹰、红鹞子、茶隼

识别特征 小型猛禽，体长 31 ～ 38 厘米，体重 130 ～ 185 克，翼展 70 ～ 76 厘米。雄鸟、雌鸟与幼鸟三者体羽颜色有差异。雄鸟头顶、头侧、后颈和颈侧蓝灰色；前额、眼先和眉纹棕白色；背、肩与翅上覆羽砖红色，具近似三角形的黑色斑点；腰和尾上覆羽蓝灰色；颏与喉棕白色，胸、腹和两胁棕色，胸和上腹具黑褐色细纵纹，下腹与两胁具黑褐色矢状斑。雌鸟整个上体棕红色，头顶、后颈与颈侧具较粗的黑褐色羽干纹；背和尾上覆羽具较粗的黑褐色横斑；下体乳黄色微沾棕色，胸、腹和两胁具黑褐色纵纹。幼鸟和雌鸟相似，但上体斑纹较粗。嘴基蓝黄色，尖端灰色；跗跖和趾深黄色，爪黑色。

汉中分布 佛坪、洋县、城固、汉台区、留坝、勉县、略阳、宁强、南郑、西乡和镇巴。

外地分布 省内几乎遍及各地；国内广泛分布于各地，有的亚种在东北等地繁殖，在广东和台湾等地越冬。

栖息地与习性 主要栖息在开阔的山麓、疏林、灌丛、林缘附近的耕地、草原、旷野、森林苔原、森林平原、河谷及城镇、村庄附近。多白天单独或雌雄成对活动，叫声尖而刺耳。夏季以昆虫为食，有时也捕食小型爬行类和鼠类；冬季则捕食鼠类和雀形目的小鸟，主要袭击幼鸟。每年 5 ～ 7 月繁殖，每窝产卵 4 ～ 6 枚，偶尔 7 ～ 9 枚。卵呈白色，有赤褐色斑点。孵化期约 30 天，育雏期约 30 天。

居留型 在汉中为留鸟。

摄影：陈 旭

红脚隼（国家Ⅱ级）

隼 形 目 Falconiformes
隼　　科 Falconidae
学　　名 *Falco amurensis* (Linnaeus)
英 文 名 Eastern Red-footed Falcon
别　　名 青鹰、青燕子、阿穆尔隼

识别特征 小型猛禽，体长 28 ～ 33 厘米，体重约 130 克。雄鸟、雌鸟和幼鸟三者体色有差异。雄鸟上体大多为石板黑色；颏、喉、颈侧、胸和腹部淡石板灰色；肛周、尾下覆羽、覆腿羽棕红色。雌鸟上体大致为石板灰色；下背与肩具黑褐色横斑；颏、喉和颈侧乳白色，其余下体淡黄白或棕白色；胸部具黑褐色纵纹，腹中部具点状或矢状斑，腹两侧和两胁具黑色横斑。幼鸟和雌鸟相似，但上体褐色，具宽的淡棕褐色端缘和显著的黑褐色横斑；下体棕白色，胸和腹部纵纹比较明显；肛周、尾下覆羽和覆腿羽淡皮黄色。嘴黄色，先端石板灰色；跗跖和趾橙黄色，脚淡黄白色。

雌鸟 / 摄影：徐永春

汉中分布 佛坪、留坝、宁强、南郑和镇巴。

外地分布 省内见于秦岭山区、关中和陕北的定边、榆林、神木等地；国内除青海、西藏、安徽、广东和台湾外，其他各省均有分布，在我国北方繁殖。

栖息地与习性 主要栖息在低山疏林、林缘、山脚平原和丘陵地区的沼泽、草地、河流、山谷及农田等开阔地区。多白天单独活动，食物以昆虫为主，有时也捕食小型鸟类、蜥蜴、蛙和鼠类等小型脊椎动物。每年 5 ～ 7 月繁殖，经常强占喜鹊的巢，通常营巢于疏林中高大乔木树顶的枝杈上。每窝产卵 4 或 5 枚，卵呈椭圆形，白色，表面密布红褐色斑点。孵化期约 25 天。

居留型 在汉中为夏候鸟。

雄鸟 / 摄影：徐永春

游隼（国家Ⅱ级）

隼 形 目 Falconiformes
隼　　科 Falconidae
学　　名 *Falco peregrinus* (Tunstall)
英 文 名 Peregrine Falcon
别　　名 花梨鹰

识别特征 中型猛禽，体长约 43 厘米，体重约 720 克。头部和后颈暗蓝灰至黑色，脸侧有明显的灰色髭纹；背和肩呈蓝灰色，尾青黑，具数条黑色宽横斑，先端淡白；下体近白色或淡棕色，在胸、腹和胁部有黑色纵纹和横斑；嘴尖黑色；趾和脚橙黄色。

汉中分布 洋县和佛坪。

外地分布 省内见于陕南；国内除宁夏、安徽、河南、湖北、湖南和台湾外，其他各省均有分布。

栖息地与习性 多栖息在开阔的农田、河谷、草地和低山丘陵地带。食物以小型鸟类为主，也捕食鼠类，属益害兼有的鸟类。3 ~ 5 月繁殖，营巢在悬崖绝壁的缝隙中，也使用其他鸟的旧巢。每窝产卵 3 或 4 枚，卵呈乳白色，具红褐或黄褐色斑点和斑纹，大小约 4.9 厘米 ×3.9 厘米。孵化期为 28 ~ 30 天。

居留型 在汉中为冬候鸟。

摄影：徐永春

黑冠鹃隼

隼 形 目 Falconiformes
隼　　科 Accipitridae
学　　名 *Aviceda leuphotes* (Dumont)
英 文 名 Black Baza
别　　名 凤头鹃隼、虫鹰

识别特征 体长约32厘米，体重约180克。冠羽蓝黑色；上体呈黑褐色，肩白色；尾羽内侧为白色，外侧具栗色块斑；喉与颈黑色；有一道新月形纹横贯上胸；下胸和腹侧具栗色和白色横纹；嘴铅灰色，尖端黑色；脚铅蓝色，脚褐色。

汉中分布 洋县等地。

外地分布 省内见于陕南地区；国内分布于四川、云南、贵州、江西、湖北、广东、广西和海南。

栖息地与习性 活动于疏林草坡和林缘田间，以鼠类和昆虫为食。

居留型 在汉中为旅鸟。

摄影：蔡 琼

摄影：蔡 琼

灰背隼（国家Ⅱ级）

隼形目 Falconiformes
隼　科 Falconidae
学　名 *Falco columbarius* (Linnaeus)
英文名 Merlin
别　名 鸽子鹰、灰鷂子、灰青条子

摄影：陈 旭

识别特征 小型猛禽，体长 24 ～ 33 厘米。雄鸟、雌鸟和幼鸟三者体羽颜色有差异。雄鸟前额、眼先、眉纹、头侧、颊和耳羽均为污白色，微缀皮黄色；头顶至枕蓝灰色，微沾棕色，后颈有一道棕褐色领圈，并杂有黑斑，其余上体蓝灰色；颏、喉白色，喉两侧沾棕色；胸、腹和尾下覆羽淡棕黄色，具显著的棕褐色羽干纹。雌鸟前额、眼先、眉纹、头侧、颊和耳羽黄白色；其余上体暗褐色，微沾石板灰色并具棕色端缘；颏与喉灰白色，胸与腹灰白色，具较粗的棕褐色纵纹。嘴铅蓝灰色，尖端黑色；眼周和蜡膜黄色；跗跖和趾黄色，爪黑色。

汉中分布 洋县和佛坪。

外地分布 省内见于榆林和延安等地；国内在新疆天山地区繁殖，在南方和西南地区越冬，迁徙时遍布东部与中部各省。

栖息地与习性 主要栖息在开阔的低山丘陵、山脚平原、森林平原、海岸和森林苔原地带。白天常单独活动，飞掠过地面，捕捉鸦和麻雀等小型鸟类及各种昆虫为食，有时也捕食鼠类、蜥蜴、蛙和小型蛇类。每年 5 ～ 7 月繁殖，通常营巢于树上和悬崖岩石上，有时也占用乌鸦、喜鹊或其他鸟类的旧巢；巢一般呈浅盘状。每窝产卵 3 ～ 4 枚，颜色多为砖红色。孵化期约 30 天，育雏期约 26 天。

居留型 在汉中为旅鸟。

摄影：陈 旭

猎隼（国家Ⅱ级）

隼 形 目 Falconiformes
隼　　科 Falconidae
学　　名 *Falco cherrug* (J.E.Gray)
英 文 名 Saker Falcon
别　　名 兔鹰、猎鹰、鹞子

识别特征 体长 46 ～ 58 厘米，体重 670 ～ 680 克。头顶褐色且具砖红色点斑，上体一般呈土褐色，两翅和尾杂以棕黄色横斑；颏和喉白色，具细的褐色纵纹；胸白色；腹部乳黄色，具横纹；嘴黄褐色；跗跖和趾淡黄褐色，爪黑褐色。

汉中分布 洋县和佛坪。

外地分布 省内见于榆林和武功；国内分布于东北、华北、西北地区及山东、浙江、四川和西藏等地。

栖息地与习性 常栖息在河流、湖泊、沼泽、山地和丘陵地区。能在空中快速追捕猎物，捕食野鸭、鸥类和鸠鸽类，也捕食野兔、鼠类、蛇和蛙等。营巢于悬崖峭壁的石台上或石缝中，每窝产卵 3 ～ 6 枚。

居留型 在汉中为冬候鸟。

摄影：陈 旭

灰胸竹鸡（三有动物）

鸡 形 目 Galliformes
雉　　科 Phasianidae
学　　名 *Bambusicola thoracica* (Temminck)
英 文 名 Chinese Bamboo Partridge
别　　名 普通竹鸡、竹鹧鸪、泥滑滑

摄影：陈 旭

摄影：夏永光

识别特征 体长27～35厘米，体重210～250克。头顶和后颈橄榄褐色，具不明显的暗褐色纹；眉纹灰色，粗而长，向后延伸至上背；头颈两侧及颏与喉呈栗红色；上体棕褐色；背杂以显著的栗色斑；下体前部栗棕色；后部转至棕黄色；胸具灰色带，呈半环状；胁有黑褐色斑，呈半月形；后胸、腹和尾下覆羽棕黄色。

汉中分布 佛坪、洋县、城固、汉台区、宁强、南郑、西乡和镇巴。

外地分布 省内见于石泉、宁陕和汉阴等秦巴山区；国内分布在四川、长江以南地区和台湾等地，为留鸟，属于我国特有种类。

栖息地与习性 栖息在海拔2000米以下的低山灌丛、竹林和杂草丛中。常成群活动，每群数量20多只；冬季结群较大，繁殖期则分散活动。食物以植物种子、嫩芽、叶、果实和昆虫等为主。繁殖期为4～7月，在灌丛、草丛或倒木下的地面营巢。每窝产卵8～12枚，孵化期为17或18天。

居留型 在汉中为留鸟。

血雉（国家Ⅱ级）

鸡 形 目 Galliformes
雉　　科 Phasianidae
学　　名 *Ithaginis cruentus* (Hardwicke)
英 文 名 Blood Pheasant
别　　名 太白鸡、松花鸡

识别特征 体长36～46厘米，体重500～670克。雌雄异色。雄鸟头顶土灰色，有白色羽干纹，枕部羽延伸成羽冠；上体灰色，各羽具细窄的白色羽干纹，白纹两侧为黑色；尾羽灰白色，中央尾羽具绯红色边缘；喉和上胸浅棕黄色，下胸与两胁鲜草绿色；腹暗灰色，尾下覆羽赤红色。雌鸟羽冠棕褐色，向后转为蓝灰色；上体棕褐色，具黑色虫蠹状细斑；下体浅棕色，腹部具褐色波状斑。嘴黑色；跗跖红橙色，爪黑褐色。雄鸟具两个短距；雌鸟无距。幼鸟上体为浅黄和黑褐色混杂的暗色；下体浅黄白色；颊和喉部近白色。

汉中分布 佛坪、洋县、城固、留坝和勉县。

外地分布 省内见于宁陕、太白和周至等地；国内分布以西部地区为主，在华北和华南地区亦有分布。

雌鸟／摄影：蔡 琼

栖息地与习性 血雉是生活在高寒山区的森林雉类，在秦岭分布于海拔1900～3000米的针叶林和针阔叶混交林中，随季节而垂直迁移。群栖，繁殖期结束后，常集10只以内的小群；冬季常见20～30只成群。食物以苔藓、地衣和禾本科等植物的花、嫩芽、叶、果实和种子等为主，也吃一些昆虫或小的无脊椎动物。每年4月底至7月初为繁殖期，巢筑于草丛或岩石缝隙间，巢呈圆形。每窝产卵4～8枚，孵化期28或29天。

居留型 在汉中为留鸟。

雄鸟／摄影：高延钧

红腹角雉（国家Ⅱ级）

鸡形目 Galliformes
雉科 Phasianidae
学名 *Tragopan temminckii* (J.E.Gray)
英文名 Temminck's Tragopan
别名 红鸡、娃娃鸡、灰斑角雉

识别特征 体长 44 ～ 60 厘米，体重 1000 ～ 2000 克。雌雄异色。雄鸟羽色鲜艳，头和羽冠黑色，羽冠两侧和两眼后上方各具一鲜蓝色肉质角状突，故称“角雉”。通体深栗红色，满布具黑缘的灰色眼状斑；下体灰斑较明显。雄鸟喉部下方有一片状海蓝色肉裙，周缘羽黑色。繁殖季节，肉质角突和肉裙膨胀扩展，色彩绚丽。飞羽暗褐色，杂以棕色斑。下体浅朱红色，

摄影：陈 旭

各羽均具一灰色圆斑。尾羽较短，呈棕黄色，密布虫蠹状斑，并具黑色横斑和一个宽阔的黑色端斑。嘴黑色，先端变淡。跗跖和趾粉红色，具一同色短距。雌鸟上体灰褐色，杂以密的黑色和棕黄色斑纹；颈部棕黄色，具白色矢状斑。无角状突和肉裙。眼周裸出部分近蓝色。尾羽栗褐色，并具黑色和淡棕黄色细横斑。颏与喉浅黄色，具细黑色斑。下体余部淡黄色，满布大小不同的黑斑和较大的白斑。

汉中分布 佛坪、洋县、城固、汉台区、留坝、勉县、略阳、宁强、南郑、西乡和镇巴。

外地分布 省内见于周至、太白、宁陕和镇坪等秦巴山地；国内分布于西藏、云南、四川、甘肃、湖南和湖北等地。

栖息地与习性 栖息在海拔1000～3500米的山地森林、灌丛和竹林等不同植被类型的生境中。鸣声似小孩啼哭的“哇、哇”声。多单独或成对活动，冬季常集成2～5只，甚至10只左右的小群活动。白天多数时间都在林下地面活动和觅食，夜晚则栖息于树上。食物以乔木、灌木、竹、草本植物和蕨类植物的嫩叶、幼芽、花絮、果实和种子为主，也吃少量昆虫和盲蛛等动物。通常4月初进入繁殖期，雄鸟发情时头部一对绿蓝色肉质角不断充气膨胀。4月末至5月初开始产卵，每窝产卵3～5枚。

居留型 在汉中为留鸟。

雄鸟 / 摄影：蔡 琼

雌鸟 / 摄影：蔡 琼

摄影：蔡 琼

勺鸡（国家Ⅱ级）

鸡 形 目 Galliformes
雉　　科 Phasianidae
学　　名 *Pucrasia macrolopha* (Lesson)
英 文 名 Koklass Pheasant
别　　名 山麻鸡、角鸡、柳叶鸡、呱啦鸡

识别特征 体长 50～59 厘米，体重约 1280 克。雄鸟头和后颈为金属黑色，头顶中央棕褐色；中部冠羽棕褐色，两侧冠羽较长，呈黑褐色，羽缘金属绿色；头侧、颊和耳羽暗绿黑色，富金属光泽；在耳羽后下方颈侧各有一白色斑块，白斑后下方和颈背部呈淡棕黄色，外缘黑色，形成半领环状；颊与喉黑色且具暗绿色金属光泽；胸与腹栗色；下体两侧与背相似，但灰色较浅淡。雌鸟头顶黄褐色，羽冠较短；肩淡棕黄色；上体黄褐色；耳羽后下方具淡棕白色斑块；颊与喉淡棕白色；喉以下至下腹，包括两胁呈淡栗黄色；下腹中央沾棕白色，具黑褐色细斑；尾较雄鸟短。嘴黑色；跗跖暗红褐色。

汉中分布 佛坪、洋县、城固、汉台区、留坝、勉县、略阳、宁强、南郑、西乡和镇巴。

外地分布 省内见于周至、太白和旬阳等秦巴山地；国内不同亚种分布于广东、福建、浙江、湖北、安徽、四川、西藏、云南、甘肃、辽宁、山西和河北等地。

栖息地与习性 主要栖息在海拔 1500～2400 米的针阔叶混交林和针叶林中，随季节变化而垂直迁移。常结成小群活动，也有单独或成对活动的；一般不鸣叫。夜间栖息在树上，雌雄鸡相距不远或同树共栖。以植物性食物为主，兼食少量的动物和大型真菌类。每年 3～6 月繁殖，营巢于树根下或灌丛间的地面上。每窝产卵多为 8 枚，卵呈淡黄色。

居留型 在汉中为留鸟。

环颈雉（三有动物）

鸡形目 Galliformes
雉　科 Phasianidae
学　名 *Phasianus colchicus* (Linnaeus)
英文名 Ring-necked Pheasant
别　名 野鸡、山鸡、雉鸡

摄影：夏永光

摄影：蔡琼

识别特征 体长 69 ~ 100 厘米，体重 820 ~ 1200 克。雄鸟羽色艳丽，有些亚种颈部有白色颈圈，与金属绿的颈部形成显著对比；尾羽长，灰黄色，上有黑色横斑。雌鸟羽色暗淡，褐色和棕黄色杂以黑斑；尾羽较短。善奔跑，仅能短距离飞行。

汉中分布 佛坪、洋县、城固、汉台区、留坝、勉县、略阳、宁强、南郑、西乡和镇巴。

外地分布 全省各地均有分布；国内除西藏和海南外，其他地区均有分布。

栖息地与习性 栖息在山区灌木丛、竹丛、草丛、山谷草甸及林缘、近山耕地和苇塘附近。以植物种子、嫩叶、芽、浆果、农田谷物和昆虫等为食。在灌丛、草丛或芦苇间，甚至庄稼地的地面上营巢繁殖，一年两窝，每窝产卵 6 ~ 22 枚，孵化期为 23 ~ 25 天。

居留型 在汉中为留鸟。

红腹锦鸡（国家Ⅱ级）

鸡形目 Galliformes
雉　科 Phasianidae
学　名 *Chrysolophus pictus* (Linnaeus)
英文名 Golden Pheasant
别　名 金鸡

识别特征 体长约 98 厘米，体重约 700 克。雌雄异色。雄鸟体形修长，羽色艳丽，头具金黄色丝状羽冠，上体除上背浓绿色外，其余为金黄色；后颈被有橙棕色且缀有黑边的扇状羽，形成披肩状；脸、喉和前颈锈红色；下体自喉以下为纯红色，羽枝离散如发；肛周淡栗红色；尾长 38 ~ 42 厘米，一对中央尾羽黑褐色，外侧尾羽枯黄色。雌鸟头顶棕黄色且具黑褐色横斑，颊棕黄且缀黑色；耳羽银灰色，背棕黄至棕红色，具粗的黑褐色横斑；腰与尾上覆羽棕黄色。嘴和脚黄色。

汉中分布 佛坪、洋县、城固、汉台区、留坝、勉县、略阳、宁强、南郑、西乡和镇巴。

外地分布 省内见于宝鸡、陇县及秦岭、巴山山区等地；国内分布于青海、甘肃、贵州、云南、四川、湖南、湖北和广西等地。为我国特有鸟类。

栖息地与习性 主要栖息在落叶林和常绿落叶阔叶混交林的林缘灌丛地带、岩石陡坡的矮树丛或竹林中，冬季常到林缘草坡和农田中觅食。春夏季节常单独或成对活动；冬季多活动，有时可达 30 只左右。白天活动于地面上，中午多在隐蔽处休息。当夜幕将临时，则飞往林中乔木树枝上过夜。食物以野生植物的嫩叶、花、果和种子为主，也吃小麦、大豆、玉米和四季豆等农作物。每年 4 ~ 6 月繁殖，每窝产卵 5 或 6 枚，卵呈浅黄褐色。

居留型 在汉中为留鸟。

摄影：蔡琼

摄影：蔡 琼

摄影：邹义超

摄影：陈 旭

白冠长尾雉（国家Ⅱ级）

鸡 形 目 Galliformes
雉 科 Phasianidae
学 名 *Syrmaticus reevesii* (J.E.Gray)
英 文 名 Reeves's Pheasant
别 名 地鸡、长尾雉、画鸡

识别特征 体长 67 ～ 180 厘米，体重 780 ～ 1560 克，尾长可达 160 厘米。头顶具白色羽毛，为其主要鉴别特征。雄鸟的头顶、喉和颈白色，眼下有一块大白斑；眼区、颊、耳区至后颈均为黑色，形成一圈围绕头顶的环带，白色颈部之后有一个完整的黑领；背部羽为金黄或棕黄色，各羽具黑色羽缘，使羽呈鳞片状。雌鸟头顶和后颈大多暗栗褐色，各羽中央黑色，额、眉、头侧、颏和喉均为淡棕黄色；上体大部黄褐色，背部具显著黑色和大型矢状白色斑；下体浅栗棕色，向后转为棕黄色，尾较短，具有多道不甚显著的黄色横斑。眼周裸露为鲜红色；嘴灰黄绿色；脚铅灰色。

汉中分布 佛坪、洋县、城固、汉台区、留坝、勉县、略阳、宁强、南郑、西乡和镇巴。

外地分布 省内见于秦巴山区；国内分布于山西、河北、贵州、四川、河南、安徽、湖北和湖南等地。为我国特有鸟类。

栖息地与习性 栖息在常绿阔叶林或常绿针阔叶混交林中，适宜分布高度为海拔 600 ～ 2000 米。白天多在地面上活动或觅食，晚上多在位置较高且视野开阔的高大乔木上栖息。繁殖期多单个或成对活动，非繁殖期则三五成群觅食。杂食性。每年 3 月发情，3 月下旬开始营巢产卵。巢营于地面上，简陋，呈浅坑状，椭圆形，铺垫物少。每窝产卵约 8 枚，卵呈椭圆形，青灰色。

居留型 在汉中为留鸟。

雄鸟 / 摄影：蔡 琼

雌鸟 / 摄影：蔡 琼

红胸田鸡（三有动物）

鹤 形 目 Gruiformes
秧 鸡 科 Rallidae
学　　名 *Porzana fusca* (Linnaeus)
英 文 名 Ruddy-breasted Crake
别　　名 田鸡子

识别特征 体长 19 ~ 23 厘米，体重 65 ~ 85 克。额、头侧、前颈和胸部中央呈葡萄栗色；背部与体侧为暗橄榄褐色；双翅暗褐色，微带橄榄褐色羽缘；颏与喉白色；腹部中央和尾下覆羽褐色，具白色横斑；嘴暗红褐色；跗跖红褐色。

汉中分布 佛坪。

外地分布 省内见于石泉和周至等地；国内不同亚种分布于东南部地区及云南、四川和台湾等地。

栖息地与习性 栖息在丘陵地带近水域的芦苇、草丛和农田中，以田螺、软体动物和昆虫等为食。营巢于灌丛或稻田中，巢用禾本科植物的茎叶筑成皿状。每窝产卵 5 ~ 9 枚，卵呈浅褐色。孵卵由雌雄亲鸟轮流承担。

居留型 在汉中为留鸟（罕见）。

摄影：赵纳勋

摄影：有 琳

普通秧鸡（三有动物）

鹤 形 目 Gruiformes
秧 鸡 科 Rallidae
学　　名 *Rallus aquaticus* (Linnaeus)
英 文 名 Water Rail
别　　名 秧鸡子

识别特征 体长 25～29 厘米，体重 90～190 克。头顶和上颈黑褐色，具橄榄色羽缘，越向后橄榄色羽缘越宽；上体背部、两肩、腰和尾上覆羽黑褐色，宽阔的橄榄褐色羽缘更显著；飞羽褐色，两翼覆羽橄榄褐色，羽缘具白色斑纹；尾羽黑色，羽缘灰褐色。下体颏与喉白色；胸灰褐色，具黑褐色端斑；腹、两胁和尾下覆羽黑褐色，具白色横斑；嘴较细长，近红色，先端具灰色缘；跗跖黄褐色。

汉中分布 佛坪、洋县、城固、汉台区、勉县、略阳、宁强、南郑、西乡和镇巴。

外地分布 省内见于秦巴山区；国内分布于新疆、青海、四川、甘肃、宁夏、内蒙古、河南、湖北及东北和东南沿海地区。

栖息地与习性 栖息在开阔平原、低山丘陵、沼泽湿地、苇丛、水草丛或水田中。单个或成对活动，白天隐蔽，晨昏活动。以昆虫、鱼、甲壳类、软体动物和植物种子等为食。5～7 月繁殖，营巢于水草或苇丛中。巢用水草和芦苇茎叶等筑成，接近水面。每窝产卵 5～16 枚，孵化期约 20 天，由雌雄亲鸟共同孵化。

居留型 在汉中为夏候鸟。

白胸苦恶鸟（三有动物）

鹤 形 目 Gruiformes
秧 鸡 科 Rallidae
学　　名 *Amaurornis phoenicurus* (Pennant)
英 文 名 White-breasted Waterhen
别　　名 苦恶婆

摄影：陈 旭

识别特征 体长27～32厘米，体重165～258克。颈侧和上体呈石板灰色；前额、眼先、耳羽、颏、喉至上胸中央均为白色；下腹中央白而稍沾红褐色；腰侧与尾下覆羽红褐色；腿覆羽亦为红褐色，但较淡；嘴油绿色，嘴基部红色；跗跖、趾和脚浅黄色。

汉中分布 佛坪、洋县、城固、汉台区、留坝、勉县、略阳、宁强、南郑、西乡和镇巴。

外地分布 广泛分布于全省；国内主要分布于东南部地区。

栖息地与习性 栖息在沼泽、池塘、水田、溪边和近水灌丛中。一般单独或成小群在地上活动，很少飞上树，能游泳。以各种昆虫、麦粒和绿豆等为食。4月开始繁殖，营巢于近水的草丛地面或灌木丛中，巢用草茎叶和芦苇花穗等筑成。每窝产卵多为3枚，有产9枚的记录。孵卵由雌雄亲鸟轮流承担。

居留型 在汉中为夏候鸟。

摄影：陈 旭

摄影：刘晓勤

小田鸡（三有动物）

鹤 形 目 Gruiformes
秧 鸡 科 Rallidae
学　　名 *Porzana pusilla* (Pallas)
英 文 名 Baillon's Crake
别　　名 田鸡子、小秧鸡

识别特征 体长16～19厘米，体重35～50克。前额、头顶、枕、后颈均为橄榄褐色；上体橄榄褐色，背、肩、腰与尾上覆羽具白色斑点；颈侧蓝灰色；颏、喉和上胸浅灰色；胸与腹淡黄褐色，具白色和黑褐色横斑；嘴黄褐色，基部草绿色；跗跖淡绿褐色。

汉中分布 佛坪和宁强。

外地分布 省内见于定边、榆林、神木及陕南等地；国内除西藏外，各地均有分布。

栖息地与习性 栖息在低山丘陵地带，常在林缘、溪流、沼泽草地和农田附近出没，单独或成对活动。性机警，以水生昆虫、小鱼和甲壳类等为食。5～7月繁殖，营巢于近水草丛中或地上，巢用草茎和蒿叶等筑成。每窝产卵6～10枚，卵呈土黄色，具暗红色斑点。孵化期约为20天，由雌雄亲鸟轮流孵化。

居留型 在汉中为夏候鸟。

董鸡（三有动物）

鹤形目 Gruiformes
秧鸡科 Rallidae
学　名 *Gallicrex cinerea* (Gmelin)
英文名 Water-cock
别　名 秧鸡

识别特征 体长32～52厘米，体重220～550克。雄鸟通体灰黑色，头具红色额板，下体具不明显的灰色横斑。雌鸟体羽黄褐色，上体具黑色纵斑，下体呈淡黄褐色。嘴黄色，基部灰红色或黄褐色；跗跖和趾灰绿色。

汉中分布 佛坪、洋县、城固、汉台区、留坝、勉县、略阳、宁强、南郑、西乡和镇巴。

外地分布 省内分布于神木和安康等地；国内广泛分布于东南沿海、华中地区及山西、四川、贵州、云南、海南和台湾。

栖息地与习性 栖息在沼泽、河流和湖泊等处。白天隐匿在草丛中，黄昏时单个或成对外出觅食。多行走或涉水，行走时喜翘尾点首，受惊则跑入水草或芦苇丛中，迫不得已时才起飞。以水生昆虫、虾、螺和禾本科植物的种子等为食。繁殖期为5～6月，营巢于芦苇和草丛中，巢由苇叶和杂草等构成。每窝产卵3～10枚。

摄影：佛管局

居留型 在汉中为夏候鸟。

摄影：佛管局

黑水鸡（三有动物）

鹤形目 Gruiformes
秧鸡科 Rallidae
学名 *Gallinula chloropus* (Linnaeus)
英文名 Common Moorhen
别名 红骨顶

识别特征 体长 30 ~ 35 厘米，体重 140 ~ 400 克。成鸟头顶部和上背灰黑色；下背、腰、尾羽和尾上覆羽均为橄榄绿色；下体羽灰黑色，向后渐淡；下腹部羽端缀以白色，形成黑白相杂的块状斑；两胁有宽阔的白色条纹；尾下覆羽两侧白色，中央黑色。嘴鲜红色，先端黄色；跗跖前面黄绿色，后面灰绿色，趾灰绿色。

汉中分布 洋县和城固等地。

外地分布 省内见于神木、周至和渭南等地；国内除西北部分省（自治区）外，其他地区均有分布。

摄影：夏永光

栖息地与习性 栖息于沼泽或近水灌丛、草丛、芦苇丛和农田等处。单独或成对活动，善游泳，善潜水。以植物的嫩芽、根茎及水生昆虫、蠕虫和软体动物等为食。在我国，繁殖期约从 4 月开始，可达 10 月，每年可产两窝。营巢于苇丛、草丛地面或灌木上，巢由苇叶、花穗和草等材料构成。每窝产卵 5 ~ 10 枚。

居留型 在汉中为留鸟。

摄影：蔡 琼

骨顶鸡（三有动物）

鹤 形 目 Gruiformes
秧 鸡 科 Rallidae
学　　名 *Fulica atra* (Linnaeus)
英 文 名 Coot
别　　名 骨顶鸡

摄影：陈 旭

识别特征 体长约 40 厘米，体重约 680 克。额甲白色，呈倒卵形；头侧、眼先和后颈辉黑色，通体灰黑色，略具金属光泽；胸部中央部分羽端呈苍白色；尾下覆羽黑色。嘴尖端暗灰色，基部微粉红；趾暗绿色，脚灰黑色，趾具波形瓣蹼。

汉中分布 佛坪、汉台区和西乡。

外地分布 省内见于榆林、神木及渭河流域的眉县、户县、西安、长安、渭南和潼关等地；国内各地多有分布。

栖息地与习性 常结群栖息于苇塘、沼泽或近水灌丛中，亦单独活动。常在水面上游水，游水时频频点头。起飞慢，行走时体后端翘起，前部低下，每行一步叩一下头颈。食性较杂。营巢于水生植物或柳丛中，巢用水草茎叶等筑成。卵具黄色斑点，大小约 4.8 厘米 ×3.9 厘米，孵化期为 21 ～ 25 天。

居留型 在汉中为旅鸟。

摄影：刘晓勤

灰鹤（国家 I 级）

鹤形目 Gruiformes
鹤　科 Gruidae
学　名 *Grus grus* (Linnaeus)
英文名 Common Crane
别　名 灰灵鹤、鹤、番薯鹤、咕噜雁

识别特征 体长约 110 厘米。雌雄羽色相同。头顶裸出部分呈朱红色，并有稀疏的黑色发状短羽，向前延伸至眼下方；眼后、耳羽和颈侧灰白色，在后颈会合，形成“人”字形，将灰黑色的前颈与后颈分开，从其侧后观察更明显；初级飞羽与次级飞羽均黑褐色，三级飞羽同背色仅羽端略黑，其羽枝离散成毛发状；尾羽灰色，羽端黑色；其余体羽均为灰色；嘴青灰色，先端淡黄色；胫裸出部、跗跖和趾均灰黑色。

汉中分布 佛坪、洋县、城固、汉台区和南郑。

外地分布 省内见于定边、榆林、神木、千阳等地及西安、渭南、大荔的渭河、黄河和汉江沿岸；省外分布于我国部分地区，在东北和新疆等地繁殖，在长江以南越冬。

栖息地与习性 栖息地很广，在森林、沼泽、开阔平原、草地、农田和近水的丘陵地带都能见到，在水生植物丰富的开阔沼泽地带最常见。地栖性，从不飞落树上，多在水边浅水区活动。食物以水边植物的叶、茎、嫩芽、块根、草籽、谷物、软体动物、昆虫、蛙、蜥蜴和鱼类等为主。繁殖期为 4 ～ 7 月，繁殖期间成对活动。营巢于沼泽地中的干燥地面上，每窝产卵常为 2 枚，卵呈褐色或橄榄绿色，具红褐色斑。雌雄亲鸟轮流孵卵，孵化期约 30 天。

居留型 在汉中为旅鸟。

摄影：刘晓勤

摄影：刘晓勤

蓑羽鹤（国家Ⅱ级）

鹤 形 目 Gruiformes
鹤　　科 Gruidae
学　　名 *Anthropoides virgo* (Linnaeus)
英 文 名 Demoiselle Crane
别　　名 闺秀鹤

识别特征 体长76～96厘米，体重约2600克。头和颈部呈黑色，但头顶、颏与后颈均为灰色；眼后有一丛显著的白色长丝状羽，向后延伸超过头部；颈部腹侧的黑羽末端尖锐，呈披针形，向下延伸至胸部，因形似蓑衣，故称“蓑羽鹤”。眼下有一斑纹，耳簇羽白色；体背和腹呈蓝灰色；尾羽灰色。

汉中分布 城固和南郑。

外地分布 省内见于汉江和渭河流域的周至等地；国内分布于东北地区、新疆、西藏、青海、甘肃、宁夏、内蒙古、河北和四川等地。

栖息地与习性 栖息在芦苇沼泽与近水荒地等生境中。3月抵达繁殖地，5～7月成群，随后分散成对。活动范围较大，游荡觅食，以水生植物、昆虫、小鱼、虾、蛙类和软体动物等为食。繁殖期有一定区域，营巢于草甸和滩地地面的凹陷处。巢简陋，仅有少量枯草、茎叶和羽毛等，甚至有时直接产卵于地面上。5月中旬至6月上旬产卵，每窝产卵2枚。卵呈淡紫色，带有褐斑。由雌雄亲鸟轮流孵卵，孵化期为28～30天。

居留型 在汉中为旅鸟。

大鸨（国家Ⅰ级）

鹤形目 Gruiformes
鸨科 Otididae
学名 *Otis tarda* (Linnaeus)
英文名 Great Bustard
别名 野雁、老鸨、羊须鸨

识别特征 大型走禽，身体粗胖，体长约100厘米，体重5000～8000克。头蓝灰色；上体淡棕色，满布粗阔的黑色横斑，粗斑之间杂以较细的黑斑；喉部近白色，被以细长的纤羽，纤羽在雄鸟喉侧向外突出呈须状。雌鸟较雄鸟小，无须状纤羽，后颈基部至胸侧有棕栗色横带，形成半环状；中央尾羽的棕色较浓，黑色横斑较疏；外侧尾羽棕色较淡，仅具两条横斑，羽基和羽端无白色；最外侧几对尾羽纯白色，仅近羽端处具一黑色横斑；下体自前胸以下均为白色。嘴铅灰色，先端近黑色；跗跖和趾褐色，仅具三趾，爪黑色。

汉中分布 洋县和西乡。

外地分布 省内见于榆林、定边、关中渭河流域与黄河沿岸；国内在新疆西部、内蒙古东北部等地繁殖，见于青海、甘肃、宁夏、东北地区、河北、山西、河南、山东、湖北、江西和福建等地。

栖息地与习性 栖息在广阔的草原、半荒漠地区

摄影：陈 旭

摄影：施 鑫

和离村庄较远的河滩地，常5～15只成群活动。既善奔跑，亦善飞翔，行走或奔跑时，头和颈常向上伸直，呈昂首挺胸的姿态。性胆怯，从不鸣叫，杂食性。繁殖期为5～7月，雄鸟炫耀时膨出胸部羽毛。营巢于开阔草地上的浅窝内，每窝产卵3或4枚。卵呈青灰色或暗褐色。孵化期为28～31天，约35天幼鸟具飞行能力。

居留型 在汉中为冬候鸟。

摄影：高延钧

彩鹬（三有动物、省级重点）

鸻形目 Charadriiformes
彩鹬科 Rostratulidae
学　名 *Rostratula benghalensis* (Linnaeus)
英文名 Greater Painted Snipe
别　名 水画眉

识别特征 体长24～28厘米，体重约140克。嘴细长，先端膨大并向下弯曲。雄鸟背部呈橄榄褐色，头顶中央淡黄色；眼周黄色，并向后延伸成柄状；背具白色横斑，两侧具黄色纵带；上胸灰褐色，其余下体白色；胸侧经肩至背有白色宽带。雌鸟羽色比雄鸟艳丽，头栗红色，头顶中央具皮黄色或红棕色中央冠纹；眼周具一白色环，并向后延伸形成短柄；颈部棕红色；上部橄榄褐色；下部、腰和尾上覆羽蓝灰色；肩橄榄褐色；各羽外具金黄色宽阔纵纹，在背两侧各形成一条金黄色纵带。颏、喉和上胸棕栗色；下胸具一栗黑色横带，其后有一白色环带向两侧延伸至上背；两胁白色；腹淡棕白色；尾下覆羽白色，羽端沾棕色。

汉中分布 洋县等地。

外地分布 省内见于定边、周至和华县等地；国内分布于辽宁、西藏及华北和长江以南地区，在长江以南地区越冬。

栖息地与习性 栖息在平原、丘陵和山地的水塘、沼泽、河渠、河滩草地和水稻田中。多在晨昏和夜间活动，通常单独或呈松散的小群活动和觅食。行走时尾上下摆动，亦能游动和潜水。杂食性，食物以昆虫、蟹、虾、蚯蚓、软体动物及植物的叶、芽、种子和谷物等为主。繁殖期为5～7月，营巢于浅水处的芦苇丛或水草丛中，也在稻田中营巢。巢主要由枯草构成，每窝产卵3～5枚。

居留型 在汉中为夏候鸟。

鹮嘴鹬（三有动物）

鸻 形 目 Charadriiformes
鹮嘴鹬科 Ibidorhynchidae
学　　名 *Ibidorhyncha struthersii* (Vigors)
英 文 名 Ibisbill
别　　名 溪㑳偻

识别特征 体长 38 ～ 42 厘米，体重 253 ～ 337 克。前额与头顶为黑色；头顶两侧、枕部、后颈和上背前部呈石板灰色；背、腰、肩和翅上覆羽灰褐色；飞羽深灰色；尾上覆羽黑色；尾羽苍灰色；眼先、颊、颏、喉和前颈为黑色，具白色镶边；上胸石板灰色，下缘有白色半环带，此带下方具一宽阔黑色半环；下体余部白色。嘴细长且向下弯曲，呈朱红色；跗跖和趾血红色。

汉中分布 佛坪、洋县和西乡。

外地分布 省内见于镇安、商南、太白、周至和长安等地；省外广泛分布于我国中西部地区和北京。

栖息地与习性 栖息在近水域林缘，以昆虫、蠕虫和小鱼为食。雌雄成对营巢于离溪水较近的地面上，巢由小砾石堆砌而成。繁殖期为 5 ～ 7 月，每窝产卵 3 或 4 枚。卵呈褐色，具红褐色斑。

居留型 在汉中为留鸟。

摄影：陈 旭

反嘴鹬（三有动物）

鸻形目 Charadriiformes
反嘴鹬科 Recurvirostridae
学　名 *Recurvirostra avosetta* (Linnaeus)
英文名 Pied Avocet
别　名 反嘴鸻、翘嘴水扎

摄影：陈 旭

摄影：蔡 琼

识别特征 体长 42 ～ 45 厘米，体重 275 ～ 395 克。头部眼以上均为黑色，余部枕白色、后颈黑色，与头部黑色部分相连；背、腰、尾上覆羽和尾羽均为白色，背与肩具两条黑色长带状斑；初级飞羽黑色，次级飞羽、三级飞羽、小覆羽及初级覆羽白色；中覆羽与大覆羽黑色；颈前与下体均为白色；嘴细长且上翘，黑色；跗跖细长，趾间具全蹼，脚青灰色。

汉中分布 佛坪、洋县和宁强。

外地分布 省内见于秦巴山区和红碱淖湿地；省外广泛分布于全国大部分地区，在西北地区繁殖，在东南沿海越冬。

栖息地与习性 栖息在草原与半荒漠地区的水域岸边，主要以甲壳类、软体动物和昆虫为食。繁殖期为 5 ～ 7 月，在河湖岸边的沙滩或盐碱地上营巢。通常每窝产卵 4 枚，卵呈黄褐色，具黑褐色斑点，大小约 4.4 厘米 ×3.1 厘米。由雌雄亲鸟轮流孵卵。

居留型 在汉中为旅鸟。

黑翅长脚鹬（三有动物）

鸻 形 目 Charadriiformes
反嘴鹬科 Recurvirostridae
学　　名 *Himantopus himantopus* (Linnaeus)
英 文 名 Black-winged Stilt
别　　名 高跷鸻、黑翅高跷

摄影：陈 旭

摄影：蔡 琼

识别特征 体长 34 ~ 40 厘米，体重 146 ~ 200 克。雄鸟额白色；头部眼以上为黑色，并延伸至后颈；背、肩和翼黑色，具绿色金属光泽；颊、前颈与下体均为丝光白色；尾羽白色或略沾淡灰褐色。雌鸟头部和后颈呈黑褐色，斑较小；背、肩和翼黑褐色，泛金属光泽。嘴细而长，呈黑色；长长的腿为橙红色。

汉中分布 洋县、城固和佛坪。

外地分布 省内见于定边、榆林和神木等地；广泛分布于全国大部分地区。

栖息地与习性 栖息在草原地带的河湖岸边和沼泽湿地附近，食物以软体动物、甲壳类和昆虫为主。繁殖期为 5 ~ 7 月，营巢于水边和苇塘等处露出水边的地上，每窝通常产卵 4 枚。卵呈黄绿色，具黑褐色斑点，重约 22 克，大小约 4.5 厘米 ×3.2 厘米。由雌雄亲鸟轮流孵卵。

居留型 在汉中为冬候鸟。

凤头麦鸡（三有动物）

鸻形目 Charadriiformes
鸻科 Charadriidae
学名 *Vanellus vanellus* (Linnaeus)
英文名 Northern Lapwing
别名 小辫鸻、田鸡

识别特征 体长29～34厘米，体重180～275克。头顶具细长而稍向前弯的黑色冠羽；上体暗绿色；下体白色。夏羽雄鸟额、头顶和枕黑褐色；眼先、眼上和眼后灰白色和白色，并混杂有白色斑纹；眼下黑色；耳羽和颈侧白色，并混杂有黑斑；背、肩和三级飞羽暗绿色或灰绿色，具棕色羽缘和金属光泽；尾上覆羽棕色；羽基部为白色；颏与喉黑色，胸部具宽阔的黑色横带，与腹部白色截然分开。雌鸟和雄鸟羽色基本相似，但头部羽冠稍短，喉部常有白斑。冬羽头淡黑色或皮黄色，羽冠黑色；颏与喉白色；肩和翅覆羽具较宽的皮黄色羽缘。嘴黑色；脚肉红色。

汉中分布 宁强、南郑和洋县。

外地分布 省内见于陕北和关中地区；国内在黑龙江、吉林、辽宁、内蒙古、甘肃、青海和新疆等地繁殖，在长江以南和东南沿海等广大地区越冬。

栖息地与习性 栖息在低山丘陵、山脚平原和草原地带的湖泊、水塘、沼泽、溪流和农田地带。常成群活动，善飞行。食物以鞘翅目、鳞翅目、蝼蛄等昆虫及其幼虫为主，也吃杂草种子和植物嫩叶。繁殖期为5～7月，一雌一雄制。多营巢于草地或沼泽草甸边的盐碱地上。

居留型 在汉中为冬候鸟。

摄影：夏永光

摄影：陈 旭

灰头麦鸡（三有动物）

鸻 形 目 Charadriiformes
鸻　　科 Charadriidae
学　　名 *Vanellus cinereus* (Blyth)
英 文 名 Grey-headed Lapwing
别　　名 跳鸻、赖鸡毛子

识别特征 体长约40厘米，体重约275克。头部和颈部为灰色；后颈略带灰褐色；上体背和肩呈暗褐色；腰、尾上覆羽和尾羽为纯白色，除外侧尾羽外，次端黑色，末端白色；下体胸部暗褐色；腹、胁、翅下和尾下覆羽均呈白色；在两色分界处形成黑色斑状环；嘴为黄色，尖端黑色；脚呈黄色，爪黑色。

汉中分布 洋县和佛坪。

外地分布 省内见于西安、周至和渭南等地；国内分布于中东部地区，在东北的部分地区繁殖，在南方越冬。在我国属于不常见种类。

栖息地与习性 栖息在沼泽湿地、农田、江河与溪流两旁的草丛中，以昆虫、蠕虫、草籽、植物嫩叶和芽为食。营巢于裸露或有草丛的地面上，每窝产卵2～4枚。卵呈橄榄棕色，具黑褐色斑点，大小约4.6厘米×3.4厘米。

居留型 在汉中为旅鸟

金眶鸻（三有动物）

鸻形目 Charadriiformes
鸻　科 Charadriidae
学　名 *Charadrius dubius* (Scopoli)
英文名 Little Ringed Plover
别　名 黑领鸻、小环颈鸻、金背子

雌鸟 / 摄影：蔡 琼

识别特征 体长约16厘米，体重约38克。夏羽头顶和上体沙褐色；额白色；眼周金黄色；眼前、两眼间与耳羽连成黑色贯眼的带斑；眼后白斑向上延伸至头顶，两侧相连；颏、喉与颈后白色形成带环，其下为深褐色胸环；尾羽沙褐色；下体白色。冬羽色较淡。幼鸟似成鸟冬羽。嘴黑色，下嘴基黄色；腿为橙黄色。

汉中分布 佛坪、洋县、城固、汉台区、勉县、宁强、西乡和镇巴。

外地分布 省内见于陕南和关中等地；国内分布于内蒙古、河北、山西、四川、甘肃、宁夏、青海、新疆、贵州、黑龙江、吉林、云南、海南、西藏和广西等地。

栖息地与习性 常单独或小群在湖泊河岸和沼泽草丛等区域活动，以昆虫和小型甲壳类动物等为食。营巢于湖岸、河岸或河心岛的沙石滩上，每窝产卵3或4枚，孵化期约25天。

居留型 在汉中为夏候鸟。

雄鸟 / 摄影：蔡 琼

金（斑）鸻（三有动物）

鸻 形 目 Charadriiformes
鸻　　科 Charadriidae
学　　名 *Pluvialis fulva* (Gmelin)
英 文 名 Pacific Golden Plover
别　　名 美洲金鸻

识别特征 体长23～25厘米，体重100～140克。雄鸟自额经眉纹颈侧而下至胸侧，有一条呈“Z”形的白带，在上下体之间极为醒目。眼先、颊、颏、喉、下体中部和两胁为纯黑色；头顶、后颈中部、上背、肩、下背、腰和三级飞羽黑色，密杂以金黄色斑点；翅覆羽主要为褐灰色；初级飞羽和次级飞羽黑褐色；翅大覆羽尖端白色，翅下覆羽和腋羽淡烟灰色，具窄的白色羽缘；尾黑褐色，具不明显的灰褐色横斑。雌鸟颏与喉为白色；胸暗灰色，具黄色羽缘，形成暗褐色斑纹或条纹；其余下体白色。

汉中分布 佛坪和洋县。

外地分布 省内见于秦巴山区；国内在云南、广西、广东、福建、海南、香港与台湾越冬，迁徙期间见于新疆、青海、甘肃、内蒙古、黑龙江、吉林、辽宁、河北、河南、山东及长江流域和东南沿海。

栖息地与习性 栖息在海滨、湖泊、河流、水塘岸边及其附近沼泽、草地和农田上。飞行快速，常单独或成小群活动。食物以鞘翅目和鳞翅目昆虫、软体动物及甲壳类动物等为主。繁殖期为6～7月，每窝产卵4或5枚。卵呈黄色或肉桂色，有黑褐色或黑色斑点。由雌雄亲鸟轮流孵卵，孵化期为27天。

居留型 在汉中为旅鸟。

非繁殖羽 / 摄影：陈 旭

雄鸟 / 摄影：赵纳勋

雌鸟 / 摄影：赵纳勋

环颈鸻（三有动物）

鸻形目 Charadriiformes
鸻科 Charadriidae
学名 *Charadrius alexandrinus* (Linnaeus)
英文名 Kentish Plover
别名 白领鸻

识别特征 体长约20厘米，体重约52克。雄鸟胸侧具黑色块斑；上体淡褐色或暗沙褐色；眼先经眼至耳覆羽有一宽阔的黑色贯眼纹。雌鸟胸侧斑块为褐色。嘴和腿为黑色。

汉中分布 佛坪和洋县。

外地分布 省内见于陕南和北部黄土高原；国内分布于四川、河北、贵州、海南、台湾及云南西北部和西藏东南部。

栖息地与习性 单独或成小群活动，常与其他涉禽混群于海滩或近海岸的多沙草地上，也在河流与沼泽地中活动。以昆虫、甲壳类和软体动物为食。营巢于沙地或卵石滩上，通常每窝产卵3枚。卵呈灰黄色或沾绿色，具褐色斑点。

居留型 在汉中为夏候鸟。

摄影：任文博

摄影：华 英

铁嘴沙鸻（三有动物）

鸻 形 目 Charadriiformes
鸻　　科 Charadriidae
学　　名 *Charadrius leschenaultii* (Lesson)
英 文 名 Greater Sand Plover

识别特征 体长约21厘米，体重约65克。夏羽头顶和上体呈灰褐色；额白色；两眼间由黑色横带将额与头顶分开；眉纹白色；贯眼纹黑色并与眼间黑带相连；颊与喉白色；上胸和颈侧棕红色，形成宽环带；腹、胁和尾下覆羽白色；尾褐色，除中央尾羽外，羽端白色。冬羽上体灰褐色；额与眉纹白色；连眼线和贯眼纹灰褐色；下体白色；上胸与颈侧灰褐色，中间环斑不闭合。嘴黑色，脚灰黄色。

汉中分布 佛坪、洋县、城固、汉台区、勉县、宁强、西乡和镇巴。

外地分布 省内见于秦巴山区；国内分布于新疆、内蒙古、辽宁、河北、青海、山东、福建、广东、海南和台湾等地。

栖息地与习性 栖息在沼泽湿地和海滨沙滩上，食物以软体动物和昆虫等为主。营巢于地面上，通常每窝产卵3枚。卵呈灰褐色，具暗色斑，大小约3.7厘米×2.6厘米。

居留型 在汉中为旅鸟。

剑鸻（三有动物）

鸻形目 Charadriiformes
鸻　科 Charadriidae
学　名 *Charadrius hiaticula* (Linnaeus)
英文名 Common Ringed Plover

识别特征 体长约19厘米，属于中等体形且较丰满的黑、褐与白色鸻，比金眶鸻体形大。黑色的前顶冠上无白色饰纹，腿橘黄，飞行时翼上具明显白色横纹。成鸟的黑色斑纹在亚成鸟时为褐色。虹膜褐色；嘴黑色，嘴基黄色；脚黄色。叫声为圆润的笛音“tu—weep”，第二音调高。

汉中分布 佛坪、洋县、城固、汉台区、勉县、西乡和镇巴。

外地分布 在加拿大、格陵兰岛和古北界的北极区繁殖，冬季南迁至南欧、非洲和中东。迷鸟曾至中国东北，偶有候鸟至中国香港；可能在其他地方也出现过，但被忽视。

栖息地与习性 栖息在沼泽湿地和海滨沙滩地带，食物以软体动物和昆虫等为主。营巢于地面上。

居留型 在汉中为旅鸟。

摄影：蔡琼

摄影：陈 旭

针尾沙锥（三有动物）

鸻 形 目 Charadriiformes
鹬　　科 Scolopacidae
学　　名 *Capella stenura* (Bonaparte)
英 文 名 Pintail Snipe
别　　名 针尾鹬、针尾水札

识别特征 体长 25 ～ 27 厘米，体重 92 ～ 135 克。头部中央冠纹、眉纹和颊皆黄白色，枕部棕红色；颈与前胸黄褐色，具黑褐色纵纹；背、肩和翼上覆羽均为红褐色，具黑褐色斑纹；背与肩部具 4 条淡色纵带斑；胸侧呈黄褐色，胁与腹部白色。

汉中分布 洋县、城固、汉台区、勉县、南郑、西乡和镇巴。

外地分布 省内见于陕北、眉县、周至、西安和安康；国内在其迁徙时见于多省（自治区），在台湾、海南、福建、广东和香港越冬。

栖息地与习性 栖息在平原和丘陵地带的河湖岸边、沼泽与水田附近，以昆虫、甲壳类和软体动物为食。繁殖期为 5 ～ 7 月，营巢于草丛或湿地中的干燥地面上，通常每窝产卵 4 枚。卵呈灰白或灰黄色，具褐色、赭色或紫色斑点，大小约 4.1 厘米 ×2.9 厘米。

居留型 在汉中为旅鸟。

扇尾沙锥（三有动物）

鸻形目 Charadriiformes
鹬　科 Scolopacidae
学　名 *Capella gallinago* (Linnaeus)
英文名 Fantail Snipe or Common Snipe
别　名 普通沙锥、扇尾鹬、小沙锥

识别特征 体长 25 ～ 27 厘米，体重 75 ～ 189 克。头部中央冠纹、眉纹与颊部黄白色；侧冠纹、贯眼纹和颊纹黑褐色；背、肩与翼上覆羽黄褐色，具黑色和黄白色斑纹；背与肩羽有赤褐色沾染，具 4 条淡色斑形成的纵向带斑；飞羽呈暗褐色；腹部与尾下覆羽白色；嘴淡肉红色，端部褐色；脚青绿色。

汉中分布 佛坪、城固、汉台区、西乡和镇巴。

外地分布 省内见于周至、西安及洛河流域；国内广泛分布于大部分地区，在黑龙江和新疆西北部繁殖，在长江以南地区越冬；国外在欧洲和北美洲繁殖。

栖息地与习性 栖息在水田沼泽、河湖岸边的浅水处，以昆虫、甲壳类和软体动物为食。繁殖期为 5 ～ 7 月，在地面上营巢，每窝通常产卵 4 枚。卵呈黄绿色，具褐色与赤褐色斑点，大小约 3.8 厘米 ×2.8 厘米。由雌鸟孵卵。

居留型 在汉中为旅鸟。

摄影：陈旭

青脚滨鹬（三有动物）

鸻形目 Charadriiformes
鹬科 Scolopacidae
学名 *Calidris temminckii* (Leisler)
英文名 Temminck's Stint
别名 丹氏穉鹬、乌脚滨鹬

识别特征 体长 13～15 厘米。夏羽头与颈呈淡黄褐色，具褐色或黑褐色纵纹；眉纹黄白色，贯眼纹黑褐色；背、肩与翼上覆羽轴斑黑色，羽缘黄褐色；飞羽灰褐色，基部白色；腹、胁和尾下覆羽白色；中央尾羽灰黑色，外侧尾羽白色。冬羽黄褐色部分消失，体羽基本为灰褐色，头和颈灰褐色，斑纹不明显；下体白色；嘴黑色；脚黄绿色或沾褐色。

汉中分布 洋县。

外地分布 省内见于陕北、太白及宁陕等地；国内广泛分布于大部分地区，北方比较稀少。国外在英国北部和北极地区繁殖；在欧洲南部、地中海沿岸、尼罗河流域、红海和阿拉伯湾沿岸、印度、缅甸、越南及印度尼西亚等地越冬。

栖息地与习性 栖息在沼泽湿地与河湖岸边，主要以甲壳类和昆虫等为食。繁殖期为 5～7 月，在远离水域的山地和高原的地面上营巢，通常每窝产卵 4 枚。卵呈黄绿色或灰绿色，具暗褐色斑纹和青灰色小斑点，大小约 2.7 厘米 ×2.0 厘米。

居留型 在汉中为旅鸟。

摄影：胡万新

摄影：向定乾

红脚鹬（三有动物）

鸻形目 Charadriiformes
鹬科 Scolopacidae
学名 *Tringa totanus* (Linnaeus)
英文名 Common Redshank
别名 红脚水扎子

识别特征 中等体形，体长约 28 厘米。上体褐灰，下体白色，胸具褐色纵纹。比红脚的鹤鹬体形小，矮胖，嘴较短且较厚。飞行时腰部白色明显，次级飞羽具明显的白色外缘；尾上具黑白色细斑。虹膜褐色；嘴基部红色，端黑；脚橙红。

汉中分布 洋县。

外地分布 常见。郑作新认为，指名亚种在中国西北、青藏高原和内蒙古东部繁殖。大群鸟途经华南与华东，越冬鸟留在长江流域及南方各省、海南和台湾。

栖息地与习性 喜欢栖息在泥岸、海滩、盐田、近海稻田、干涸的沼泽与鱼塘中，偶尔在内陆栖息。通常结小群活动，也与其他水鸟混群。

居留型 在汉中为旅鸟。

青脚鹬（三有动物）

鸻 形 目 Charadriiformes
鹬　　科 Scolopacidae
学　　名 *Tringa nebularia* (Gunnerus)
英 文 名 Common Greenshank
别　　名 乌脚鹬

识别特征 体长约 32 厘米，体重约 160 克。夏羽头与颈灰白色，有密集的黑色纵斑；上体灰黑色，有黑色轴斑和白色羽缘；下体白色，前颈和胸有黑色纵斑。冬羽背上颜色变暗，喉与胸的纵斑消失。嘴黑色，微向上翘；脚长，呈蓝绿色。

汉中分布 佛坪。

外地分布 省内见于陕南和关中；国内分布于黑龙江、吉林、青海、新疆及长江流域。

栖息地与习性 栖息在海滨滩涂、河湖岸边及沼泽湿地附近，以甲壳类、软体动物、昆虫和小鱼为食。繁殖期为 5 ～ 7 月，营巢于小溪岸边和疏林地面上，每窝产卵 3 ～ 5 枚。卵呈浅黄褐或蓝白色，具褐色斑，大小约 5.4 厘米 ×3.5 厘米。孵化期为 24 ～ 25 天。

居留型 在汉中为旅鸟。

摄影：向定乾

大杓鹬（三有动物）

鸻形目 Charadriiformes
鹬科 Scolopacidae
学名 *Numenius madagascariensis* (Linnaeus)
英文名 Far Eastern Curlew
别名 红腰杓鹬、麻鹬

摄影：徐永春

识别特征 体长 57 ~ 63 厘米，体重 725 ~ 1100 克。雌雄羽色相同。上体黑褐色，有黑色纵纹；头、颈和前胸纵纹较细；初级飞羽黑褐色，具多道锯齿状白色横斑；内侧大覆羽、中覆羽和小覆羽与背同色。腰和尾上覆羽具较宽的棕红褐色羽缘；尾羽浅灰沾黄色，具棕褐色或灰褐色横斑；胁和腹部淡褐色，具黑褐色斑点。嘴黑色，特别长且向下弯曲，下嘴基部肉红色；脚青灰色。

汉中分布 洋县。

外地分布 省内见于全省；国内在黑龙江和吉林繁殖，在台湾越冬；迁徙期间见于辽宁、河北、山东和甘肃，南至广东和香港。

栖息地与习性 栖息在低山丘陵和平原的河流、湖泊、苇塘及稻田中。常单独或成松散的小群活动和觅食，繁殖期间则成对活动。食物以甲壳类、软体动物、蠕虫和昆虫为主，有时也吃鱼类、爬行类和无尾两栖类等脊椎动物。繁殖期为 4 ~ 7 月，营巢于低山丘陵的溪流两岸、沼泽湿地或山脚平原湖边的土丘上，每窝产卵 4 枚。卵呈梨形，橄榄色或橄榄绿色，有褐色或绿褐色斑点。

居留型 在汉中为旅鸟。

摄影：陈 旭

矶鹬（三有动物）

鸻 形 目 Charadriiformes
鹬　　科 Scolopacidae
学　　名 *Tringa hypoleucos* (Linnaeus)
英 文 名 Common Sandpiper
别　　名 石水扎子、普通鹬

识别特征 体长 19 ～ 21 厘米，体重 40 ～ 60 克。头顶至枕及颈后呈灰褐色；眉纹白色；贯眼纹黑色；喉白色；胸侧灰褐色；上胸与下体白色，具细小的褐色纵纹；上体黑褐色，并沿胸侧向背部延伸；翅折叠时在翼角前方形成显著的白斑；中央尾羽橄榄褐色，外侧尾羽灰褐色，具白色端斑和白色与黑褐色横斑。冬羽和夏羽相似，但上体较淡，羽轴纹和横斑均不明显，颈和胸微具或不具纵纹。嘴暗褐色；脚淡黄褐色。

汉中分布 佛坪、洋县、留坝、宁强和西乡。

外地分布 省内见于陕北和周至等地；国内在东北和西北地区繁殖，在长江以南、海南和台湾越冬。

栖息地与习性 栖息在低山丘陵和山脚平原一带的江河沿岸及湖泊、水库与水塘岸边，也出现在海岸、河口和沼泽湿地附近。常单独或成对活动，非繁殖期亦成小群。食物以鞘翅目、直翅目、夜蛾和蝼蛄等昆虫为主，也吃螺、蠕虫、蝌蚪和小鱼等。繁殖期为 5 ～ 7 月。

居留型 在汉中为旅鸟。

摄影：向定乾

长趾滨鹬（三有动物）

鸻 形 目 Charadriiformes
鹬　　科 Scolopacidae
学　　名 *Calidris subminuta* (Middendorff)
英 文 名 Long-toed Stint
别　　名 云雀鹬、长趾水扎子

识别特征 小型涉禽，体长13～15厘米。夏羽头顶茶棕色，具黑色轴斑；后颈、背、肩和翼上覆羽褐色；颈侧与后颈具褐色轴斑；背与肩具较粗的轴斑和白色斑点；肩和背部由白斑形成“V”形白带；前颈、胸腹和尾下覆羽均为白色；尾上覆羽与中央尾羽灰黑色；外侧尾羽白色；具淡灰褐色端斑。冬羽茶褐色变淡，胁部茶棕色消失。嘴黑色；脚黄绿色。

汉中分布 宁强、西乡和洋县。

外地分布 省内见于陕北和陕南等地；西北地区见于青海东部、甘肃兰州及宁夏永宁等地；迁徙时途经全国大部分地区，在广东、香港和台湾越冬。国外在俄罗斯西伯利亚繁殖，在印度、菲律宾和澳大利亚等地越冬。

栖息地与习性 栖息在河湖岸边与沼泽湿地中，食物以软体动物和昆虫为主。繁殖期为6～8月，通常每窝产卵4枚。卵呈淡灰褐色或青白色，具褐色斑点，大小约3.0厘米×2.3厘米。

居留型 在汉中为旅鸟。

摄影：华英

白腰草鹬（三有动物）

鸻 形 目 Charadriiformes
鹬　　科 Scolopacidae
学　　名 *Tringa ochropus* (Linnaeus)
英 文 名 Green Sandpiper
别　　名 白腰水扎子

识别特征 体长约23厘米，体重约80克。夏羽前额、背、肩及翼上覆羽灰褐色，头顶具黑色与白色的细纵纹；背、肩与翼上覆羽具细小的白色斑点；眼周白色；颊、颈和上胸白色，具较粗的黑褐色纵斑；飞羽黑褐色；腋羽及翼下覆羽灰黑褐色，具细小的白色斑点；下背和腰黑褐色；尾上覆羽白色，尾羽端部具黑色横斑；下体白色。冬羽上体褐色，头、颈与上胸斑点不太明显，呈淡褐色。嘴灰褐色或暗绿色，尖端黑色；脚灰绿色。

汉中分布 佛坪、洋县、城固、汉台区、留坝、勉县、略阳、宁强、南郑、西乡和镇巴。

外地分布 省内见于秦巴山区；国内分布于新疆，迁徙时几乎遍及长江以北地区，在长江以南、云南和西藏为冬候鸟。

摄影：蔡 琼

栖息地与习性 栖息在河湖岸边、水田和沼泽湿地中。食物以昆虫、软体动物和甲壳类为主，也食部分植物种子。在水边或沼泽地上的草丛中营巢，每窝产卵3或4枚。卵呈污白色或土黄色，具褐色斑点，大小约3.7厘米×2.8厘米。孵化期为20～23天。

居留型 在汉中为冬候鸟。

摄影：陈 旭

林鹬（三有动物）

鸻形目 Charadriiformes
鹬　科 Scolopacidae
学　名 *Tringa glareola* (Linnaeus)
英文名 Wood Sandpiper
别　名 鹰斑鹬、林扎子

摄影：徐永春

识别特征 体长 19 ~ 21 厘米，体重 48 ~ 84 克。夏羽头顶灰褐色，具黑纵纹；眉纹白色，贯眼纹黑褐色；颊与颈白色，具褐色纵纹；背、肩和翼上覆羽灰黑褐色，具白色与淡灰色斑纹；下背和腰灰黑褐色，尾上覆羽与尾羽白色，尾羽端部具黑褐色横斑；下体白色，胁具褐色横斑。冬羽褐色较少，颈、胸与胁部斑点不太明显。

汉中分布 佛坪和西乡。

外地分布 全省广泛分布，以汉江和渭河流域多见；国内在东北地区的西北部繁殖，迁徙途经全国大部分地区，在东南沿海越冬。

栖息地与习性 栖息在沼泽湿地和河湖岸边，非繁殖期常集小群活动。食物以昆虫、软体动物和甲壳类动物等为主，也食少量植物种子。在沼泽湿地的草丛或灌木下的地面上营巢，巢内以枯草铺垫。每窝产卵 4 枚，卵呈淡绿色，具褐色斑点，大小约 3.8 厘米 ×2.6 厘米。孵化期为 14 ~ 16 天。

居留型 在汉中为旅鸟。

摄影：徐永春

摄影：赵文斌

丘鹬（三有动物）

鸻 形 目 Charadriiformes
鹬　　科 Scolopacidae
学　　名 *Scolopax rusticola* (Linnaeus)
英 文 名 Eurasian Woodcock
别　　名 山鹬、山沙锥、大水扎

识别特征 体长约 33 厘米，体重约 300 克。前额淡灰色；头顶后部与枕具 4 条黑褐色横斑；眉纹与颊黄白色；背、肩与翼赤褐色，杂有黑褐色、灰色和白色斑纹；背与肩部具 4 条灰白色斑纹形成的纵向斑带；腰与尾上覆羽赤褐色，具黑色横纹；下体淡黄褐色；上颈具细的褐色纵纹，下颈、胸和腹部具褐色横斑；嘴粗直且长，呈锥状，基部肉红色，端部黑褐色；脚粗短，暗橘黄色。

汉中分布 汉台区。

外地分布 省内见于陕南；国内分布于云南、贵州、四川、河北和甘肃等省，在长江以南越冬。

栖息地与习性 主要栖息在山区林间，为森林型水鸟。食物以腐叶层下的昆虫为主，也吃部分植物性食物。营巢于针阔叶混交林中的地面上，每窝通常产卵 4 枚。卵色变化很大，常与巢区景观有关。一般为淡黄色，杂有黄褐与灰褐色斑点，大小约 4.5 厘米 ×3.6 厘米。孵化期为 22 ～ 24 天。

居留型 在汉中为旅鸟。

红颈滨鹬

鸻形目 Charadriiformes
鹬　科 Scolopacidae
学　名 *Calidris ruficollis* (Pallas)
英文名 Rufous-necked Stint

识别特征 体长约15厘米，上体色浅且具纵纹。冬羽上体灰褐色，多具杂斑和纵纹；眉线白；腰的中部和尾深褐色；尾侧白；下体白。与长趾滨鹬的区别在于：灰色较深且羽色单调，腿黑色。春夏季头顶、颈的体羽及翅上覆羽棕色。与小滨鹬区别在于：嘴较厚，腿较短且两翼较长；虹膜褐色；嘴黑色；脚黑色。叫声为细弱的笛音“chit-chit-chit”，音比小滨鹬稍粗稍低。

汉中分布 洋县和城固。

外地分布 在西伯利亚北部繁殖，在东南亚至澳大利亚越冬。为中国东部和中部很常见的迁徙过境鸟，一些冬候鸟留在海南、广东、香港和台湾沿海越冬。

栖息地与习性 喜沿海滩结大群活动，性活跃，喜敏捷行走或奔跑。拣起食物或兴奋时，头上下点动或向后一甩。

居留型 在汉中为冬候鸟。

摄影：阮跃

摄影：刘晓勤

普通燕鸻（三有动物）

鸻 形 目 Charadriiformes
燕 鸻 科 Glareolidae
学　　名 *Glareola maldivarum* (Forster)
英 文 名 Oriental Pratincole
别　　名 燕鸻、土鸻、土燕子

识别特征 体长 20 ～ 28 厘米，体重 53 ～ 105 克。夏羽颏与喉黄白色，自眼向下围绕喉有一黑色环，与喉的黄白色间有一条白线；贯眼纹黑色；头、颈与上体均为灰黄褐色；腰和尾上覆羽白色；尾羽黑褐色，叉形；腹与尾下覆羽白色。冬羽喉部淡褐色，无白色间隔线；嘴较短，黑色，嘴基红色。

汉中分布 佛坪。

外地分布 省内见于周至等地；广泛分布于全国大部分地区，在我国属常见种。

栖息地与习性 栖息在沼泽地和河湖岸边，食物以昆虫和甲壳类为主。繁殖期为 5 ～ 7 月，营巢于草地和农田的地面上。每窝通常产卵 3 枚卵。卵沙呈土色或灰黄色，具褐色斑点，大小约 3.1 厘米 ×2.3 厘米。

居留型 在汉中为旅鸟。

摄影：徐永春

白翅浮鸥（三有动物）

鸻形目 Charadriiformes
燕鸥科 Sternidae
学　名 *Chlidonias leucopterus* (Temminch)
英文名 White-winged Black Tern
别　名 白翅黑海燕

识别特征 体长20～26厘米，体重62～80克。头和颈部黑色；背黑褐色；尾上覆羽和尾羽纯白色；下体除尾下覆羽白色外，其余黑色；嘴和跗跖黑色。

汉中分布 洋县、城固、汉台区和南郑。

外地分布 省内见于陕南及榆林、神木；省外广泛分布于国内各地，在新疆、东北地区及内蒙古繁殖，冬季迁徙至长江以南地区越冬。

摄影：王昌大

栖息地与习性 栖息在沿海和内陆湖泊、河流、沼泽或近水的草地上。食物以小鱼虾为主，也吃昆虫。繁殖期为6～8月，集群营巢在沼泽和湖泊的水生植物丛中。每窝产卵3枚，卵呈褐色，杂有淡灰色斑点，大小约3.4厘米×2.5厘米。由雌雄亲鸟轮流孵卵。

居留型 在汉中为旅鸟。

普通燕鸥（三有动物）

鸻 形 目 Charadriiformes
燕 鸥 科 Sternidae
学　　名 *Sterna hirundo* (Linnaeus)
英 文 名 Common Tern
别　　名 黑顶燕鸥、燕鸥

识别特征 体长 31 ～ 37 厘米，体重 92 ～ 122 克。额、头顶和后颈黑色；上体肩、背和翅上覆羽暗灰色；腰和尾上覆羽白色；中央尾羽白色，向两侧逐渐变为暗灰色；上嘴基部、头侧和喉纯白色；胸白色，腹部和尾下覆羽葡萄灰色，略沾褐色。嘴黑色，跗跖和趾黑褐色。

汉中分布 洋县、城固、汉台区和南郑。

外地分布 省内见于洛河及陕北、关中流域。本种有 4 个亚种，国内有 3 个亚种。在我国大部分地区为夏候鸟和旅鸟；在西北、东北、华北和西藏等地均有繁殖。

摄影：陈 旭

栖息地与习性 栖息在海岸、岛屿和内陆的大型水域附近，以鱼虾、软体动物和昆虫为食。繁殖期为 5 ～ 7 月，常成群营巢于水域周围的滩地上。每窝产卵多为 3 枚，卵呈淡褐或淡黄色，具暗褐色或淡紫灰色斑点，大小约 4.3 厘米 ×3.1 厘米。由雌雄亲鸟轮流孵卵。

居留型 在汉中为夏候鸟。

摄影：陈 旭

须浮鸥（三有动物）

鸻形目 Charadriiformes
燕鸥科 Sternidae
学　名 *Chlidonias hybridus* (Pallas)
英文名 Whiskered Tern
别　名 灰海燕

识别特征 体长约28厘米。夏羽额至头顶黑色，头侧、颊、颈侧和喉白色，眉斑白色；体背青灰色；尾羽短，呈叉状，灰色；胸有灰色；腹部黑色，尾下覆羽白色。冬羽头顶和颈部白色，有黑色纵斑；下体白色。嘴淡紫红色，尖端黑色；跗跖红色。

汉中分布 汉台区。

外地分布 省内见于陕南和关中；国内分布于大部分地区，属常见种类。

摄影：陈 旭

栖息地与习性 栖息在湖泊和较大水域周围的草丛间和海岸地带，以鱼和虾为食，繁殖期会大量捕食昆虫。营巢于沼泽的地面上，每窝产卵2～4枚。卵呈土黄色，具浅褐色和赤褐色斑点，大小约6.5厘米×2.4厘米。孵化期约为20天。

居留型 在汉中为旅鸟。

摄影：陈 旭

摄影：李冬

红嘴鸥（三有动物）

鸻形目 Charadriiformes
鸥　科 Laridae
学　名 *Larus ridibundus* (Linnaeus)
英　文 Black-headed Gull
别　名 笑鸥、赤嘴鸥、钓鱼郎

识别特征 体长35～43厘米，体重205～374克。嘴赤红色，先端黑色；腿和趾赤色，冬季转为橙黄色；脚黄色；眼周白色。夏羽头顶、前额、喉和前颈棕褐色；下背、肩、腰珠灰色；尾羽白色，下体白，略沾淡灰色。冬羽头部为白色，前颏、眼和耳羽具灰褐色粗斑。

汉中分布 汉台区和南郑。

外地分布 省内见于周至和渭河流域；全国各地均有分布，在新疆天山西部与东北地区繁殖。

栖息地与习性 常见在沿海地区的滩涂、港湾、内陆河流和湖泊周围活动。营巢于湖泊与河流附近的沼泽草丛中。以昆虫、鱼、虾为食，也捕食啮齿类动物。繁殖期为4～6月，每窝产卵3枚，偶为4枚。卵呈淡污绿色、淡肉褐色或赭色，杂以褐色斑点和条纹，大小约5.3厘米×3.8厘米。孵化期为20～24天，由雌雄亲鸟轮流孵卵。

居留型 在汉中为冬候鸟。

摄影：陈旭

原鸽（三有动物）

鸽形目 Columbiformes
鸠鸽科 Columbidae
学　名 *Columba livia* (Gmelin)
英文名 Rock Dove
别　名 野鸽子、野鸽、野鹁鸽

识别特征 体长 29 ~ 35 厘米，体重 194 ~ 347 克。雌雄羽色相似。头、颈、前胸和上背石板灰色；颈部、上背和前胸有紫色金属光泽；背余部淡灰色；次级飞羽中部黑色，形成一道黑色横斑，初级飞羽和次级飞羽末端黑褐色；尾上覆羽和尾羽为石板灰色，尾羽末端具宽的黑色横斑；下体灰色。

汉中分布 佛坪、城固、汉台区、南郑、西乡和镇巴。

外地分布 省内分布于秦岭南北坡山区，为常见种类，常与岩鸽混群活动；新疆亚种分布于新疆和西藏等地，东北亚种分布于内蒙古、青海、河北和吉林等地。

栖息地与习性 栖息在高大建筑物或较高的岩石峭壁上，常成群活动于夜栖处与取食地之间。主要取食农作物。繁殖期为 4 ~ 8 月，营巢于岩洞石缝中，每窝产卵 2 枚。孵化期为 17 或 18 天，由雌雄亲鸟轮流孵卵。

居留型 在汉中为留鸟。

摄影：于晓平

岩鸽（三有动物）

鸽 形 目 Columbiformes
鸠 鸽 科 Columbidae
学　　名 *Columba rupestris* (Pallas)
英 文 名 Hill Pigeon
别　　名 野鸽子、山鸽子

识别特征 体长29～35厘米，体重180～305克。雌雄鸟羽色相似。头、颈和上胸灰色，颈和上胸有绿紫色金属光泽；上背和两翅为灰色，翼上具两道不完整的黑色横斑；下背白色；腰和尾上覆羽为灰色，尾羽基部灰白色，端部黑色，中段贯以宽阔的白色横带，但中央尾羽的横带呈灰白色；下体自上胸以下为蓝灰色，至腹部渐变为灰白色。

汉中分布 勉县、宁强、南郑、西乡和镇巴。

外地分布 分布于省内各地，属常见种类；本种有两个亚种，国内各地均有分布。指名亚种体色较暗灰，主要分布于长江以北的大部分地区；新疆亚种分布于新疆和西藏等地。

栖息地与习性 栖息在山区的悬崖峭壁上，一般集群活动，常到田间寻食。繁殖期为4～7月，营巢于峭壁上的岩缝或岩洞中，有时也在建筑物上筑巢。每窝产卵2枚，大小约2.8厘米×2.5厘米。孵化期约为18天，由雌雄亲鸟轮流孵卵。

居留型 在汉中为留鸟。

摄影：于晓平

摄影：陈 旭

斑林鸽（三有动物）

鸽 形 目 Columbiformes
鸠 鸽 科 Columbidae
学　　名 *Columba hodgsonii* (Vigors)
英 文 名 Speckled Wood Pigeon
别　　名 点斑林鸽

摄影：赵纳勋

识别特征 体长约 37 厘米，体重约 310 克。雄鸟整个头部为灰色；颈羽尖形，暗褐色，羽端镶灰色；上背和肩羽紫红褐色，中覆羽红褐色，端部具白点；尾羽近黑色；下体自胸至腹羽端灰白色；胸部主要为带灰的葡萄红色，腹部为暗紫红褐色；肛周和尾下覆羽暗灰色。雌鸟头部为褐色；背部和胸腹部非暗紫红色，而呈暗褐色。

汉中分布 佛坪等地。

外地分布 省内见于太白县；国内分布于甘肃、四川、云南和西藏，在分布地区比较常见。

栖息地与习性 结群活动于山地栎类等树林或竹林间，食物以野樱桃和桑葚等为主，也吃少量昆虫。在高山树林中的乔木或灌丛上营巢繁殖。

居留型 在汉中为留鸟。

红翅绿鸠（国家Ⅱ级）

鸽 形 目 Columbiformes
鸠 鸽 科 Columbidae
学　　名 *Treron sieboldii* (Temminck)
英 文 名 White-bellied Green Pigeon
别　　名 绿斑鸠

识别特征 体长28～33厘米，体重约280克。雄鸟前额和眼先亮橄榄黄色；头顶橄榄色，微缀橙棕色；枕侧和后颈灰黄绿色，颈较灰，常成一带状斑；其余上体和翅内侧橄榄绿色，有的上背沾有栗红色。尾羽中央一对橄榄绿色，两侧尾羽从内向外由灰绿色至灰黑色，并具黑色端斑和窄的灰绿色端斑，在尾的两侧形成黑边。颏与喉亮黄色；胸黄色而沾棕橙色；腹和其余下体乳白色或淡棕黄色，两胁具灰绿色条纹；腿覆羽黄白色或棕白色，缀有灰绿色。雌鸟和雄鸟相似，但颏和喉为淡黄绿色，头顶和胸无棕橙色，背和翅上亦无栗红色，而为暗绿色。嘴灰蓝色，端部较暗；脚淡紫红色。

汉中分布 佛坪、城固、汉台区、南郑和西乡。

外地分布 省内见于太白等地；国内不同亚种分布于河北、台湾、江苏、福建、四川、贵州、广西和海南等。

栖息地与习性 栖息在海拔2000米以下的山地阔叶林和针叶混交林中，有时亦见于林缘耕地中。常成小群或单独活动，飞行快捷。食物以山樱桃和蛇莓等浆果为主。繁殖期为5～6月，营巢于山沟或河谷边约的乔木和灌木上，巢呈平盘状，甚简陋，主要由枯枝搭建而成。每窝产卵2枚，卵呈白色，光滑无斑，大小约3.2厘米×2.4厘米。

居留型 在汉中为留鸟。

雄鸟 / 摄影：赵纳勋

雌鸟 / 摄影：赵纳勋

山斑鸠（三有动物）

摄影：蔡 琼

鸽形目 Columbiformes
鸠鸽科 Columbidae
学　名 *Streptopelia orientalis* (Latham)
英文名 Oriental Turtle Dove
别　名 斑鸠、金背鸠

识别特征 体长为 28 ~ 35 厘米，体重 175 ~ 320 克。雌雄羽色相似。额和头顶前部蓝灰色，头顶后部至后颈转为沾栗色的棕灰色；颈基两侧各有一块蓝灰色羽缘的黑羽，形成明显的黑灰色颈斑；上背褐色，羽缘红褐色；下背和腰部蓝灰色；尾羽黑褐色，具宽的灰白色端斑；颏与喉部棕色沾粉红色；胸部沾灰色；腹部淡灰色；两胁、腋羽与尾下覆羽蓝灰色。嘴铅蓝色；跗跖洋红色，脚褐色。

汉中分布 佛坪、洋县、城固、汉台区、宁强、南郑、西乡和镇巴。

外地分布 全省均有分布，秦岭浅山区尤为多见。西北地区指名亚种分布于甘肃、青海和宁夏，为留鸟；新疆亚种分布于新疆西部、中部和北部，为繁殖鸟；此外，不同亚种在国内还分布于黑龙江、海南、台湾和西藏。

栖息地与习性 栖息在低山丘陵、平原和山地阔叶林、针阔叶混交林、果园、农田及宅旁林中。常成对或成小群活动，食物以各种植物的果实、种子、嫩叶和幼芽为主，也吃农作物和甲虫等。繁殖期为 4 ~ 7 月，营巢于林间大树上。一般年产两窝，每窝产卵 2 枚。卵呈白色，孵化期约 18 天。

居留型 在汉中为留鸟。

摄影：陈 旭

珠颈斑鸠（三有动物）

鸽形目 Columbiformes
鸠鸽科 Columbidae
学　名 *Streptopelia chinensis* (Scopoli)
英文名 Spotted Dove
别　名 珍珠鸽、花斑鸠

摄影：陈 旭

识别特征 体长27～34厘米，体重120～205克。额淡灰色；头顶灰葡萄红色，颈后基部和其两侧有宽阔的黑色领圈，羽端余有许多白色点状斑；上体葡萄褐色，缀红色羽缘；中央尾羽暗葡萄褐色，外侧尾羽黑色，羽端具灰白色宽斑；颏灰白色；喉、胸与腹羽均呈葡萄红色，胸部更浓。

汉中分布 佛坪、洋县、城固、汉台区、留坝、勉县、略阳、宁强、南郑、西乡和镇巴。

外地分布 省内广泛分布于陕北、陕南和关中地区；在我国东部和南部最常见。

栖息地与习性 栖息在丘陵、山地树林和多树的平原郊野与农田附近，秋季通常结成小群活动。以农作物的种子和野生植物的果实等为食物，亦吃昆虫。繁殖期为3～7月，营巢于树上，每窝产卵2枚。卵呈白色，大小约2.7厘米×2.0厘米。孵化期约为18天，由雌雄亲鸟轮流孵卵。

居留型 在汉中为留鸟。

摄影：陈 旭

摄影：蔡 琼

火斑鸠（三有动物）

鸽形目 Columbiformes
鸠鸽科 Columbidae
学　名 *Streptopelia tranquebarica* (Hermann)
英文名 Red Turtle Dove
别　名 红鸠、小姑姑

识别特征 体长20～23厘米，体重82～135克。前额和头顶呈灰色，后颈基部具黑色半环形领圈；肩、背与翅上覆羽红棕色；腰和尾上覆羽深灰色；尾羽除一对灰褐色之外，其余背面深灰色，腹面黑色；颏浅灰色；自喉至腹红褐色，腹部颜色较暗。

汉中分布 佛坪、洋县、城固、汉台区、留坝、勉县、略阳、宁强、南郑、西乡和镇巴。

外地分布 省内见于秦巴山区和关中平原各地；国内分布较广，北方较少见，南方则为常见种类，西北地区见于青海、甘肃和宁夏，为夏候鸟。

栖息地与习性 栖息在农田附近的树林中，常结小群活动，取食农作物和杂草种子。繁殖期为2～8月，在树上营巢，每窝产卵2枚。卵重约6克，大小约2.7厘米×2.2厘米。

居留型 在汉中为留鸟。

灰斑鸠（三有动物）

鸽 形 目 Columbiformes
鸠 鸽 科 Columbidae
学　　名 *Streptopelia decaocto* (Frivaldszky)
英 文 名 Eurasian Collared Dove
别　　名 斑鸠、野鸽子

识别特征 体长 25 ～ 32 厘米，体重 150 ～ 192 克。额褐灰色，向后转浅灰葡萄红色；后颈基部有一道半环状黑色领圈，上下缘缀灰色；上体的背、肩、腰和尾上覆羽均呈灰褐葡萄红色，数根较长的尾上覆羽沾灰色；中央尾羽灰褐葡萄红色，外侧尾羽基部黑色，羽端灰白色；飞羽黑褐色；颏与喉近白色；下体余部褐灰色；胸缀淡紫灰色。

汉中分布 佛坪、洋县、南郑、西乡和镇巴。

外地分布 省内分布于陕北和秦巴山区；国内北方各省比较常见。

栖息地与习性 栖息在平原或山丘附近的树林间，常在地面与其他斑鸠混群啄食。食物以草、农作物的种子和野果为主。繁殖期为 4 ～ 8 月，营巢于乔木的水平枝杈上。每窝产卵 2 枚，卵重约 10 克，大小约 2.5 厘米 ×3.4 厘米。孵化期为 15 或 16 天。由雌鸟孵卵，雌雄亲鸟共同哺育雏鸟。

居留型 在汉中为留鸟。

摄影：陈 旭

噪鹃（三有动物）

鹃 形 目 Cuculiformes
杜 鹃 科 Cuculidae
学　　名 *Eudynamys scolopaceus* (Linnaeus)
英 文 名 Common Koel
别　　名 哥好雀、鬼郭公、狗娃鸟

识别特征 体长 40 ～ 43 厘米，体重 175 ～ 242 克。嘴和脚粗壮，跗跖裸出无羽，尾与翅几等长。雄鸟大体黑色且具蓝辉；雌鸟大致褐色，满布白色斑点，下体杂以横斑。

汉中分布 佛坪、洋县、留坝、宁强、南郑和镇巴。

外地分布 省内见于太白等地；国内分布于北京、甘肃、江苏、安徽、台湾及华中、西南和华南等地。

栖息地与习性 多栖在平原居民点附近的树林或山地树林中。鸣声响亮清脆，似“dau-vau”之双缀音。食物以昆虫和野果为主。繁殖期为 3 ～ 8 月，常把卵产在红嘴蓝鹊等鸟类的巢中。每巢产卵 1 ～ 4 枚，卵大小约 3.3 厘米 ×2.2 厘米。

居留型 在汉中为夏候鸟。

摄影：蔡 琼

红翅凤头鹃（三有动物、省级重点）

鹃 形 目 Cuculiformes
杜 鹃 科 Cuculidae
学　　名 *Clamator coromandus* (Linnaeus)
英 文 名 Red-winged Crested Cuckoo
别　　名 凤头鹃、冠郭公

识别特征 体长35～38厘米，体重约88克。头具灰黑色羽冠；额与头侧黑色；后颈有白色半环带；下背和尾上覆羽蓝黑色；飞羽大多为栗红色；颏、喉、上胸和翼下覆羽橙栗色；下胸和上腹为白色；下腹和下胁呈烟灰色；尾下覆羽黑色，具狭小的橙色边缘。

汉中分布 佛坪、城固和南郑。

外地分布 省内见于宁陕和汉阴等地；国内分布于华东、华南、华中、西南、甘肃和海南，台湾偶见，在我国南部繁殖。

栖息地与习性 栖息在林木较多且开阔的山坡、山脚、丘陵矮林、灌木林或平原上。多单独或成对活动，飞行能力不强，快速但不持久。以白蚁和毛虫等昆虫为食，亦啄食野果，为森林益鸟。繁殖期于4月开始，产卵在画眉和黑脸噪鹛的巢中。卵呈蓝色，近圆形。

摄影：蔡琼

居留型 在汉中为夏候鸟。

摄影：张小东

乌鹃（三有动物）

鹃 形 目 Cuculiformes
杜 鹃 科 Cuculidae
学　　名 *Surniculus lugubris* (Hodgson)
英 文 名 Drongo Cuckoo

识别特征 体长约 23 厘米，中等体形的黑色杜鹃。全身体羽亮黑色，仅腿白，尾下覆羽和外侧尾羽腹面具白色横斑；前胸隐见白色斑块。幼鸟具不规则的白色点状斑。尾羽开如卷尾；虹膜呈褐色（雄鸟）或黄色（雌鸟）；嘴黑色；脚蓝灰色。

汉中分布 佛坪。

外地分布 分布于中国、印度、印度尼西亚和菲律宾，属于罕见留鸟和候鸟，见于海拔 900 米以下的低地处。亚种 *dicruroides* 见于中国四川南部、云南、西藏东南部、贵州、广东和福建，在海南为留鸟。

栖息地与习性 栖息在林中、林缘及次生灌丛中，性羞怯。外形似卷尾，但姿势、动作和飞行均有差异。

居留型 在汉中为候鸟。

摄影：赵纳勋

摄影：陈 旭

四声杜鹃（三有动物）

鹃 形 目 Cuculiformes
杜 鹃 科 Cuculidae
学　　名 *Cuculus micropterus* (Gould)
英 文 名 Indian Cuckoo
别　　名 关公好哭、光棍背锄

识别特征 体长31～34厘米，体重90～146克。头和颈的背面暗灰色；上体余部及翅、尾表面呈土褐色；尾端缀白色，近端有一道黑色宽横斑。头颈两侧、颏至胸均为灰色；下体余部白色，具宽度为0.3～0.4厘米的较疏的横斑，斑距超过0.5厘米。

汉中分布 佛坪、洋县、城固、汉台区、留坝、勉县、略阳、宁强、南郑、西乡和镇巴。

外地分布 省内见于陕南和关中各地；国内广泛分布于东北至兰州以南，西至云南，南至海南的广大地区。

栖息地与习性 多栖息在森林中，也到平原和村庄附近活动。叫声为“gue-gue-gue-gue”，一连4声，像汉语四个字音。食物以鳞翅目等昆虫的幼虫为主，属于农林益鸟。5～6月繁殖，卵寄孵于雀形目鸟类的巢中。

居留型 在汉中为夏候鸟。

大杜鹃（三有动物）

鹃 形 目 Cuculiformes
杜 鹃 科 Cuculidae
学　　名 *Cuculus canorus* (Linnaeus)
英 文 名 Common Cuckoo
别　　名 郭公鸟、布谷鸟

摄影：赵纳勋

识别特征 体长 28 ～ 37 厘米，体重 91 ～ 135 克。上体石板黑色；尾羽黑褐色，有白色端斑；翅缘白且具褐色细横斑；头侧和颈侧大多暗灰色；颏至上胸灰色，下体余部白色；腹部密布宽度为 0.1 ～ 0.2 厘米的狭形横斑，斑距不足 0.5 厘米。

汉中分布 佛坪、洋县、城固、略阳、宁强、南郑和镇巴。

外地分布 省内见于关中和陕北各地；国内广泛分布于各省（自治区）。国外在欧亚大陆繁殖，迁徙至东南亚和非洲。

栖息地与习性 多栖息在森林中，以鳞翅目昆虫的幼虫为食，为重要的森林益鸟。繁殖期为 5 ～ 6 月，无固定配偶，不自营巢育雏，而将卵寄孵于其他鸟类的巢中，其雏有排斥寄主雏鸟的现象。卵大小约 2.2 厘米 ×1.6 厘米。

居留型 在汉中为夏候鸟。

摄影：向定乾

摄影：任文博

中杜鹃（三有动物）

鹃 形 目 Cuculiformes
杜 鹃 科 Cuculidae
学　　名 *Cuculus saturatus* (Blyth)
英 文 名 Himalayan Cuckoo

识别特征 雄鸟上体呈深灰色，翅缘为白色，不具横斑；颏至腹部呈淡灰色，腹部具黑色横带；尾黑棕色，端部白色；尾下覆羽为红褐色。雌鸟胸部沾红褐色。棕色型的通体具黑色横条纹。

汉中分布 洋县和佛坪。

外地分布 国内见于华东、华南、华中、西南地区和台湾。

栖息地与习性 栖息在山地林地的树冠上。

居留型 在汉中为夏候鸟。

摄影：李利伟

摄影：赵纳勋

小杜鹃（三有动物）

鹃 形 目 Cuculiformes
杜 鹃 科 Cuculidae
学　　名 *Cuculus poliocephalus* (Latham)
英 文 名 Lesser Cuckoo
别　　名 小郭公、小布谷鸟

识别特征 体长24～26厘米，体重50～70克。额褐灰色；头顶和后颈石板灰，稍沾褐色；背和肩暗褐色；腰和尾上覆羽暗蓝灰色；尾羽黑褐色；翼缘灰色，腹部横斑既宽又疏。

汉中分布 佛坪、城固、勉县、南郑和镇巴。

外地分布 省内见于太白和周至等地；国内分布于东北地区、华南沿海及西藏等地。

栖息地与习性 多栖息在开阔地区的杂木林中。叫声似“pipikilililili……”三次连续，然后反复。食物以昆虫为主，属于农林益鸟。繁殖期为5～7月，卵主要产在鹪鹩等其他鸟巢中，卵大小约2.1厘米×1.4厘米。

居留型 在汉中为夏候鸟。

摄影：高延钧

棕腹杜鹃（三有动物）

鹃 形 目 Cuculiformes
杜 鹃 科 Cuculidae
学　　名 *Hierococcyx fugax* (Horsfield)
英 文 名 Hodgson's Hawk Cuckoo

识别特征 体长约28厘米，中等体形的青灰色杜鹃。尾具黑褐色横斑，胸棕色；比鹰鹃小，与其他鹰鹃的区别在于：上体青灰，头侧灰色，无髭纹（幼鸟除外）而腹白。枕部具白色条带，颏黑而喉偏白，尾羽具棕色狭边。亚种 *nisicolar* 胸棕色，具白色纵纹；枕部无白色条带，尾上无狭窄棕色边，体形较小，叫声有异。虹膜红色或黄色；嘴黑色，基部和嘴端黄色；脚黄色。

汉中分布 西乡和洋县。

外地分布 在西伯利亚东南部、朝鲜、日本和中国东北地区繁殖，在中国南部及东南亚南部越冬，在泰国南部和马来半岛为留鸟。亚种 *hyperythrus* 在中国东北各省繁殖，在中国华南地区及东南亚越冬；亚种 *nisicolar* 在中国北纬32°以南繁殖，在东南亚越冬。

栖息地与习性 喜欢栖息在森林和落叶林中，通常在常绿林中越冬。

居留型 在汉中为夏候鸟。

摄影：向定乾

鹰鹃（三有动物）

鹃 形 目 Cuculiformes
杜 鹃 科 Cuculidae
学　　名 *Cuculus sparverioides* (Vigors)
英 文 名 Large Hawk Cuckoo
别　　名 鹰头杜鹃、大鹰鹃、拐拐洋

识别特征 体长35～42厘米，体重130～168克。头部灰色，上体和两翼黑褐色；背部褐色；下体、喉和胸具纵纹；腹部白色，具横斑。

汉中分布 洋县和南郑。

外地分布 省内分布于秦巴山区的太白、周至、汉阴等地；国内广泛分布于辽宁、河北、山东、河南、四川、西藏、云南、海南和台湾等地。

栖息地与习性 多栖在山林的树上，食物以昆虫为主，属于益鸟。4～7月繁殖，自己不营巢，常将卵产在喜鹊巢中。每窝产卵一般2枚，卵呈橄榄灰色，密布褐色细斑，重约4.7克，大小约1.9厘米×2.7厘米。

居留型 在汉中为夏候鸟。

摄影：陈 旭

摄影：叶元兴

摄影：廖国庆

摄影：蔡 琼

小鸦鹃（国家Ⅱ级）

鹃 形 目 Cuculiformes
杜 鹃 科 Cuculidae
学　　名 *Centropus bengalensis* (Gmelin)
英 文 名 Lesser Coucal

识别特征 虹膜黑色；体羽黑色；翅淡红褐色，翅下覆羽褐色；尾黑色，具金属光泽，细端斑白色。

汉中分布 汉台区和南郑。

外地分布 国内分布于河北、河南与长江以南地区。

栖息地与习性 栖息在低山丘陵的次生林和果园中，性机警。

居留型 在汉中为夏候鸟。

领角鸮（国家Ⅱ级）

鸮 形 目 Strigiformes
鸱 鸮 科 Strigidae
学　　名 *Otus lettia* (Pennant)
英 文 名 Collared Scops Owl
别　　名 小猫头鹰

识别特征 体长 20 ～ 27 厘米，体重约 137 克。雌雄羽色相似。面盘灰白色，微杂以黑褐色细横斑；两眼前缘黑褐色，眼上方羽毛白色，眼端刚毛白色且杂以小黑点，并与头顶两侧的灰白色连接成一环状斑；头顶至尾上覆羽棕栗色，具纯黄色小点、果褐色虫蠹状纹和略成串珠状的羽干纹；后颈基部有一显著的翎领，后颈基部、肩羽和外侧大覆羽具黄色眼状斑；下体大多灰白沾棕黄色，具黑褐色虫蠹状纹和羽干纹；嘴铅褐色，先端较黄；趾裸出呈褐色；爪黄褐色。

汉中分布 洋县和留坝。

外地分布 省内见于宁陕等地；国内几乎分布于各省（自治区）。

栖息地与习性 常栖息在有水源的山区混交林中或居民点附近。夜行性，白天藏匿于树林中枝叶茂密处，很少活动，也不鸣叫，直至黄昏才开始活动。食物以鼠类、蝗虫和鞘翅目昆虫为主。繁殖期为 4 ～ 6 月，繁殖季节叫声哀婉。一般不自行营巢，常选择天然树洞、石洞或利用喜鹊的旧巢做窝，窝内少铺垫物。每窝产卵 3 ～ 5 枚。

居留型 在汉中为留鸟。

摄影：蔡 琼

东方角鸮(国家Ⅱ级)

鸮 形 目 Strigiformes
鸱 鸮 科 Strigidae
学　　名 *Otus sunia* (Hodgson)
英 文 名 Oriental Scops Owl

识别特征 体长约19厘米，体形较小且具褐色斑驳的角鸮，分灰色型和棕色型。眼黄色，胸满布黑色条纹。与领角鸮的区别在于：体小，眼色较浅且无浅色颈圈；与黄嘴角鸮的区别在于：胸具黑色条纹，体小且灰色重。比纵纹角鸮色深、体小，条纹下体多而上体少。虹膜橙黄；嘴角质灰色；脚偏灰。叫声为粗喉音的“toik toitoink”或“toik toik tatoink”声，重音在最后一节。

汉中分布 佛坪和洋县。

外地分布 在喜马拉雅山脉、印度次大陆、日本、中国、菲律宾等国家和地区繁殖。

栖息地与习性 喜欢在林缘、林中空地和次生植丛的小矮树上捕食。

居留型 在汉中为留鸟。

摄影：蔡 琼

幼鸟/摄影：蔡 琼

摄影：蔡 琼

鹰鸮（国家Ⅱ级）

雄鸟 / 摄影：蔡 琼

雌鸟 / 摄影：蔡 琼

幼鸟 / 摄影：蔡 琼

鸮形目 Strigiformes
鸱鸮科 Strigidae
学　名 *Ninox scutulata* (Raffles)
英文名 Brown Hawk Owl
别　名 褐鹰鸮、青衣鸮

识别特征 体长近30厘米，体重约190克。外形似鹰，没有显著的面盘和翎领，亦无耳簇羽；有近似白色的前额；头顶、头侧和后颈呈暗灰棕褐色；上体暗棕褐色；肩羽和两翅表面均似背部，但肩羽的先端具白斑；尾羽淡褐色，具5道黑褐色带状横斑，羽端缀白色；下体大多白色；喉具褐色细纹；胸以下杂棕褐色斑点；尾下覆羽纯白色；覆腿羽棕色，羽端棕黄色；跗跖被以棕褐色短羽。嘴暗铅灰色，先端较淡；趾肉红色，爪黑色。

汉中分布 佛坪、洋县、城固、汉台区、留坝、勉县、略阳、宁强、南郑、西乡和镇巴。

外地分布 省内见于秦巴山区的宁陕和安康等地；国内分布于甘肃、云南、广西、广东、福建、海南、台湾和湖南等地。

栖息地与习性 栖息在有高大树木的各类型生态环境中。常见于海拔2000米以下的针阔叶混交林和阔叶林中，多在靠近水源的地方，也出现于低山丘陵和山脚平原地带的树林、林缘、灌丛、果园和农田地区的高大树上。多在黄昏和夜间活动，食物以鼠类、小鸟和昆虫为主。繁殖期为5～7月，营巢于青杨、椿和榆等树的天然洞穴中，也利用鸳鸯和啄木鸟用过的树洞。每年繁殖一窝，每窝产卵一般3枚。卵近球形，呈乳白色。

居留型 在汉中为留鸟。

摄影：陈 旭

纵纹腹小鸮（国家Ⅱ级）

鸮 形 目 Strigiformes
鸱 鸮 科 Strigidae
学　　名 *Athene noctua* (Scopoli)
英 文 名 Little Owl
别　　名 小猫头鹰、小鸮

识别特征 体长约24厘米，体重约150克。面盘和翎领不显著，没有耳簇羽；上体暗沙褐色，头部暗褐色，具棕白色羽轴纹；其余各羽具圆形棕白色斑，在后颈和上背处斑点较大，形成不甚明显的“V”形领斑；尾羽暗沙褐色，具5道棕白色横斑和黄白色端斑；眼先白色，有黑色羽干纹，形成须状；眼的上方有两道白色眉纹，在前额连成“V”形；耳羽呈皮黄褐色，具白色轴纹；眼周、颏和喉白色，在耳羽下方形成一个三角形斑块；前颈下面白色，从喉部被一道具白色斑点的褐色横带所分隔；跗跖和趾均被棕白色羽毛。嘴黄绿色；爪黑褐色。

汉中分布 佛坪、洋县、城固、汉台区、留坝、勉县、略阳、宁强、南郑、西乡和镇巴。

外地分布 全省各地分布广泛，国内分布于新疆、青海、甘肃、宁夏、内蒙古、山东、江苏、四川、贵州、西藏及东北和华北地区。

栖息地与习性 多栖息在低山丘陵和平原及较开阔的林缘地带，也常在农田附近及田间的大树上或电线杆的顶端栖息。白天和黄昏活动，食物以鼠类和昆虫为主，也吃小鸟、蜥蜴、蛙和其他小型动物。繁殖期为4～7月，巢呈椭圆形的浅碟状。每年一窝，每窝产卵3～5枚，卵呈白色无斑，椭圆形。

居留型 在汉中为留鸟。

黄腿渔鸮（国家Ⅱ级）

鸮 形 目 Strigiformes
鸱 鸮 科 Strigidae
学　　名 *Ketupa flavipes* (Hodgson)
英 文 名 Tawny Fish Owl
别　　名 食鱼鹰、恨狐、毛腿渔鸮

摄影：蔡 琼

识别特征 体长约 71 厘米，体重约 1450 克。面盘不完整，呈浅灰褐色；耳羽发达，耳突长约 9 厘米。头顶有一白斑；上体橙棕色，具黑褐色纵纹；翅黑褐色，具橙棕色横斑和淡褐色虫蠹状纹；飞羽褐色，具浅棕色斑点。尾羽棕色；喉部具一大白斑；下体橙棕色；跗跖上 1/4 处被橙棕色绒羽，跗跖的裸出部分和趾为黄色。嘴灰白或污黄色。

汉中分布 佛坪。

外地分布 省内见于镇坪和周至等地；国内分布于西南地区、华南沿海、东北地区及内蒙古、甘肃和台湾等地。

栖息地与习性 较罕见。栖息在河谷树林或灌丛中。夜行性，白天隐伏于树枝上，夜间活动。以鱼、蛙和鼠类等为食。

居留型 在汉中为罕见留鸟。

摄影：蔡 琼

雕鸮（国家Ⅱ级）

鸮 形 目 Strigiformes
鸱 鸮 科 Strigidae
学　　名 *Bubo bubo* (Linnaeus)
英 文 名 Northern Eagle Owl
别　　名 猫头鹰、恨狐

摄影：陈 旭

识别特征 体长60～69厘米，体重约1600克。雌雄羽色相似，通体大多黄褐色，满布黑褐色横斑和较粗的纵纹。头大且圆；眼大，两眼向前；嘴侧扁而强壮，先端向下钩曲，嘴基被蜡膜，大部被基部的白色和端部的褐色硬须掩盖；头顶黑褐色，杂以褐色细斑；耳羽发达，显著突出于头顶两侧，可长达5.5厘米。后颈、上背和下体棕色较重，黑色纵纹在后颈、背和胸部短阔且显著，胸部以下渐细长。跗跖与趾被淡棕色羽；嘴和爪均呈暗铅色，端部黑色。

汉中分布 宁强、勉县、洋县、城固和佛坪。

外地分布 省内见于秦巴山区；国内几乎广泛分布于各地。

栖息地与习性 栖息在山地森林、平原和荒野等各类环境中，常远离村庄等人类经常活动的地方。夜行性，白天多单独栖息在僻静处的树枝上，黄昏时从栖息地飞出觅食，破晓时返回栖息地。飞行迅速，振翅幅度小。主要猎食各种鼠类，也吃昆虫、蛙、兔类、雉鸡和其他鸟类。繁殖期为4～6月，营巢于树洞和悬崖峭壁上的凹处等。每年繁殖一次，每窝产3～6枚，卵呈椭圆形。

居留型 在汉中为留鸟。

摄影：蔡 琼

摄影：张永文

灰林鸮（国家Ⅱ级）

鸮形目 Strigiformes
鸱鸮科 Strigidae
学　　名 *Strix aluco* (Linnaeus)
英文名 Tawny Owl
别　　名 猫头鹰

识别特征 体长约41厘米，体重约415克。头圆，无耳簇羽；面盘明显，有橙棕色外缘；上体羽色大多黑褐色，具橙棕色横斑与斑点；肩羽外翈大部为茶黄白色，形成一道明显的肩斑；初级飞羽黑褐色，有不明显的浅褐色横斑与斑点，其余飞羽暗褐色，有浅棕白色横斑和灰褐色羽端斑；尾羽暗褐色，先端有灰白色端斑和6道棕色横斑；眼先和眉纹白色，具黑褐色羽干纹和端斑；颏与上喉棕栗色，具黑褐色中央斑；下喉纯白色；下体余部橙棕色，各羽具黑褐色横斑和端斑。嘴基褐色，先端蜡黄色；跗跖和趾均被羽，羽色棕黄，具浅褐色波状横斑。趾基和趾端肉黄色，爪灰黄褐色。

汉中分布 佛坪、宁强、南郑、西乡和镇巴。

外地分布 省内见于宁陕等地；国内分布于甘肃、西藏、贵州、湖北、云南、四川、广东、广西、台湾、河北、山东及东北地区。

栖息地与习性 栖息在海拔2500米以下的山地阔叶林和混交林中，特别喜欢在河岸与沟谷地带的栎林或针叶树上栖息。多单独或成对活动，夜行性。食物以啮齿类动物为主，也吃小鸟、鼠类、蛙和昆虫。每年5月开始营巢繁殖，巢多建在针阔叶混交林中的树上或树洞中。每窝产卵3或4枚，卵呈灰白色，无斑点。由雌鸟孵卵，雄鸟在附近守卫。孵化期超过20天，育雏期约25天。

居留型 在汉中为留鸟。

四川林鸮（国家Ⅱ级）

鸮 形 目 Strigiformes
鸱 鸮 科 Strigidae
学　　名 *Strix davidi* (Sharpe)
英 文 名 Sichuan Wood Owl
别　　名 小猫头鹰

识别特征 虹膜褐色，喙黄色；面盘有暗色同心圆纹，边缘暗色；上体褐色，杂有黑棕色带状斑，翅覆羽有白色点状斑；飞羽与尾羽具褐色条纹；胸腹具黑褐色纵纹。

汉中分布 佛坪和洋县。

外地分布 分布于陕西西南部、甘肃南部、青海东南部和四川西部。

栖息地与习性 栖息在海拔 4000 ~ 5000 米的针叶林和阔叶林混交林中。

居留型 在汉中为留鸟。

摄影：蔡 琼

领鸺鹠（国家Ⅱ级）

鸮形目 Strigiformes
鸱鸮科 Strigidae
学　名 *Glaucidium brodiei*（Burton）
英文名 Collared Owlet
别　名 小猫头鹰、小鸺鹠、鸱鸮子

识别特征 体长约16厘米，体重约50克。面盘不显著，耳形簇羽；上体灰褐色，遍被狭长的浅橙黄色横斑；头部羽色较灰；眼先、眉纹和眼下均为白色；额、头顶及其两侧有细小白色斑点；后颈基部黑色、端部棕黄色或白色，形成一道显著的领圈，在其两侧各有一块黑斑；背、腰和尾上覆羽均为暗褐色，具棕色横斑；尾羽暗褐色，具6道浅黄色横斑；下体白色，喉部有一栗褐色斑块；两胁有宽阔棕褐色纵纹和横纹；尾下覆羽白色，先端有褐色斑点；腿覆羽褐色，有少量白色细小横斑。嘴浅黄绿色；趾黄绿色，爪褐色。

汉中分布 佛坪、宁强和南郑。

外地分布 省内见于周至等地；国内分布于甘肃、河南、江苏、安徽、江西、湖南、福建、广东、广西、台湾、海南、云南、贵州和四川等地。

栖息地与习性 栖息在山地森林和林缘灌丛地带，尤其是针阔叶混交林中。除繁殖期外，多单独在白天活动和觅食；黄昏也会活动。多在高大的乔木上休息，常常左右摆动尾羽。以小鸟和其他小型动物为食。营巢在天然洞穴中或占领啄木鸟的巢。

居留型 在汉中为留鸟。

摄影：胡万新

斑头鸺鹠（国家Ⅱ级）

鸮 形 目 Strigiformes
鸱 鸮 科 Strigidae
学　　名 *Glaucidium cuculoides* (Vigors)
英 文 名 Asian Barred Owlet
别　　名 猫头鹰、鸱鸮子

识别特征 体长约 26 厘米，体重约 180 克。无耳簇羽，无领斑；上体、头、颈的两侧及翅的表面暗褐色，密布细狭的棕白色横斑，此横斑在头顶部特别细小而密；喉部有一显著的白色斑块；胸部白色，下胸具褐色横斑；腹白色，下腹和肛周羽具稀疏而宽阔的褐色纵纹；尾下覆羽纯白色，腿覆羽白而杂以褐色斑；跗跖被羽。嘴黄绿色，基部较暗，蜡膜暗褐色；趾黄绿色，具棘状硬羽；爪近黑色。

汉中分布 佛坪、洋县、城固、汉台区、留坝、勉县、略阳、宁强、南郑、西乡和镇巴。

外地分布 省内见于汉阴、宁陕、镇巴和平利等地；国内分布于甘肃、河南、安徽、广东、广西、海南、四川、云南、贵州和西藏等地。

栖息地与习性 栖息在山地、丘陵和平原村落附近的阔叶林中，常单独或成对活动。以白天活动为主，也在晚上活动。主要捕食各种昆虫及其幼虫，也吃鼠类、小鸟、蛙、蜥蜴和蚯蚓等。繁殖期为 6 ～ 7 月，一般营巢于树洞或天然洞穴中。每窝产卵 3 ～ 5 枚，卵呈圆形，白色光亮。

居留型 在汉中为留鸟。

摄影：陈 旭

摄影：宛晋中

长耳鸮（国家Ⅱ级）

鸮形目 Strigiformes
鸱鸮科 Strigidae
学　名 *Asio otus* (Linnaeus)
英文名 Long-eared Owl
别　名 猫头鹰、长耳猫头鹰、夜猫子

识别特征 体长约36厘米，体重约240克。面盘显著，其中部白色且缀以黑褐色；面盘两侧被羽棕黄且具白色羽干，羽枝松散；翎领白且羽端缀黑褐色；耳羽黑褐色，发达，长约5厘米，位于头顶两侧，竖立呈耳状。上背棕色较淡，向后逐渐变浓；尾羽基部棕色，咽部转为灰褐色，均贯以黑褐色横斑；颏白色，下体余部棕黄色，胸部具宽阔的黑褐色羽干纹，羽端两侧缀以白斑，腹以下羽干纹有树枝状的横枝；尾下覆羽棕白色；腿覆羽纯棕色；跗跖和趾密被棕黄色绒羽。嘴和脚均暗呈铅色，尖端黑色。

汉中分布 佛坪、洋县、城固、汉台区、留坝、勉县、略阳、宁强、南郑、西乡和镇巴。

外地分布 省内分布于秦岭南北坡；几乎分布于全国各地。

栖息地与习性 在山脚和村落附近活动，尤其喜欢在马尾松等常绿乔木上栖息。夜行性，食物以鼠类和鼩鼱为主，也吃雀形目的小型鸟类，偶尔还捕食蝙蝠。繁殖期为4～6月，营巢于森林中，常利用乌鸦、喜鹊或其他猛禽的旧巢作窝，有时也在树洞中营巢。每窝产卵4或5枚，卵呈卵圆形，白色。

居留型 在汉中为旅鸟。

短耳鸮（国家Ⅱ级）

鸮 形 目 Strigiformes
鸱 鸮 科 Strigidae
学　　名 *Asio flammeus* (Pontoppidan)
英 文 名 Short-eared Owl
别　　名 猫头鹰、短耳猫头鹰、仓鸮

摄影：邹义超

识别特征 体长约38厘米，体重约310克。面盘和翎领显著；眼周黑色；眼先白色，缀以黑色羽，内侧眉纹白色；面盘余部羽色棕黄且杂以黑色羽干纹；耳羽短小不明显，黑褐色具棕色羽缘；翎领稍白，羽端具黑褐色细点；上体包括两翅和尾羽表面大多棕黄色，满布以宽阔的暗褐色羽干纹；腰和尾上覆羽几乎纯棕黄色，无羽干纹，羽缘微黑色；下体棕白色；胸部棕色较浓，具黑褐色羽干纹，羽干纹不分枝形成横斑；下腹中央、尾下覆羽及腿覆羽均无杂色斑；跗跖和趾被羽，呈棕黄色。

汉中分布 佛坪、洋县、城固、汉台区、宁强、南郑和镇巴。

外地分布 省内见于渭南等地；国内在东北地区和新疆准噶尔西部繁殖，冬季几乎遍及全国各地。

栖息地与习性 栖息在低山、丘陵、平原、沼泽和草地等各类生态环境中。白天很少活动，多在黄昏和晚上觅食。食物以鼠类为主，也吃小鸟、蜥蜴、蝗虫、金龟子等，偶尔吃豆类和其他植物的果实和种子。繁殖期为4～6月，通常营巢于沼泽附近的草丛中，也有在次生阔叶林的树洞中营巢的。每窝产卵5～7枚，卵呈圆形，白色。

居留型 在汉中为冬候鸟。

摄影：蔡琼

普通雨燕（三有动物）

雨燕目 Apodiformes
雨燕科 Apodidae
学名 *Apus apus* (Linnaeus)
英文名 Common Swift
别名 普通楼燕

识别特征 体长约17厘米的雨燕，尾略叉开。特征为白色的喉及胸部被一道深褐色的横带隔开。两翼比较宽，振翅频率相对较慢。头和上体黑褐色，头顶和背羽色较深暗，并略具光泽。两翅狭长，呈镰刀状，两翅初级飞羽外侧和尾表面微具铜绿色光泽；尾叉状；颏与喉灰白色，微具淡褐色纤细羽干纹；胸、腹和尾下覆羽黑褐色，腹微具窄的灰白色羽缘；虹膜暗褐色，嘴短阔且平扁，纯黑色；脚黑褐色。幼鸟额污灰白色，通体烟褐色，无光泽，微具细窄的灰白色羽缘；颏与喉灰白色扩展至上胸。

汉中分布 汉台区、佛坪、洋县、城固、勉县、宁强和西乡。

外地分布 分布于欧洲、北非、中亚、中东、喜马拉雅山脉和印度；在热带非洲和印度北部越冬。该物种的模式产地在瑞典。亚种 *pekinensis* 在中国北方大多数地区（南至四川成都）繁殖，候鸟飞经中国东部和西部。

栖息地与习性 栖息在多山地区，主要包括森林、平原、荒漠、海岸和城镇等各类生境中。食物以昆虫为主，特别是飞行性昆虫，常在飞行中边飞边捕食。白天常成群在空中飞翔捕食，尤以在晨昏、阴天和雨前最活跃。飞翔疾速，时速可达110千米。结群营巢于屋檐下或石崖上，巢为泥质。群居，喜高速侧掠并高声鸣叫。

居留型 在汉中为夏候鸟。

摄影：王昌大

白腰雨燕（三有动物）

雨 燕 目 Apodiformes
雨 燕 科 Apodidae
学　 名 *Apus pacificus* (Latham)
英 文 名 Fork-tail Swift
别　 名 雨燕、白尾根雨燕

识别特征 体长 17 ～ 19 厘米，体重 35 ～ 51 克。上体、两翼和尾部大部分呈黑褐色，翼缘有近白色的羽缘；喉、颊和腰羽为白色，下体余部羽基暗褐色，羽端白色。

汉中分布 洋县、城固、汉台区、留坝、勉县、宁强、南郑、西乡和镇巴。

外地分布 全国各地都有分布。

栖息地与习性 栖息在山地、草原、苔原、荒漠、农田和草地等地带，食物以昆虫为主，属于农林益鸟。繁殖期为 5 ～ 7 月，集群在岩洞、峭壁岩缝或建筑物上营巢。每窝产卵 2 或 3 枚，卵呈白色，大小约 2.4 厘米 ×1.5 厘米。通常边产卵边孵化，孵化期为 20 ～ 23 天。

居留型 在汉中为夏候鸟。

摄影：匡中帆

摄影：王昌大

小白腰雨燕（三有动物）

雨 燕 目 Apodiformes
雨 燕 科 Apodidae
学　　名 *Apus affinis* (Hodgson)
英 文 名 House Swift

识别特征 体长约15厘米，中等体形的偏黑色雨燕。喉和腰白色，尾为凹形而非叉形。与体形较大的白腰雨燕区别在于：色彩较深，喉和腰更白，尾部几乎平切。虹膜深褐；嘴黑色；脚黑褐色。叫声非常响，飞行时发出响亮且高亢的快速重复颤音，尤其是在傍晚夜宿前。

汉中分布 洋县、城固、汉台区、勉县、宁强、南郑和西乡。

外地分布 分布于非洲、中东、印度、喜马拉雅山脉、中国南部、日本、东南亚等地，为常见留鸟和季节性候鸟，活动范围上至海拔1500米。亚种 *nipalensis* 在中国南部的大部地区和海南岛繁殖；亚种 *kuntzi* 为中国台湾留鸟。

栖息地与习性 成大群活动，在开阔地的上空捕食，飞行平稳。营巢于屋檐下、悬崖或洞穴口。

居留型 在汉中为夏候鸟。

普通夜鹰（三有动物）

夜 鹰 目 Caprimulgiformes
夜 鹰 科 Caprimulgidae
学　　名 *Caprimulgus indicus* (Latham)
英 文 名 Indian Jungle Nightjar
别　　名 蚊母鸟、贴树皮

识别特征 体长26～28厘米，体重79～110克。头和背面暗褐色，有大而长的黑色纵纹和褐色虫蠹斑；喉侧各有一大白斑；腹部羽毛灰褐色与黄白色横纹相间；尾有黑褐色横带，外侧4对尾羽具白色近端斑。

汉中分布 佛坪、西乡、城固、汉台区、勉县、略阳、宁强和西乡。

外地分布 省内见于太白、宁陕等地；国内广泛分布于各地。

栖息地与习性 栖息在森林中，尤其喜欢栖息在砍伐林地和林缘。日间隐匿于暗处，黄昏和夜间活动并觅食，食物以夜蛾、甲虫、蚊和蚋等昆虫为主。繁殖期为5～8月，不营巢，卵产于地上，每窝产卵2枚。卵呈白色，有深浅不等且不规则的褐色斑，大小约3.1厘米×2.2厘米，重约6.5克。由雌鸟孵卵，孵化期为16或17天。

居留型 在汉中为旅鸟。

摄影：刘晓勤

摄影：赵纳勋

三宝鸟（三有动物）

佛法僧目 Coraciiformes
佛法僧科 Coraciidae
学　　名 *Eurystomus orientalis* (Linnaeus)
英 文 名 Oriental Dollarbird
别　　名 老鸹翠、阔嘴鸟、佛法僧

识别特征 体长约27厘米，体重约140克。雄鸟头黑褐色；上体和两翅为蓝绿色，飞羽黑褐色，基部有宽阔的天蓝色横斑；尾羽黑色，胸至上腹暗蓝绿色，下腹至尾下覆羽为暗绿色。雌鸟羽色较雄鸟暗淡。嘴朱红色，上嘴先端黑色；跗跖和趾朱红色，爪黑色。

汉中分布 佛坪、洋县、留坝和宁强。

外地分布 省内见于陕南；国内分布于河北、四川、贵州、云南、广西、广东、海南、福建及东北、华北和西北地区。在西南地区为夏候鸟，在华南地区为留鸟，偶见于西藏和台湾。

栖息地与习性 栖息在低山丘陵和平原林地的大树上。食物以昆虫为主，属于农林益鸟。在针阔叶混交林的树洞或废弃的鸟穴内营巢，每窝产卵3或4枚。卵呈白色，大小约3.4厘米×2.7厘米，重约15克。

居留型 在汉中为夏候鸟。

摄影：夏永光

摄影：蔡 琼

蓝翡翠（三有动物）

佛法僧目 Coraciiformes
翠 鸟 科 Alcedinidae
学　　名 *Halcyon pileata* (Boddaert)
英 文 名 Black-capped Kingfisher
别　　名 蓝袍鱼狗、喜鹊翠、蓝鱼狗

识别特征 体长 26 ～ 31 厘米，体重 64 ～ 115 克。头顶黑色；颈有一道较宽的白色领环；眼下具一小型白斑；上体铅蓝色，下体橙棕色；颏与喉白色；嘴粗大且呈红色。

汉中分布 佛坪、城固、勉县和宁强。

外地分布 省内见于榆林、关中、太白、石泉、宁陕、柞水和镇安等地；国内在东北地区为夏候鸟，在华北、西北和东南沿海部分地区为旅鸟，在福建、广东和海南为留鸟，台湾偶有迷鸟。

栖息地与习性 栖息在平原和山麓地带的溪流、湖泊和沼泽附近。食物以昆虫为主，属于农林益鸟。繁殖期为 5 ～ 7 月，在河湖堤岸的土洞中营巢，每窝产卵 4 或 5 枚。卵呈白色，大小约 2.9 厘米 ×2.6 厘米。

居留型 在汉中为夏候鸟。

摄影：陈 旭

普通翠鸟（三有动物）

佛法僧目 Coraciiformes
翠 鸟 科 Alcedinidae
学　　名 *Alcedo atthis* (Linnaeus)
英 文 名 Common Kingfisher
别　　名 钓鱼郎、打鱼郎、小鱼狗、翠雀儿

识别特征 体长15～18厘米，体重23～36克。头部蓝绿黑色，背部翠蓝色且有光泽；两翅暗绿色且有蓝色光泽；颏与喉白色；眼先前后方各有一白斑；胸灰棕色，下体余部橙红色。

汉中分布 佛坪、洋县、城固、汉台区、留坝、勉县、略阳、宁强、南郑、西乡和镇巴。

外地分布 省内见于汉江和渭河流域；国内在大部分地区为旅鸟、冬候鸟或留鸟，在东北地区为夏候鸟。

栖息地与习性 栖息在低山丘陵和平原近水的树丛等处，食物以鱼、虾、小型水生动物和鞘翅目昆虫为主。繁殖期为5～8月，在河岸附近的土崖和岸壁上营巢，每窝产卵5～7枚。卵污白色，大小约2.0厘米×1.8厘米，重约3克。

居留型 在汉中为留鸟。

摄影：蔡 琼

冠鱼狗

佛法僧目 Coraciiformes
翠 鸟 科 Alcedinidae
学　　名 *Megaceryle lugubris* (Temminck)
英 文 名 Crested Kingfisher
别　　名 花钓鱼郎、水葱花、大啄鱼

识别特征 体长约41厘米，体重约300克。羽冠黑色，其间缀有很多白色斑点；上体黑色，杂以白色横斑；颊、颏、喉和下体白色，具黑色点状斑；胸腹两侧具黑斑。嘴角黑色，口裂和嘴尖黄白色；跗跖和趾橄榄铅色。

摄影：蔡 琼

汉中分布 佛坪、洋县、城固、汉台区、留坝、勉县、略阳、宁强、南郑、西乡和镇巴。

外地分布 省内见于太白、眉县、周至和长安；国内分布于华北、华东、华南、西南和西北部分地区。

栖息地与习性 栖息在低山或山脚平原的水域附近，特别是低山森林中的水溪附近尤为常见。食物以鱼、虾和其他小型水生生物为主，虽对渔业有害，但因其数量稀少，危害不大。在溪流、湖泊和水库等岸边的陡壁或悬崖上营巢，每窝产卵3～7枚。卵呈白色，大小约3.8厘米×3.2厘米。

居留型 在汉中为留鸟。

摄影：邹义超

摄影：高廷钧

戴胜（三有动物）

摄影：陈 旭

戴 胜 目 Upupiformes
戴 胜 科 Upupidae
学　　名 *Upupa epops* (Linnaeus)
英 文 名 Eurasian Hoopoe
别　　名 花和尚、臭鸪鸪、鸡冠鸟

识别特征 体长25～32厘米，体重53～90克。头上鸡冠状羽冠棕红色，先端具黑斑；体羽灰棕色，下背、翅和尾黑色，并杂以淡棕白色宽横斑；下体棕色。

汉中分布 佛坪、洋县、城固、汉台区、留坝、勉县、略阳、宁强、南郑、西乡和镇巴。

外地分布 全省均有分布；国内在东北地区为夏候鸟在长江以北地区为旅鸟，在长江以南地区为留鸟。

栖息地与习性 栖息在低山、平原和丘陵地带的林缘和耕地等处，主要以昆虫为食，是重要的农林益鸟。繁殖期为4～6月，营巢在树洞或岩石缝穴中，每窝产卵6～8枚。卵呈浅鸭蛋青色或淡灰色，大小约2.4厘米×1.7厘米，重约3克，边产卵边孵化。

居留型 在汉中为留鸟。

蚁䴕（三有动物）

䴕形目 Piciformes
啄木鸟科 Picidae
学　名 *Jynx torquilla* (Linnaeus)
英文名 Wryneck
别　名 蛇皮鸟、歪脖

识别特征 体长16～19厘米，体重28～47克。头和上体呈褐灰色，密缀以黑褐色虫蠹状斑；两翅飞羽黑褐色；尾羽灰褐色，具5道不甚明显的黑斑；下体近白色；喉与胸淡棕色，布满细的黑褐色横斑。

汉中分布 佛坪、洋县和西乡。

外地分布 分布于全省各地；国内几乎遍及全国，在东北、华北和西北地区为夏候鸟，在长江以南部分地区为旅鸟和冬候鸟。

栖息地与习性 栖息在低山和丘陵地带的阔叶林及混交林中。食物以蚂蚁等昆虫为主，为农林食虫益鸟。繁殖期为5～7月，营巢在树洞或石缝中，每窝产卵6～12枚。卵呈白色，大小约2.1厘米×1.7厘米，重约2.5克。

居留型 在汉中为旅鸟。

摄影：蔡琼

摄影：王昌大

棕腹啄木鸟（三有动物）

䴕 形 目 Piciformes
啄木鸟科 Picidae
学　　名 *Picoides hyperythrus* (Vigors)
英 文 名 Rufous-bellied Woodpecker
别　　名 叨叨木

识别特征 体长 20 ~ 24 厘米，体重 41 ~ 63 克。头侧白色；上体和两翅黑色，背和肩杂有白色横斑；翅上缀以白斑；耳羽、颈侧、喉和腹部棕褐色；两胁白色，缀黑色横斑；肛周羽和尾下覆羽深红色。雄鸟头顶深红色，下体棕色无纵纹。

汉中分布 佛坪和洋县。

外地分布 省内见于汉阴等地；除西北个别省外，国内其他地区均有分布。国外分布于巴基斯坦和印度等国。

栖息地与习性 栖息在低山、丘陵和山脚平原开阔的天然阔叶林、次生林或针叶林中，有时也在针阔叶混交林中活动。食物以昆虫为主，属农林益鸟。繁殖期为 4 ~ 6 月，营巢在树洞中，每窝产卵 4 或 5 枚。卵呈白色，大小约 2.2 厘米 ×1.6 厘米。

居留型 在汉中为旅鸟。

星头啄木鸟（三有动物）

䴕 形 目 Piciformes
啄木鸟科 Picidae
学　　名 *Dendrocopos canicapillus* (Blyth)
英 文 名 Grey-capped Pygmy Wodpecker
别　　名 小花啄木倌、一点红打木

识别特征 体长 14 ~ 18 厘米，体重 20 ~ 30 克。额和头顶暗灰色；枕和后颈黑色；枕部两侧各具一深红色纵纹；上背、肩和尾上覆羽黑色，杂以白斑；下体淡黄褐色，杂以黑褐色纵纹。雌鸟枕部无红色纵纹。

汉中分布 佛坪、宁强、西乡和镇巴。

外地分布 省内见于眉县、周至和宁陕等地；国内在东北至西南一线以东各地为留鸟。国外分布于缅甸和俄罗斯。

栖息地与习性 栖息在山地或平原森林中，食物以昆虫为主，属于农林益鸟。繁殖期为 4 ~ 6 月，营巢在树洞中，每窝产卵 1 ~ 4 枚，卵呈白色，大小约 1.8 厘米 ×1.4 厘米。由雌雄亲鸟轮流孵卵，孵化期约为 14 天。

居留型 在汉中为留鸟。

摄影：蔡 琼

斑姬啄木鸟（三有动物）

鴷 形 目 Piciformes
啄木鸟科 Picidae
学　　名 *Picumnus innominatus* (Burton)
英 文 名 Speckled Piculet
别　　名 姬啄木鸟、打木鸟

识别特征 体长 9 ~ 10 厘米，体重 10 ~ 16 克。额至后颈栗色，头顶前部缀以橙红色；眼先有两条白纹，沿眼上下方向后延伸至颈侧；下背、腰和翅表面橄榄绿色；尾羽大都黑色，中央一对和外侧两对尾羽近端处有显著白斑；下体为灰白色，胸部满布大的黑色点状斑。

摄影：蔡琼

汉中分布 佛坪、洋县、留坝、南郑和西乡。

外地分布 省内见于石泉和宁陕等地；指名亚种分布于西藏，云南亚种见于云南，华南亚种分布在长江南北的部分地区。

栖息地与习性 栖息于竹林、低矮的小树和灌丛枝条上。主要以昆虫为食，属农林益鸟。繁殖期为 4 ~ 7 月，营巢在树洞中。每窝产卵 2 ~ 4 枚，卵呈白色。

居留型 在汉中为留鸟。

摄影：蔡琼

大斑啄木鸟（三有动物）

䴕 形 目 Piciformes
啄木鸟科 Picidae
学　　名 *Picoides major* (Linnaeus)
英 文 名 Great Pied Woodpecker
别　　名 花打木、斑啄木鸟

识别特征 体长20～24厘米，体重62～79克。额、颊和耳羽白色；头顶黑色具蓝色光泽；雄鸟枕部红色，而雌鸟仍为黑色具蓝色光泽；枕与颈连接处有一窄的黑色横纹；后颈颈侧白色，形成白色领环；背灰黑色；腰部黑褐色且具白色端斑；两翼黑色，翼缘白色，翼内侧大覆羽和中覆羽白色，在翼内侧形成一近圆形大白斑；中央尾羽黑褐色，外侧尾羽白色具黑色横斑；下体为淡茶褐色，下腹中央至尾下覆羽鲜红色。

汉中分布 佛坪、城固、留坝、宁强、西乡和镇巴。

外地分布 全省均有分布，在陕北、陕南和渭南等地尤为常见；国内除西藏和台湾等地外，大部分地区均有分布。

栖息地与习性 栖息在山地和平原的针叶林、针阔叶混交林和阔叶林中，尤以混交林和阔叶林中较为多见。常单独或成对活动，繁殖后期则成松散的家族群活动。多在树干和粗枝上觅食，食物以鞘翅目、鳞翅目、直翅目、蚁科、蚊科、胡蜂科等昆虫及其幼虫为主，为重要的森林益鸟。繁殖期为4～5月，营巢于树洞中。每年都要重新啄凿新洞，不用旧巢，巢洞距地面多在4～8米。每窝产卵3～8枚，多为4～6枚。卵呈白色，椭圆形，光滑无斑，由雌雄亲鸟轮流孵卵。

居留型 在汉中为留鸟。

摄影：蔡琼

白背啄木鸟（三有动物）

䴕 形 目 Piciformes
啄木鸟科 Picidae
学　　名 *Picoides leucotos* (Bechstein)
英 文 名 White-backed Woodpecker
别　　名 大赤啄木鸟、啄木倌、白背打木

识别特征 体长23～27厘米，体重85～117克。雄鸟头顶和枕部鲜红色；上体黑色，下部白色，杂有黑色细斑，尾羽外侧和翼上有白色横斑点；胸侧和胁有黑色纵斑；下腹和尾下覆羽红色。雌鸟头为朱红色。

汉中分布 佛坪和宁强。

外地分布 省内见于宁陕等地；国内在东北、新疆、内蒙古和四川等地为留鸟。

栖息地与习性 栖息在低山、丘陵和平原地带的混交林和阔叶林中。食物以昆虫为主，属于农林益鸟。繁殖期为4～6月，营巢在树洞中，每窝产卵3～5枚。卵呈白色，大小约2.7厘米×2.1厘米。

居留型 在汉中为留鸟。

雄鸟／摄影：胡万新

雌鸟／摄影：赵纳勋

赤胸啄木鸟（三有动物）

䴕 形 目 Piciformes
啄木鸟科 Picidae
学　　名 *Picoides cathpharius* (Blyth)
英 文 名 Crimson-breasted Woodpecker
别　　名 花打木

识别特征 体长约18厘米。雄鸟枕部红色，上体黑色，前额污白色；黑色的宽颊纹成带状延至下胸；绯红色胸斑与红色臀部为识别特征。雌鸟枕黑色，但颈侧或具红斑。亚成鸟顶冠全红，但胸无红色。嘴暗灰色；脚绿褐色。

汉中分布 佛坪、留坝和西乡。

外地分布 省内见于周至和宁陕等地；国内分布于西藏、甘肃、四川、云南和湖北等地。

栖息地与习性 常栖息在海拔1500～2800米的山地常绿林或针阔叶混交林中，取食花蜜，并以各种昆虫为食。

居留型 在汉中为留鸟。

摄影：蔡 琼

灰头绿啄木鸟（三有动物）

摄影：蔡 琼

䴕 形 目 Piciformes
啄木鸟科 Picidae
学　　名 *Picus canus* (Gmelin)
英 文 名 Grey-headed Woodpecker
别　　名 绿打木、黑枕绿啄木鸟

识别特征 体长27～31厘米，体重105～160克。雄鸟额基灰色，杂有黑色；头顶朱红色，枕和后颈灰色或暗灰色，杂以黑色羽干纹；眼先黑色，眉纹灰白色；耳羽和颈侧灰色；颊纹黑色，宽且明显。背和翅上覆羽橄榄绿色；腰与尾上覆羽绿黄色，中央尾羽橄榄褐色，外侧尾羽黑褐色，外羽具一系列白斑。雌鸟头顶黑色，眼先和颊纹黑色，枕灰色；背灰绿色至橄榄绿色；飞羽黑色，具白色横斑；下体暗橄榄绿色至灰绿色。嘴灰黑色；跗跖和趾灰绿色或褐绿色。

汉中分布 城固、宁强和西乡。

外地分布 省内分布于陕北榆林至陕南各地；国内分布于东北、华北、内蒙古、青海、西藏、新疆、四川、甘肃、台湾和海南等地。

栖息地与习性 主要栖息在低山阔叶林和混交林中，秋冬季常出现在路旁和农田地边的疏林中。常单独或成对活动，很少成群。食物以蚂蚁、鳞翅目、鞘翅目、膜翅目等昆虫为主，偶尔也吃植物的果实和种子。觅食时，常由树干基部螺旋上攀。繁殖期为4～6月，营巢于树洞中。每年啄新巢洞，一般不利用旧巢。巢洞由雌雄亲鸟共同啄凿完成。多在混交林、阔叶林、次生林或林缘中营巢。每窝产卵6～8枚，卵呈白色，大小约2.7厘米×2.1厘米。

居留型 在汉中为留鸟。

摄影：夏永光

黄颈啄木鸟（三有动物）

䴕 形 目 Piciformes
啄木鸟科 Picidae
学　　名 *Picoides darjellensis* (Blyth)
英 文 名 Darjeeling Pied Woodpecker
别　　名 黄脖啄木

识别特征 体长约23厘米，体重约70克。雄鸟前额有一条白色窄带，枕部具一红色斑；头顶、背、腰、中央尾羽和两翅均为黑色；飞羽具小白斑，肩羽白色，耳羽后面和颈侧有明显的橘黄色斑；颏淡棕色，喉棕褐色；尾下覆羽浅红色，胸与腹黄褐色，并具黑色羽干纹。雌鸟和雄鸟相似，但枕无红色斑。上嘴暗石板褐色，尖端黑色，下嘴角铅色，至基部为淡灰色；脚暗绿色；爪褐色。

汉中分布 佛坪和洋县。

外地分布 省内见于陕南部分地区；国内分布于四川、云南和西藏等地。

栖息地与习性 多栖息在高山松林中，食物以昆虫为主，属于农林益鸟。在树洞中营巢繁殖。

居留型 在汉中为留鸟。

摄影：王昌大

大拟啄木鸟（三有动物）

䴕 形 目 Piciformes
啄木鸟科 Picidae
学　　名 *Megalaima virens* (Boddaert)
英 文 名 Great Barbet

识别特征 喙粗壮，呈黄色且端黑；嘴须发达；头、颈和喉呈暗蓝色或紫蓝色；背、上胸和肩暗褐色；下胸与腹部淡黄色，具宽绿色纵纹；尾下覆羽红色。

汉中分布 洋县。

外地分布 国内见于湖北、江苏、云南、贵州和四川。

栖息地与习性 栖息在中低山的常绿阔叶林中，于树冠层活动。

居留型 在汉中为留鸟。

摄影：向定乾

短趾百灵

雀形目 Passeriformes
百灵科 Alaudidae
学　名 *Calandrella cheleensis* (Swinhoe)
英文名 Short-toed Lark
别　名 沙百灵

识别特征 体长约15厘米，体重约24克。有短的白色眉斑；耳羽褐色；上体沙棕褐色，具黑褐色纵纹；最外侧尾羽白色，中央尾羽浅褐色，其余尾羽褐色，具白色羽端；下体淡皮黄色，上胸两侧具黑褐色斑。嘴黄褐色，先端角褐色；脚肉色。

摄影：向定乾

汉中分布 洋县和西乡。

外地分布 省内还见于陕南及关中；国内布于河南、内蒙古、山西、甘肃、青海、新疆、西藏、云南、四川、黑龙江和辽宁。

栖息地与习性 栖息在开阔的干旱草原、农田、半荒漠和近水草地上。多成对或成群在地上活动觅食，飞翔时鸣叫。食物为草籽和昆虫。繁殖期为4～7月，营巢于地面的草丛中。每窝产卵3～5枚，卵呈黄褐色，带油灰色斑点。

居留型 在汉中为旅鸟。

摄影：向定乾

凤头百灵

雀 形 目 Passeriformes
百 灵 科 Alaudidae
学　　名 *Galerida cristata* (Linnaeus)
英 文 名 Crested Lark
别　　名 凤头阿兰

识别特征 体长约17.5厘米，体重约42克。雌雄羽色相似。顶部黑褐色纵纹细而密；眼先、颊和眉纹呈淡棕白色；上体和翅覆羽为沙褐色，具黑褐色羽轴纹；枕部有一簇细长近黑色的羽毛构成的羽冠；下体棕白色；喉侧和胸部密布黑褐色条斑。嘴角褐色；脚肉色或黄褐色。

汉中分布 佛坪、洋县、城固、勉县、宁强、西乡和镇巴。

外地分布 省内见于定边、榆林、神木、关中和陕南；国内分布于西藏、青海、江苏、甘肃、宁夏、山东及东北地区等。

栖息地与习性 多活动于沙漠边缘、半荒溪附近的农田等处。杂食性，捕食部分农业害虫，可作为观赏鸟。营巢于草丛和农田地面的坑内。巢材主要为高粱叶和杂草，巢呈杯状。每窝产卵4或5枚，卵呈青白色，具褐色和暗灰色斑点，大小约2.3厘米×1.7厘米。

居留型 在汉中为留鸟。

摄影：陈旭

云雀（三有动物）

雀形目 Passeriformes
百灵科 Alaudidae
学　名 *Alauda arvensis* (Linnaeus)
英文名 Eurasian Skylark
别　名 阿兰、朝天柱

识别特征 体长 17.5 ～ 18.5 厘米，体重约 30 克。头上有一短的羽冠，一般在竖起时才易见到；上体暗沙棕色，具显著的黑色纵纹；尾羽最外侧一对几乎纯白色。嘴角褐色；跗跖肉褐色，后趾爪较后趾长而稍直。

汉中分布 佛坪、城固、宁强、西乡和镇巴。

外地分布 全省各地均有分布；国内不同亚种分别在新疆西部和东北地区繁殖，冬季见于华北、华东与华南沿海地区。

栖息地与习性 栖息在开阔的草原和平原地区，仅在地面活动。鸣叫声嘹亮，可作为观赏鸟。以甲虫、蝗虫和杂草的种子为食。繁殖期为 4 ～ 6 月，常营巢于开阔的多草地面。巢用干枯的植物茎叶和须根构成，呈碗状。每窝产卵 3 ～ 5 枚，卵呈灰色，杂以褐色或暗灰色斑点，钝端尤密，大小约 2.1 厘米 ×1.6 厘米。

居留型 在汉中为冬候鸟。

摄影：向定乾

摄影：赵纳勋

小云雀（三有动物）

雀 形 目 Passeriformes
百 灵 科 Alaudidae
学　　名 *Alauda gulgula* (Franklin)
英 文 名 Oriental Skylark
别　　名 阿兰

识别特征 体长14～16厘米，重约32克。和云雀相似，但翅长一般不超过10厘米；上体棕褐色，具黑褐色羽干纹，羽缘棕或淡棕色；下体淡棕色，胸部较浓，并具黑色羽干纹。嘴铅褐色，下嘴基部皮黄色沾蓝色；跗跖肉黄色。

汉中分布 佛坪、洋县、汉台区、勉县、宁强和西乡。

外地分布 省内长江亚种 *A.g.weigoldi* Hartert 见于石泉和安康等地，西北亚种 *A.g.inopinata* Bianchi 见于周至与西安等渭河沿岸；国内不同亚种分布于西藏、青海、甘肃、四川、安徽、山东、云南、贵州、广东、福建、湖南、海南和台湾等地。

栖息地与习性 栖息环境与云雀相似，鸣叫声悦耳。食物以稗、蓼和其他杂草种子及地老虎、蝉虫等昆虫为主。繁殖期为4～6月，每窝产卵3或4枚。卵呈灰白色，有褐色斑点，大小约2.2厘米×1.5厘米。

居留型 在汉中为冬候鸟。

烟腹毛脚燕（三有动物）

雀 形 目 Passeriformes
燕　　科 Hirundinidae
学　　名 *Delichon dasypus* (Linnaeus)
英 文 名 Asian House Martin
别　　名 白腰燕、崖燕

识别特征 体长11.5～14.5厘米，体重约20克。头顶和上体黑色，具辉亮的深蓝色；后颈基部白色，常有一道不清晰的领环；腰羽、尾上覆羽、下覆羽和下体皆为白色；尾深叉状；跗跖和趾均被白色绒羽。嘴黑色；趾淡肉红色。

汉中分布 佛坪。

外地分布 省内见于西安、周至、石泉和宁陕等地；国内遍布各地，在大陆地区为夏候鸟，在台湾为留鸟；国外分布于欧洲、非洲（冬候鸟）、中南半岛、千岛群岛、朝鲜、日本、菲律宾、阿富汗、印度、泰国、爪哇和加里曼丹岛。

栖息地与习性 栖息在开阔空旷地带，喜欢在荒无人烟的地方飞翔。喜集群，以昆虫为食，主要包括蚊、蝇和甲虫等，属于食虫益鸟。繁殖期为5～7月，营巢于高山悬崖、高大的建筑物或桥墩上，用泥丸混草茎和羽毛堆积成半球形巢，内铺羽毛等物，顶端为出入口。每窝产卵4或5枚，卵大小约1.8厘米×1.3厘米。

居留型 在汉中为夏候鸟。

摄影：匡中帆

摄影：胡万新

金腰燕（三有动物）

雀 形 目 Passeriformes
燕　　科 Hirundinidae
学　　名 *Hirundo daurica* (Linnaeus)
英 文 名 Red-rumped Swallow
别　　名 黄腰燕、巧燕

识别特征 体长 17～19 厘米；体重约 20 克，略大于家燕。上体蓝黑色，腰有明显的栗黄色横带；下体棕白色，沿羽轴形成黑色纵纹。嘴黑褐色；跗跖和趾黑色。

汉中分布 佛坪、洋县、城固、汉台区、留坝、勉县、略阳、宁强、南郑、西乡和镇巴。

外地分布 省内见于全境；除新疆和西藏北部以外，广泛分布于全国各地（为夏候鸟），在台湾为留鸟。

栖息地与习性 栖息在村落附近，常在田野上空飞行。捕食飞虫，以蝽象、叶甲、潜叶蝇和虻类等昆虫为食，为食虫益鸟。繁殖期为 4～9 月，从溪流或江河边衔取泥丸砌附于建筑物上筑巢，巢呈半曲颈瓶状。每窝产卵 4～6 枚，卵白沾灰色，具黑棕色斑点，大小约 2.0 厘米 ×1.4 厘米。

居留型 在汉中为夏候鸟。

摄影：陈 旭

摄影：赵纳勋

淡色崖沙燕（三有动物）

雀 形 目 Passeriformes
燕　　科 Hirundinidae
学　　名 *Riparia diluta* (Sharpe *et* Wyatt)
英 文 名 Pale Sand Swallow
别　　名 沙燕

识别特征 体长约13厘米，体重约14克。雌雄羽色相似。上体从头顶、肩部至上背和翅上覆羽为深灰褐色；眼先黑褐色，耳羽为灰褐或黑褐色；颏与喉白色或灰白色。下背、腰和尾上覆羽稍淡，呈灰褐色，具不太明显的白色羽缘；飞羽呈黑褐色；下体白色，胸有一灰褐色宽带斑，尾呈浅叉状。幼鸟羽色与成鸟相似，但背部具较宽的淡色羽缘；颏和喉呈黄褐色。嘴黑褐色；跗跖裸出，脚为灰褐或黑褐色。

汉中分布 汉台区。

外地分布 省内见于陕西南部；国内分布于新疆、内蒙古、宁夏、青海、甘肃、四川和西藏等地。

摄影：赵纳勋

栖息地与习性 主要栖息在河流、沼泽、湖泊岸边的沙滩、沙丘和砂质岩坡上。常30～50只成群生活，有时亦见数百只的大群。一般不远离水域，常在水面或沼泽地上空飞翔，有时亦见与家燕和金腰燕混群飞翔于空中。

居留型 在汉中为留鸟。

家燕（三有动物）

雀 形 目 Passeriformes
燕 科 Hirundinidae
学 名 *Hirundo rustica* (Linnaeus)
英 文 名 Barn Swallow
别 名 小燕、燕子

识别特征 体长16～18厘米，体重约15克。上体蓝黑色，具金属光泽；颏、喉与上胸栗色；腹部白或淡棕色无斑；嘴黑褐色；跗跖与趾黑色。

汉中分布 佛坪、洋县、城固、汉台区、留坝、勉县、略阳、宁强、南郑、西乡和镇巴。

外地分布 省内广布全境；国内分布遍及各地，在大陆地区为夏候鸟，在海南和台湾为留鸟。

栖息地与习性 栖息在村落附近，常在田野和森林中的水域上空飞行。在空中捕食，以蚊、蝇、象甲和叶蝉等为食，属食虫益鸟。繁殖期为4～7月，多在住房屋檐下或梁上营巢。巢用泥丸堆砌而成，呈半碗状。每窝产卵3～15枚。卵呈白色，具大小不等的褐色或淡红色斑点，大小约1.8厘米×1.3厘米。

居留型 在汉中为夏候鸟。

摄影：陈 旭

摄影：陈 旭

毛脚燕（三有动物）

雀 形 目 Passeriformes
燕　　科 Hirundinidae
学　　名 *Delichon urbicum* (Linnaeus)
英 文 名 House Martin

识别特征 叉形尾，下体近白，腰白。与烟腹毛脚燕易混淆，区别在于：胸纯白而非烟白色，腰白色区较大，尾开叉深。虹膜为深褐色；嘴黑色；脚粉红，被白色羽至趾。叫声为干涩的卷舌摩擦音“prreet”，不如崖沙燕气重。惊叫声为高音的“seerr”或“jeet”。鸣声为轻柔的啾叫，与叫声音同高。

汉中分布 佛坪和洋县。

外地分布 分布于非洲、欧亚大陆、巴基斯坦东北部、印度西北部和中国北方，在东南亚、印度和尼泊尔越冬。较常见，指名亚种繁殖于中国西北和西部，至印度越冬；亚种 *lagopoda* 在中国东北繁殖，在华东、东南和华南地区越冬。中国香港的所有记录均应归入烟腹毛脚燕。

栖息地与习性 结群繁殖，营巢于悬崖上。与其他燕或雨燕混群，并一道取食。

居留型 在汉中为夏候鸟。

摄影：陈 旭

白鹡鸰（三有动物）

雀 形 目 Passeriformes
鹡 鸰 科 Motacillidae
学　　名 *Motacilla alba* (Linnaeus)
英 文 名 White Wagtail
别　　名 马兰花、白脸点水雀

识别特征 体长 17 ～ 19 厘米，体重约 21 克。通体羽色黑白相间，上体大多黑色至深灰色；下体除胸部有黑斑外，其余纯白色；尾羽较长，为黑色，最外侧两对尾羽除内翈的基部具黑褐色羽缘外，均为白色，飞行时尤为显著。飞行时呈波浪式前进，停栖时尾不停地上下摆动。嘴和跗跖为黑色。

汉中分布 佛坪、洋县、城固、汉台区、留坝、勉县、略阳、宁强、南郑、西乡和镇巴。

外地分布 在陕北、关中和陕南广泛分布；在我国中北部的广大地区为夏候鸟，在华南地区为留鸟，在海南越冬。

栖息地与习性 栖息在离水较近的草地、荒坡、耕地和路边等处，不到林间活动，只在地上或水边奔跑觅食，以蝗虫和卷叶蛾等为食，属于食虫益鸟。繁殖期为 3 ～ 7 月，营巢在石缝、墙洞、屋顶和河边土穴中，每窝产卵 3 ～ 5 枚。卵呈淡灰白色，具棕褐色细点，大小约 2.0 厘米 ×1.5 厘米。

居留型 在汉中为留鸟。

摄影：陈 旭

摄影：陈 旭

摄影：陈 旭

山鹡鸰（三有动物）

雀 形 目 Passeriformes
鹡 鸰 科 Motacillidae
学　　名 *Dendronanthus indicus* (Gmelin)
英 文 名 Forest Wagtail
别　　名 树鹡鸰、刮刮油

识别特征 体长16～17厘米，体重约17克。上体橄榄褐色，两翅黑褐色，每翅贯以明显的4道白色横斑；下体白色，胸部有两道黑褐色横斑。上嘴黑褐色，下嘴肉红色；跗跖和趾浅肉红色。

汉中分布 佛坪、洋县、城固、宁强和镇巴。

外地分布 省内见于榆林、太白、眉县、周至、西安和宁陕等地；国内除青海、新疆、西藏和台湾外，其他各省（自治区）均有分布。国外分布于俄罗斯、朝鲜、尼泊尔、不丹、印度、日本等国。

栖息地与习性 常栖息在林间空地、林缘、河边和村落附近。栖止时尾不断上下摆动，飞行路线呈波浪式。以落叶松鞘蛾、松毛虫和象甲虫等昆虫为食，属食虫益鸟。繁殖期为5～6月，营巢在大树的水平枝上，巢用草茎和枯叶等筑成，呈杯状，内垫羽毛和兽毛，外绕蛛丝状物。每窝产卵4或5枚，卵呈青灰色，具紫灰色斑点，大小约1.8厘米×1.4厘米。

居留型 在汉中为夏候鸟。

灰鹡鸰（三有动物）

雀 形 目 Passeriformes
鹡 鸰 科 Motacillidae
学　　名 *Motacilla cinerea* (Tunstall)
英 文 名 Gray Wagtail
别　　名 点水雀

摄影：蔡琼

识别特征 体长 17 ~ 17.5 厘米，体重约 16 克。夏季喉部为黑色，冬季则呈白色；眉纹棕白色；腰和尾上覆羽黄绿色，中央尾羽黑色，具黄绿色的狭缘；外侧 3 对尾羽，除第二三对的外翈大部分呈黑色外，余皆白色；下体黄色。后爪较后趾更长，弯曲；嘴黑褐色；跗跖和趾黄色，爪褐色。雌鸟羽色似雄鸟，但喉部杂以灰褐色，下体色较暗淡。

汉中分布 佛坪、洋县、城固、留坝、宁强、西乡和镇巴。

外地分布 省内见于定边、榆林、周至、太白和宁陕等地，迁徙时几乎遍及全省；国内分布于全国各地，在长江上游和华南南部越冬。

栖息地与习性 栖息在海拔 400 ~ 2300 米近水的多种生境中，以蝗虫、甲虫和松毛虫等昆虫为食，为食虫益鸟。繁殖期为 5 ~ 6 月，营巢于河流两岸的堤坝缝隙和房屋墙壁裂缝中，以苔藓和枯草茎叶筑成杯状巢。每窝产卵 4 ~ 6 枚，卵呈白色，具暗灰色斑点，大小约 1.8 厘米 ×1.4 厘米。

居留型 在汉中为旅鸟。

摄影：赵纳勋

摄影：赵纳勋

摄影：向定乾

黄鹡鸰（三有动物）

雀 形 目 Passeriformes
鹡 鸰 科 Motacillidae
学　　名 *Motacilla flava* (Linnaeus)
英 文 名 Yellow Wagtail
别　　名 黄腹灰鹡鸰、黄点水雀

识别特征 体长 15 ～ 17.5 厘米，体重约 19 克。头顶灰色至黑褐色；上体橄榄绿色，腰部色较淡，翅上覆羽和飞羽黑褐色，具乳黄色羽缘，形成两道较明显的黄白色翼斑；尾羽黑褐色，最外侧两对尾羽大多白色；颏白色；下体鲜黄或淡黄色；嘴、跗跖和爪黑色。

汉中分布 佛坪、洋县、城固、汉台区、留坝、勉县、略阳、宁强、南郑、西乡和镇巴。

外地分布 省内在榆林、神木、周至和西安等地为夏候鸟，迁徙时几乎遍及全省；国内从平原至海拔 4000 米的高原均有分布，在华南南部越冬。

栖息地与习性 栖息在近溪流的疏林林缘、河谷和平原地带。以蝇、甲虫和卷叶蛾等昆虫为食，为农林益鸟。繁殖期为 5 ～ 6 月，营巢在疏林的地面草丛中，巢用干草、茎叶等筑成，呈杯状，内铺羽毛等物。每窝产卵 4 ～ 6 枚，卵呈灰白色，具褐色斑点和绿条状花纹，大小约 2.0 厘米 ×1.4 厘米。

居留型 在汉中为夏候鸟。

黄头鹡鸰（三有动物）

雀 形 目 Passeriformes
鹡 鸰 科 Motacillidae
学　　名 *Motacilla citreola* (Pallas)
英 文 名 Citrine Wagtail

识别特征 背黑色或灰色，翅暗褐色，具白斑；上体黑色或深灰色，下体黄色；尾黑褐色，外侧尾羽白色。雄鸟额和头侧辉黄色，头顶黄色，眉纹黄色。

汉中分布 佛坪、洋县、城固和西乡。

外地分布 共3个亚种，分布于欧亚大陆。国内有3个亚种，新疆亚种 *werae* 背部灰色沾褐，头与下体蛋黄色，翅长稍短，见于甘肃西北部、新疆和西藏南部。指名亚种 *citreoa* 背深灰，上背与后颈间常有黑色带斑，头与下体辉黄，翅长，见于新疆以外地区。西南亚种 *calcarata* 背黑色（非繁殖期呈褐灰色，多少杂以黑色），翅长居中，见于甘肃南部、新疆西部、西藏、青海、云南东部和南部、四川及贵州。

栖息地与习性 栖息在各种水域的岸边，性喜集群活动。

居留型 在汉中为旅鸟。

摄影：赵纳勋

摄影：赵纳勋

水鹨（三有动物）

雀 形 目 Passeriformes
鹡 鸰 科 Motacillidae
学　　名 *Anthus spinoletta* (Linnaeus)
英 文 名 Water Pipit
别　　名 水麻扎

识别特征 体长 16～19 厘米，体重约 24 克。耳羽为灰褐色；上体灰褐色，具不太显著的暗褐色纵纹；外侧尾羽具白端；下体呈棕白或浅棕色，胸部色较浓，繁殖期转为淡葡萄红色。雄鸟胸部具暗色纵纹。嘴暗褐色；跗跖黑褐色。

汉中分布 佛坪、洋县、城固、汉台区、留坝、勉县、略阳、宁强、南郑、西乡和镇巴。

外地分布 省内见于陕北、太白和周至等地；国内分布于新疆、湖北、安徽、河北、山东、四川、贵州、湖北、江苏、云南及东北地区。

栖息地与习性 栖息在低山丘陵、山脚平原、沼泽或溪流两岸的草地与耕地上，取食昆虫和草籽，为农林益鸟。繁殖期为 5～8 月，营巢于地面的草丛间。巢材多用禾本科植物的茎叶筑成，内铺兽毛和鸟毛等物；每窝产卵 4 或 5 枚，卵呈灰褐色，具黑褐色斑点，大小约 2.1 厘米 ×1.5 厘米。

居留型 在汉中为旅鸟。

摄影：向定乾

摄影：陈 旭

摄影：向定乾

山鹨（三有动物）

雀 形 目 Passeriformes
鹡 鸰 科 Motacillidae
学　　名 *Anthus sylvanus* (Hodgson)
英 文 名 Upland Pipit
别　　名 山麻扎

识别特征 体长约16.5厘米，体重约30克。额、头顶和上体为棕色或棕褐色，具显著的黑褐色纵纹；尾羽端部狭而尖；下体除颏、喉与下腹中央部分外，全具黑褐色狭细纵纹。嘴暗褐色，下嘴基部肉褐色；跗跖和爪肉色。

汉中分布 洋县、宁强和勉县。

外地分布 省内见于太白；国内分布于江苏、浙江、山东、江西、湖北、广东、广西、福建及西南地区。

栖息地与习性 栖息在山林、草地和农田等环境中，以鳞翅目的幼虫和甲虫等昆虫为食，属于农林益鸟。营巢在草丛和石块旁的凹陷处，用枯草和茎叶筑成杯状。每窝产卵3～5枚，卵呈灰白色。

居留型 在汉中为留鸟。

摄影：蔡 琼

田鹨（三有动物）

雀形目 Passeriformes
鹡鸰科 Motacillidae
学　名 *Anthus richardi* (Gmelin)
英文名 Richard's Pipit
别　名 花鹨、田麻扎

识别特征 体长16～18厘米，体重约30克。上体棕黄色，具暗褐色纵纹；外侧尾羽具白斑，最外一对全白；眉纹淡棕色；耳区具黑缘和黑纹；下胸和腹部白沾棕色；尾下覆羽沾棕色较浓。在野外与云雀外形不易区别，但飞行时，田鹨飞行路线呈波浪状，云雀朝天直飞。嘴暗红褐色；跗跖角褐色。

汉中分布 佛坪、洋县、城固、西乡和镇巴。

外地分布 遍布全省，陕北和周至等地尤为多见；国内分布于内蒙古、湖北、云南、台湾、新疆、青海、江苏、福建、广西、广东和海南等地。

栖息地与习性 栖息在开阔的林间空地、沼泽、农田和灌丛中，以蝗虫和甲虫等昆虫为食，属于食虫益鸟。繁殖期为5～7月，营巢于草地上，多置巢于草丛根旁。巢由苔藓和干草构成，内铺兽毛与软草。每窝产卵4～6枚，卵呈绿灰色或污玫瑰色，具褐色和紫灰色斑点，大小约2.0厘米×1.7厘米。

居留型 在汉中为旅鸟。

树鹨（三有动物）

雀 形 目 Passeriformes
鹡 鸰 科 Motacillidae
学　　名 *Anthus hodggsoni* (Richmond)
英 文 名 Olive-backed Pipit
别　　名 树麻扎

摄影：于晓平

识别特征 体长15～16厘米，体重约30克。上体橄榄绿色；头部具褐色纵纹，有明显的棕黄色眉纹；尾羽黑褐色，最外一对外侧褐色，内侧基部暗褐色，端部灰白色；下体灰白色，胸部具明显的黑色粗纹。嘴黑褐色，下嘴基部肉红色；跗跖和趾浅肉红色，爪淡褐色。

汉中分布 佛坪、洋县、留坝、宁强、西乡和镇巴。

外地分布 遍布全省，于陕北、太白和西安等地较常见；国内分布于东北地区、内蒙古、河北、西藏、台湾、甘肃、山西、云南和广东等地。

栖息地与习性 栖息在山区或平原的树林间和草地上。迁徙时集群，多在地上奔跑觅食；停栖时，尾常上下摆动。以象甲、蚊、毛虫、蜂象等昆虫及杂草种子为食，属于食虫益鸟。繁殖期为6～7月，营巢于林间的空地上，呈浅皿形，每窝产卵4或5枚，卵呈蓝灰色，具淡紫褐和浅褐色斑，大小约2.0厘米×1.5厘米。

居留型 在汉中为夏候鸟。

摄影：赵纳勋

红喉鹨（三有动物）

雀 形 目 Passeriformes
鹡 鸰 科 Motacillidae
学　　名 *Anthus cervinus* (Pallas)
英 文 名 Red-throated Pipit
别　　名 赤喉鹨

识别特征 体长 15 ~ 15.5 厘米。头顶至上体褐色较浓，具明显的黑褐色纵纹；背部浅褐色，有深色纵纹；腰部多具纵纹并有黑色斑块；喉部多粉红色；胸部较少黑色粗纵纹，腹部粉皮黄色。嘴暗褐色，基部黄色；脚肉红色。

汉中分布 洋县和城固。

外地分布 省内见于陕南部分地区；迁徙途经我国北方、华东、华中至长江以南地区，在海南和台湾越冬。

栖息地与习性 栖息在开阔的草地、沼泽和农田地带，喜湿润的耕作区，包括稻田。喜欢成小群活动。

居留型 在汉中为旅鸟。

摄影：黄立春

摄影：黄立春

摄影：赵纳勋

粉红胸鹨（三有动物）

摄影：陈 旭

雀 形 目 Passeriformes
鹡 鸰 科 Motacillidae
学　　名 *Anthus roseatus* (Blyth)
英 文 名 Rosy Pipit
别　　名 红胸地麻扎

识别特征 体长15～16厘米，体重约22克。上体灰褐色，头和背具明显的黑褐色纵纹；尾羽暗褐色具淡色缘，外侧尾羽有白斑；翼上覆羽羽色似背羽，具两条淡白色翼斑；飞羽暗褐色；胸部葡萄红色，胸、腹部具显著的褐色纵纹；下体余部黄白色。嘴黑褐色；跗跖和趾褐色。

汉中分布 佛坪、洋县、宁强和南郑。

外地分布 省内分布于关中以南，在太白和周至等地较常见；国内分布于河北、北京、山西、江苏、山东、湖北、海南及西北和西南地区。

栖息地与习性 栖息在山地林缘、灌丛和河谷地带，最高可至海拔4500米的草甸地带。在地面或灌丛中觅食，捕食害虫，属农林益鸟。

居留型 在汉中为夏候鸟。

暗灰鹃䴗（三有动物）

雀 形 目 Passeriformes
山椒鸟科 Campephagidae
学　　名 *Coracina melaschistos* (Hodgson)
英 文 名 Black-winged Cuckoo-shrike
别　　名 黑翅山椒鸟

识别特征 体长 22 ～ 23 厘米，体重约 40 克。雄鸟上体暗青灰色，两翅和尾亮黑色；尾羽大都具白端；尾下覆羽灰色至灰白色。雌鸟两翅和尾黑褐色，尾下覆羽灰白色或灰白相间至淡灰色。嘴和跗跖黑色。

汉中分布 佛坪、洋县、宁强、西乡和镇巴。

外地分布 省内见于太白等地；国内分布于西藏、云南、海南、四川、河北、广东等地。

幼鸟 / 摄影：陈 旭

栖息地与习性 栖息在平原或山地的森林和灌丛中，以蝽象、蚂蚁、松毛虫和植物种子为食。营巢于高大乔木树冠部的水平枝上，巢用松针和干草等筑成，呈浅杯状。每窝产卵 2 ～ 4 枚，卵呈绿色或淡蓝色，具灰色和暗褐色条纹或斑点。

居留型 在汉中为夏候鸟。

摄影：陈 旭

摄影：张永文

粉红山椒鸟（三有动物）

雀 形 目 Passeriformes
山椒鸟科 Campephagidae
学　 名 *Pericrocotus roseus* (Vieillot)
英 文 名 Rosy Minivet

摄影：佛管局

识别特征 体长约20厘米，体形略小且具红或黄色斑纹的山椒鸟。特征为颏与喉白色，头顶与上背灰色。雄鸟头灰色，胸玫瑰红而有别于其他山椒鸟。雌鸟与其他山椒鸟的区别在于：腰部和尾上覆羽的羽色仅比背部略浅，并淡染黄色，下体为较浅的黄色。虹膜褐色；嘴黑色；脚黑色。叫声为尖厉的颤音，似灰山椒鸟。

汉中分布 佛坪、洋县、西乡和镇巴。

外地分布 分布于喜马拉雅山脉至中国南方；冬季到印度和东南亚的部分地区越冬。在我国云南、四川西南部（西昌）、广西和广东西南部至海拔1500米的森林中较常见；海南可能也有分布。

栖息地与习性 在冬季结成大群。

居留型 在汉中为夏候鸟。

摄影：佛管局

小灰山椒鸟（三有动物）

雀 形 目 Passeriformes
山椒鸟科 Campephagidae
学　　名 *Pericrocotus cantonensis* (Swinhoe)
英 文 名 Brown-rumped Minivet
别　　名 十字鸟

摄影：蔡 琼

识别特征 体长约19厘米，体重约21克。雄鸟前额白色，向后延伸形成短眉纹；头顶至枕为沙灰色，与黑色贯眼纹相连；耳羽和头侧白色。上体沙灰色，腰与尾上覆羽沙褐色；喉和胸以下为白色，但胸与体侧沾灰色。雌鸟前额和眉纹白色，背较雄鸟色淡。

汉中分布 西乡。

外地分布 省内见于秦岭南北坡；国内分布于四川、贵州、云南、河南、江西、湖南、福建、广西、广东和海南等地。

栖息地与习性 主要栖息在低山丘陵和山脚平原地带的树林中，以昆虫为食。

居留型 在汉中为夏候鸟。

长尾山椒鸟（三有动物）

雀 形 目 Passeriformes
山椒鸟科 Campephagidae
学　　名 *Pericrocotus ethologus* (Bangs *et* Phillps)
英 文 名 Long-tailed Minivet
别　　名 红十字鸟

识别特征 体长 18 ~ 20 厘米，体重约 17 克。雄鸟自头至背及喉均亮黑色，下背至尾上覆羽及下体赤红色；翅黑色，具朱红色翼斑；尾黑色，外侧尾羽红色，基部黑色。雌鸟额基和眼前上方微黄色；背沾黄绿色；腰和尾上覆羽橄榄黄色；翅褐黑色，具黄色翼斑；尾羽外侧黄色；下体黄色。嘴和跗跖均为黑色。

汉中分布 佛坪、洋县、宁强和西乡。

外地分布 省内见于太白、周至、宁陕和汉阴等地；国内分布于河北、青海、甘肃、四川、西藏和云南等地。

栖息地与习性 栖息在多种植被类型的生境中，也见于开垦地附近的林间，还分布于海拔 3300 米的高山上。捕食鳞翅目蝶类幼虫和蜂象等，属食虫益鸟。多营巢于灌木丛中，巢用草茎和枯叶等筑成，呈深杯状。每窝产卵 3 ~ 5 枚，卵呈白色，有红褐色块斑和淡紫色斑点，大小约 1.9 厘米 ×1.5 厘米。

居留型 在汉中为夏候鸟。

摄影：陈 旭

摄影：高延钧

摄影：唐飞飞

领雀嘴鹎（三有动物）

雀 形 目 Passeriformes
鹎　　科 Pycnonotidae
学　　名 *Spizixos semitorques* (Swinhoe)
英 文 名 Collared Finchbill
别　　名 黑冠雀、绿鹦嘴鹎

识别特征 体长约23厘米，体重约41克。头灰黑色，具短羽冠；两颊具数条白色细纹，喉黑色，前颈有一白色颈环；背和飞羽暗橄榄绿色；尾羽黄绿色，末端暗褐色；腹面胸以下黄绿色。嘴灰黄或黄色，下嘴基有一白斑；脚肉褐色。

汉中分布 佛坪、洋县、城固、汉台区、留坝、勉县、略阳、宁强、南郑、西乡和镇巴。

外地分布 省内见于石泉、宁陕、汉阴、镇安、山阳和周至等地；国内分布于台湾、甘肃、山西、河南、江苏、上海、浙江、安徽、福建、广东和广西等地。国外见于越南北部等地区。

栖息地与习性 栖息在山区和平原森林、次生植被与灌丛中，亦结小群停息在电线上或竹林间。以野果和昆虫为食，可飞行捕捉昆虫，属林业益鸟。繁殖期为5～6月，筑巢于树上或灌木丛中，巢呈杯状。卵呈灰白或淡黄色，满布褐紫色斑点。

居留型 在汉中为留鸟。

摄影：蔡 琼

摄影：陈 旭

黄臀鹎（三有动物）

摄影：毛治彦

雀 形 目 Passeriformes
鹎　　科 Pycnonotidae
学　　名 *Pycnonotus xanthorrhous* (Anderson)
英 文 名 Brown-breasted Bulbul
别　　名 黄屁股冠雀

识别特征 体长 19～19.5 厘米，体重约 17 克。头黑色，在近下嘴基部处具一红色小点状斑；耳羽色略浅；上体褐色；喉白色；上胸具浅褐色横带；下体近白色；尾下覆羽深黄色，故有“黄臀鹎”之称；嘴和跗跖为黑色。

汉中分布 佛坪、洋县、略阳、宁强、西乡和镇巴。

外地分布 广泛分布于陕南；国内分布于西藏、云南、四川、甘肃、江苏、上海、浙江、安徽、广东、广西和福建等地。

栖息地与习性 栖息于山地疏林、草地和灌丛中，善鸣，可笼养观赏。以金龟子、叶甲等昆虫及黄泡果和蛇莓等野果为食。繁殖期为 4～7 月，营巢于次生灌丛中，以禾本科植物叶和蒿类花序筑成，呈杯状。每窝产卵约 4 枚，卵呈淡灰白色，密布以紫色细斑，并缀以灰色斑。

居留型 在汉中为留鸟。

摄影：陈 旭

摄影：陈 旭

白头鹎（三有动物）

雀 形 目 Passeriformes
鹎　　科 Pycnonotidae
学　　名 *Pycnonotus sinensis* (Andersonn)
英 文 名 Chinese Bulbul
别　　名 白头翁

识别特征 体长18～19厘米，体重约35克。额与头顶纯黑色，具光泽；头顶两侧经眼各有一条白色纹，相连于枕后；上体灰褐或暗石板灰色，具不明显的黄绿色纵纹；翅和尾均为黑褐色，羽缘绿黄色；喉白色；胸染灰褐色；腹部白色，缀以淡绿黄色纵纹。嘴黑色；跗跖黑褐或黑色。

汉中分布 佛坪、洋县、城固、汉台区、勉县、宁强、南郑和西乡。

外地分布 省内见于陕南和关中地区；国内分布于甘肃、四川、云南、贵州、湖北、湖南、安徽、江苏、浙江、河南、河北、山东、江西、福建、海南和台湾等地。

栖息地与习性 栖息在丘陵或平原的疏林、灌丛与庭院等处。食性随季节而异，以叶甲和金龟子等昆虫及苦楝、乌桕等果实和种子为食，为农业益鸟。繁殖期为3～8月，营巢于油茶树和梧桐树上，巢用草茎、草穗和细根筑成，呈深杯状。每窝产卵4或5枚，卵呈白色，具赭紫色斑点，大小约2.1厘米×1.5厘米。

居留型 在汉中为夏候鸟。

黑(短脚)鹎(三有动物)

雀 形 目 Passeriformes
鹎 科 Pycnonotidae
学 名 *Hypsipetes leucocephalus* (P.L.S.Müller)
英 文 名 Black Bulbul
别 名 黑冠雀、白头冠雀

识别特征 体长约34厘米，体重约60.5克。羽毛有两种色型：一种通体黑色；另一种头和颈白色，余部黑色。腹部有时灰白色；嘴鲜红色；脚橙红色。

汉中分布 佛坪。本种中国有9个亚种，其中东南亚种*H.m.leucocephalus*为2007年佛坪自然保护区发现的新记录种。

外地分布 省内见于陕南；国内分布于云南、贵州、湖南、湖北、安徽、江苏、江西、浙江、福建、广东和广西等地。

栖息地与习性 栖息在高大的乔木上，有随季节变化而发生垂直迁移的现象。冬季常集上百只大群，在海拔较低的平原或河谷地带越冬。多以乌桕种子、榕树果实和鞘翅目昆虫为食。营巢于乔木的横枝上，用树叶、软草和树皮筑成，呈杯状。卵呈淡红色，具紫色和暗紫色斑点或云石状斑纹，大小约2.7厘米 ×1.9厘米。

摄影：赵纳勋

居留型 在汉中为夏候鸟。

摄影：高延钧

摄影：蔡 琼

摄影：蔡 琼

绿翅短脚鹎（三有动物）

雀 形 目 Passeriformes
鹎　　科 Pycnonotidae
学　　名 *Hypsipetes mcclellandii* (Horsfield)
英 文 名 Green-winged Bulbul
别　　名 绿翅冠雀

识别特征 体长约 23.2 厘米，体重约 40 克。额至头顶和枕呈栗褐或棕褐色，羽毛形尖，具浅色轴纹；上体深灰褐色；两翅表面和尾羽亮橄榄绿色；颈侧染红棕色；喉灰且具白色纵纹，羽端尖细；下体棕白色，胸部浓暗；尾下覆羽呈浅黄色。嘴黑色；跗跖为肉色、黄褐色、黑褐色至黑色。

汉中分布 佛坪、洋县、宁强和西乡。

外地分布 省内见于陕南；国内分布于四川峨眉山、云南永善、贵州、广西瑶山、湖北、湖南、安徽黄山、江西、广东和福建福州等地。

栖息地与习性 栖息在森林或溪流河畔，常集小群活动。杂食性，以植物性食物为主，如浆果、榕果和草籽，兼食部分昆虫。营巢于乔木的横枝上，每窝产卵 3～4 枚。卵呈灰色或黄色，微杂以红色或紫色。

居留型 在汉中为留鸟。

太平鸟（三有动物）

雀 形 目 Passeriformes
太平鸟科 Bombycillidae
学　　名 *Bombycilla garrulus* (Linnaeus)
英 文 名 Bohemian Waxwing
别　　名 十二黄、练雀

识别特征 体长约 18 厘米，体重约 55 克。额、头顶前部和头侧栗褐色，具一簇明显、细长且尖的羽冠；通体褐色，尾羽 12 根，先端黄色，故有“十二黄”之称；上嘴基和眼先为黑色，并沿眼上方延伸渐宽阔，止于前枕部；颏与喉黑色；两翅斜贯一道白纹。嘴黑色，基部蓝色；脚黑色。

汉中分布 西乡。

外地分布 省内见于关中；国内广泛分布于黑龙江、辽宁、吉林、河北、河南、山西、四川、新疆等地。

栖息地与习性 栖息在低山疏林间，常数十只成群活跃于枝头，偶见在地面活动，有争斗嬉戏的行为。主要以忍冬、鼠李、卫矛、山葡萄的果实和种子为食。

居留型 在汉中为旅鸟。

摄影：陈 旭

小太平鸟（三有动物）

雀 形 目 Passeriformes
太平鸟科 Bombycillidae
学　　名 *Bombycilla japonica* (Siebold)
英 文 名 Japanese Waxwing
别　　名 十二黄、练雀

识别特征 颏与喉黑色；头顶栗褐色，具羽冠；上体葡萄灰褐色，胸与腹栗灰色；尾具黑色次端斑和红色尖端；尾下覆羽红色。

汉中分布 洋县。

外地分布 省内全境可见；我国分布于除西北与西藏之外的广大地区。国外分布于东南亚地区。

栖息地与习性 栖息在山地针叶林和阔叶林的混交林中，喜集群活动。

居留性 在汉中为冬候鸟。

摄影：蔡 琼

摄影：李 侠

棕背伯劳（三有动物）

雀 形 目 Passeriformes
伯 劳 科 Laniidae
学　　名 *Lanius schach* (Linnaeus)
英 文 名 Long-tailed Shrike
别　　名 大马伯劳

识别特征 体长24～25厘米，体重50～51.5克。头顶和上背灰色，下背和腰棕红色；下体淡棕色，颏、喉和腹中央近白色，两胁和尾下覆羽棕红色。尾黑色，外侧尾羽具淡棕色边缘；翼黑色，初级飞羽基部较白，形成翼斑。

汉中分布 佛坪、洋县、城固和西乡。

外地分布 省内见于太白和周至等地；国内分布于长江以南各省。

栖息地与习性 栖息在山地乔木林中，常单独站立于树梢、木桩或电线杆顶端及电线上。食物以昆虫为主，尤喜吃蝗虫和蚱蜢等，属农林益鸟。营巢于乔木和灌木树上，巢呈深杯状。每窝产卵3～6枚，以5枚者为多。卵底色多变，有淡粉红和淡灰等，有彩色斑点，其疏密、大小和浓淡各不同。卵大小约2.4厘米×1.8厘米。

摄影：夏永光

居留型 在汉中为夏候鸟。

楔尾伯劳（三有动物）

雀 形 目 Passeriformes
伯 劳 科 Laniidae
学　　名 *Lanius sphenocercus* (Cabanis)
英 文 名 Chinese Grey Shrike
别　　名 虎伯拉、山虎伯拉、长尾灰伯劳

识别特征 体长28～31厘米，体重约88克。雄鸟上体灰色，有清晰的黑色贯眼纹和白色眉纹；翼黑色，具明显的白色双翼斑；尾黑色、外侧白色；尾长，呈楔形；下体白色。雌鸟胸和胁具不清晰鳞状纹。

汉中分布 洋县。

外地分布 省内见于陕北和秦岭地区；国内分布于青海、西藏、四川、山西、宁夏、甘肃及东北地区（繁殖鸟），经辽宁等省迁至福建和广东等地越冬。

栖息地与习性 栖息在环境开阔或半开阔地带，还有平原的树木或灌丛中。能像隼一样在空中捕食，食物以昆虫为主，如甲虫和毛虫等，也捕食蜥蜴、小鸟和鼠类。繁殖期为5～7月，营巢在树上，呈碗状。每窝产卵5或6枚，卵呈白色，具红褐色斑点，大小约2.8厘米×2.0厘米。

居留型 在汉中为冬候鸟。

摄影：赵纳勋

灰背伯劳（三有动物）

雀 形 目 Passeriformes
伯 劳 科 Laniidae
学　　名 *Lanius tephronotus* (Vigors)
英 文 名 Grey-backed Shrike

识别特征 体长 20～23 厘米。上体暗灰色；额、眼先、贯眼纹和耳羽黑色；尾上覆羽棕色；飞羽和尾羽黑褐色；下体白色，两胁棕色。

汉中分布 佛坪、宁强和西乡。

外地分布 省内见于太白山地区；国内主要分布在长江以南地区，指名亚种分布于江苏、上海、浙江及西北和西南地区。

栖息地与习性 栖息在森林、灌丛或农田附近的树林中。以金龟子等甲虫和蚂蚁等为食，属农林益鸟。繁殖期为 4～6 月，营巢于乔木或灌丛间。每窝产卵 4 或 5 枚，卵呈灰白色，具淡褐色和紫灰色斑点，大小约 2.4 厘米 ×1.8 厘米。

居留型 在汉中为夏候鸟。

摄影：胡万新

牛头伯劳（三有动物）

雀 形 目 Passeriformes
伯 劳 科 Laniidae
学　　名 *Lanius bucephalus* (Temminck *et* Schlegel)
英 文 名 Bull-headed Shrike

识别特征 体长 18.8 ～ 19.7 厘米，体重 39 ～ 42.7 克。雄鸟额、头顶和后颈栗红色；背部灰褐色；初级飞羽具白色翼斑；中央一对尾羽灰黑色；下体棕白至淡棕色，并具黑褐色波状斑，胸和胁部明显；腹与尾下覆羽纯棕白色。雌鸟上体以栗褐色为主，下体暗纹较密集。

汉中分布 留坝和佛坪。

分外地布 省内见于太白等地；国内大部分地区均有分布。

栖息地与习性 栖息在低山的草甸、疏林、次生灌木林或阔叶林中。主要以昆虫为食，属农林益鸟。繁殖期为 5 ～ 7 月，营巢于树枝间，每窝产卵 3 ～ 5 枚。卵呈淡灰或淡绿色，具深褐色斑块，钝端密甚。大小约 2.3 厘米 ×1.8 厘米，重约 4 克。孵化期约为 14 天，由雌雄亲鸟共同育雏，育雏期为 13 或 14 天。

居留型 在汉中为旅鸟。

摄影：张永文

红尾伯劳（三有动物）

雀 形 目 Passeriformes
伯 劳 科 Laniidae
学　　名 *Lanius cristatus* (Linnaeus)
英 文 名 Brown Shrike
别　　名 土虎伯劳、花虎伯劳、小马伯劳

识别特征 体长 19.1 ～ 20.2 厘米，体重 27 ～ 31.5 克。雄鸟头顶前部淡灰色；头顶后部至上背、肩和两翼转为浓褐色；下背、腰和尾上覆羽均为棕褐色，尾暗棕色；颏与喉白色，下体余部棕白色，下腹中央近白色。雌鸟背与腹均有暗色不规则鳞状纹，贯眼纹黑褐色。

汉中分布 佛坪、洋县、城固、勉县、宁强、西乡和镇巴。

外地分布 省内见于定边、神木、太白、周至和西安等地；全国大部分地区均有分布。

栖息地与习性 栖息在山地草甸、疏林和灌木林中，尤以多刺的灌木林为主。主要以昆虫为食，能消灭大量害虫，属农林益鸟。繁殖期为 5 ～ 7 月，营巢于灌木丛中的树杈间，以多刺呈丛状的树上较多。每窝产卵 4 ～ 7 枚，卵呈椭圆形，底色灰，密布不规则的褐色锈斑。大小约 2.1 厘米 ×1.6 厘米，重约 3.2 克。由雌鸟孵卵，孵化期为 14 ～ 15 天。

居留型 在汉中为旅鸟。

摄影：向定乾

虎纹伯劳（三有动物）

雀 形 目 Passeriformes
伯 劳 科 Laniidae
学　　名 *Lanius tigrinus* (Drapiez)
英 文 名 Tiger Shrike
别　　名 马伯劳

识别特征 体长17.3～19厘米，体重26～30克。雄鸟额和头顶至上背蓝灰色；额、眼先和耳羽黑色，上体余部棕红色、具黑色波状横纹；下体白色。雌鸟头顶灰沾褐色，胁部具黑褐色斑纹。

汉中分布 佛坪、勉县和宁强。

外地分布 省内见于定边、神木、石泉、汉阴、宁陕、太白和周至等地；国内几乎遍布全国各地，自东北中部、河北、山东直至长江中下游、四川、云南、贵州、广东和广西等地。在东北中部繁殖，在其他地区为旅鸟或冬候鸟。

栖息地与习性 栖息在平原、丘陵和开阔的林地中，多在次生林中活动。以蝗虫、金龟子和蜂类等昆虫为食。繁殖期为5～7月，营巢在树上枝杈间或灌丛中，距地面2～5米。每窝产卵3～5枚，卵呈淡粉红色，满缀以淡蓝灰和棕褐色斑，钝端尤甚。大小约2.1厘米×1.7厘米，重约2.9克。

居留型 在汉中为夏候鸟。

摄影：蔡 琼

摄影：陈 旭

黑枕黄鹂（三有动物）

雀 形 目 Passeriformes
黄 鹂 科 Oriolidae
学　　名 *Oriolus chinensis* (Linnaeus)
英 文 名 Black-naped Oriole
别　　名 黄鹂、黄瓜喽

识别特征 体长25～27厘米；体重约90克。嘴黄色；跗跖褐色；自鼻孔后缘起有一条黑色贯眼纹，直达枕部；头顶黄或黄绿色，枕部黑色；翅黑色且具黄色斑，体羽金黄色。

汉中分布 佛坪、洋县、城固、汉台区、勉县、略阳、宁强、南郑和镇巴。

外地分布 省内见于陕南和关中地区；全国大部分地区均有分布。

栖息地与习性 栖息在山区、丘陵和平原的乔木林、园林及村庄附近，成对或以家族为群活动。以松毛虫、枯叶蛾、天蛾和金龟子等多种害虫为食，属食虫益鸟。营巢于乔木树冠上部的水平枝上，巢呈吊篮式。卵呈粉红色，具大小不等的紫红色斑点，大小约2.9厘米×2.0厘米。

居留型 在汉中为夏候鸟。

摄影：蔡 琼

摄影：蔡 琼

灰卷尾（三有动物）

摄影：夏永光

雀 形 目 Passeriformes
卷 尾 科 Dicruridae
学　　名 *Dicrurus leucophaeus* (Vieillot)
英 文 名 Ashy Drongo
别　　名 灰铁炼甲

识别特征 体长 25 ~ 27 厘米；体重约 51 克。体羽灰蓝色；额黑色，颏黑灰色；眼先和头侧白色，形成显著的白色块斑，初级飞羽端部黑褐色；嘴、跗跖、趾和爪均为黑色；尾长且呈叉形。

汉中分布 佛坪、洋县、城固、勉县、宁强、南郑、西乡和镇巴。

外地分布 省内广布于秦巴山区；国内除内蒙古外，大部分地区均有分布。

栖息地与习性 栖息在平原、果园、山区或村落附近的疏林间，喜停在高大的阔叶树树冠上。飞行时呈波浪式前进，遇有飞虫即快速飞捕，属食虫益鸟。营巢于乔木树冠高处，巢用松叶、树枝、棕片和竹叶筑成浅杯状，内垫棕丝。每窝产卵 3 或 4 枚，卵呈淡黄色或粉红色，杂以红色或紫灰色斑点。

居留型 在汉中为夏候鸟。

摄影：蔡 琼

摄影：陈 旭

发冠卷尾（三有动物）

雀 形 目 Passeriformes
卷 尾 科 Dicruridae
学　　名 *Dicrurus hottentottus* (Linnaeus)
英 文 名 Hair-crested Drongo
别　　名 山黎鸡、黑铁炼甲

识别特征 体长26.5～29.5厘米，体重约80克。体形较黑卷尾稍大，外侧尾羽的先端显著向上卷曲。额上有一束发状羽，长达9厘米以上，向后下垂。通体绒黑色，上体有蓝色光泽；头顶、后颈和胸部羽端均具金属反光的滴状斑；两翅和尾黑褐色，有绿色金属光泽。幼鸟与成鸟羽色相似，但大多黑褐色而少光泽，额上发羽长度不及5厘米，腋羽和翼下覆羽尖端白色。嘴和跗跖黑色。

汉中分布 佛坪、汉台区、宁强和西乡。

外地分布 省内见于太白、宁陕、汉阴、镇安、山阳和商南等地；国内广泛分布于大部分地区。

栖息地与习性 栖息在山地林间，多在树上或空中觅食，食物以蝗虫、蟋蟀、蝽象和金龟子等昆虫为主，属食虫益鸟。营巢于竹林或乔木树冠上部，每窝产卵4或5枚。卵呈粉红色，具红紫或紫灰色斑点，大小约3.0厘米×2.1厘米。

居留型 在汉中为夏候鸟。

黑卷尾（三有动物）

摄影：赵纳勋

雀形目 Passeriformes
卷尾科 Dicruridae
学　名 *Dicrurus macrocercus* (Vieillot)
英文名 Black Drongo
别　名 铁炼甲、大卷尾

识别特征 体长27～29厘米，体重约49克。通体黑色；上体和胸部具铜绿色金属光泽，而两翅和尾部具铜绿色光泽；尾长呈叉状，外侧尾羽微向上弯。嘴和跗跖黑色。幼鸟的次级飞羽先端边缘灰白色，翅缘缀以白斑；下体黑色无金属光泽；胸以下具近白色的羽端，翅下覆羽有白色细斑。

汉中分布 佛坪、洋县、城固、汉台区、留坝、勉县、略阳、宁强、南郑、西乡和镇巴。

外地分布 省内分布于秦巴山区；国内分布于甘肃、宁夏、西藏和台湾等地区。

栖息地与习性 栖息在开阔山地林缘和平原近溪处，也常见于农田和村落附近的乔木上。以蝗虫、蝼蛄、金龟子、瓢虫和蜂象等害虫为食，属食虫益鸟。营巢于高大乔木的枝杈处。巢用禾秆、枯叶和草穗筑成，呈浅杯状。每窝产卵3或4枚，卵呈淡黄色或粉红色，并杂有褐色斑点，大小约2.6厘米×1.9厘米。

居留型 在汉中为夏候鸟。

摄影：夏永光

灰椋鸟（三有动物）

雀 形 目 Passeriformes
椋 鸟 科 Sturnidae
学　　名 *Sturnus cineraceus* (Temminck)
英 文 名 White-cheeked Starling
别　　名 高粱头

摄影：陈 旭

识别特征 体长23～24厘米，体重约91克。体羽主要为灰褐色，头顶、后颈和颈侧黑色，各羽均呈矛状，前额杂以白羽；颊和耳羽污白色，杂以黑色斑。嘴橙红色，下嘴基部沾绿色；跗跖橙红色。

汉中分布 佛坪、洋县、城固、汉台区、留坝、勉县、略阳、宁强、南郑、西乡和镇巴。

外地分布 省内见于陕南与陕北的定边、榆林、神木等地；国内广泛分布于大部分地区。

栖息地与习性 栖息在低山区，多活动于开阔地或接近农田和水田的边缘处。以蝗虫、叶甲、金龟子、松毛虫和蝼蛄等为食，属食虫益鸟。繁殖期为5～7月，营巢于树洞、墙洞或人工巢箱中。每窝产卵6或7枚，卵呈天蓝色，大小约2.7厘米×2.2厘米。

居留型 在汉中为留鸟。

摄影：陈 旭

八哥（三有动物）

雀 形 目 Passeriformes
棕 鸟 科 Sturnidae
学　　名 *Acridotheres cristatellus* (Linnaeus)
英 文 名 Crested Myna
别　　名 黑伴儿

摄影：陈 旭

识别特征 体长 24 ～ 25 厘米，体重约 135 克。通体黑色，额羽发达，长且高耸；翅具白色翼斑；尾羽除中央两对全黑色外，其余为黑色且具白斑。嘴乳黄色；跗跖黄色。

汉中分布 佛坪、洋县、城固、汉台区、留坝、勉县、略阳、宁强、南郑、西乡和镇巴。

外地分布 省内分布于秦巴地区；国内分布于河南、甘肃、四川、云南、浙江、海南、广西和台湾等地。

栖息地与习性 栖息在平原村落、田园和山林的边缘及竹林等处，常集群活动。以蝼蛄、蝗虫、金龟子和杂草的种子等为食。为观赏鸟和食虫益鸟。繁殖期为 4 ～ 8 月，营巢于树洞和墙缝等处，有时也利用喜鹊的旧巢。巢用稻草、棕丝和羽毛等堆积成盘状，每窝产卵 4 ～ 5 枚。卵呈蓝色，大小约 2.9 厘米 ×2.1 厘米。

居留型 在汉中为留鸟。

摄影：陈 旭

摄影：陈 旭

丝光椋鸟（三有动物）

雀 形 目 Passeriformees
椋 鸟 科 Sturnidae
学　 名 *Sturnus sericeus* (Gmelin)
英 文 名 Silky Starling
别　 名 牛屎八哥

识别特征 体长 22.5 ~ 23.5 厘米，体重约 100 克。雄鸟头顶丝光白色，体背灰色；颏和喉白色沾棕色；胸暗灰色；尾下覆羽灰色；腋下覆羽白色。雌鸟头顶污白色；体背灰棕色。嘴深橙红色，尖端带黑色；跗跖和趾暗黄色，爪淡褐色。

汉中分布 洋县、宁强和西乡。

外地分布 省内见于汉阴等地；国内分布于华东、华中、西南和华南大部分地区。

栖息地与习性 常成群活动于山地林缘或平原地区的农田和果园中，以蝇卵、蛆等或植物种子为食，为食虫益鸟。营巢于墙缝或树洞中，用干草和羽毛筑巢。

居留型 在汉中为夏候鸟。

摄影：陈 旭

北棕鸟（三有动物）

雀 形 目 Passeriformes
棕 鸟 科 Sturnidae
学　　名 *Sturnus sturninus* (Pauas)
英 文 名 Daurian Starling
别　　名 燕八哥、小椋鸟

识别特征 体长16～18厘米，体重约48克。雄鸟头顶暗灰色，枕部具一带金属光泽的黑紫色斑；肩羽紫褐色，端部棕白色；体羽紫色，具金属闪光。嘴角褐色，下嘴基部蓝白色；跗跖和趾黑色，脚黑褐色。雌鸟羽毛黑褐色，缺少金属光泽。

汉中分布 佛坪、洋县、南郑和西乡。

外地分布 省内分布于眉县、周至、户县和汉阴等地；国内大部分地区均有分布。

栖息地与习性 栖息在平原和海拔800米的开阔山地疏林中，以蝗虫、地老虎、柳叶蜂和尺蠖等昆虫为食，为食虫益鸟。繁殖期为6～7月，营巢于树洞、墙缝或人工巢箱中。每窝产卵4或5枚，卵呈天蓝色，大小约2.2厘米×1.7厘米。

居留型 在汉中为旅鸟。

摄影：陈 旭

摄影：蔡 琼

松鸦（三有动物）

雀 形 目 Passeriformes
鸦　　科 Corvidae
学　　名 *Garrulus glandarius* (Linnaeus)
英 文 名 Eurasian Jay
别　　名 山和尚

摄影：蔡 琼

识别特征 体长 32 ～ 36.2 厘米，体重 125 ～ 162 克。通体棕褐色，头顶、后颈、背与肩皆棕褐色，头顶具黑色纵纹；腰与尾上覆羽白色；飞羽与尾羽黑色，翅外缘具蓝黑色相间的块斑；喉白色，胸与腹呈棕褐色，下腹和尾下覆羽白色。

汉中分布 佛坪、洋县、留坝、勉县、略阳、宁强、西乡和镇巴。

外地分布 省内广布于秦巴山区；国内分布于甘肃、新疆、青海、宁夏、河北、西藏、云南及东北地区。

栖息地与习性 栖息在针叶林、针阔混交林和次生阔叶林中，除繁殖季节外，常集群活动。主要以松毛虫、金龟子和象甲等多种农林害虫为食。营巢在密林深处的乔木树杈间或灌丛上。每窝产卵 5 ～ 8 枚，卵呈淡灰黄色，具淡紫褐和淡黄褐色细点。孵化期为 17 天。

居留型 在汉中为留鸟。

摄影：蔡 琼

摄影：夏永光

红嘴蓝鹊（三有动物）

雀 形 目 Passeriformes
鸦　　科 Corvidae
学　　名 *Cissa erythrorhyncha* (Boddaert)
英 文 名 Red-billed Blue Magpie
别　　名 长尾蓝腾雀、山鹊

识别特征 体长 42 ～ 62 厘米，体重 141 ～ 153 克。头、颈和胸均为黑色，从头顶至后颈杂以赤青色大斑，上体余部青灰色；下体大部分白色，沾蓝或带土黄色；中央尾羽具白端，外侧尾羽具次端黑带和白斑；飞羽褐色，外缘灰蓝色，内侧飞羽具白色端缘。

汉中分布 佛坪、洋县、城固、汉台区、留坝、勉县、略阳、宁强、南郑、西乡和镇巴。

外地分布 广泛分布于陕南，陕北见于定边和榆林等地；国内分布于东北、西南、华南及甘肃、宁夏、河北、山西、内蒙古、海南和台湾等地。

栖息地与习性 栖息在山地森林中，也到开阔的田野里活动，常成对或几只在林中游荡。以昆虫为食，也吃其他鸟类的雏鸟和卵。繁殖期为 5 ～ 7 月，营巢于树木的横枝间，每窝产卵 3 ～ 6 枚。卵呈土黄色，具紫褐或红褐色斑点，大小约 3.0 厘米 ×2.2 厘米。

居留型 在汉中为留鸟。

喜鹊（三有动物）

摄影：陈 旭

雀 形 目 Passeriformes
鸦　　科 Corvidae
学　　名 *Pica pica* (Linnaeus)
英 文 名 Common Magpie
别　　名 鸦雀

识别特征 体长 45～48 厘米，体重 190～240 克。头和颈黑色，带金属光泽；背亦黑色，肩和腰白色或灰色；前胸黑色，腹和两胁纯白色。

汉中分布 佛坪、洋县、城固、汉台区、留坝、勉县、略阳、宁强、南郑、西乡和镇巴。

外地分布 省内全境可见；全国各地均有分布。

栖息地与习性 栖息在山地和平原村落附近，常成对或集小群活动。食物以昆虫为主，也吃农作物的种子、草籽、浆果、雏鸟和鸟卵等。繁殖期为 3～5 月，营巢于各种乔木上。每窝产卵 3～6 枚，卵呈淡蓝绿色，布有浅褐和紫褐色的斑点，大小约 3.8 厘米 ×2.5 厘米，重约 11.5 克。孵化期为 17～19 天。

居留型 在汉中为留鸟。

摄影：蔡 琼

灰喜鹊（三有动物）

雀形目 Passeriformes
鸦　科 Corvidae
学　名 *Cyanopica cyana* (Pallas)
英文名 Azure-winged Magpie
别　名 山喜鹊、长尾鹊

识别特征 体长 27.2～39.2 厘米，体重 93～95 克。头顶、头侧和后颈均为蓝黑色，耳羽和枕为黑色，其余上体青灰色；两翼天蓝色，初级飞羽外缘具白斑；尾羽青蓝色，中央一对较长，羽端白；颏和喉白色，其余下体淡棕灰色。嘴黑色；脚黑色。

汉中分布 佛坪、宁强和镇巴。

外地分布 省内见于全省各地；国内分布于华东、东北、华北、甘肃、青海、湖南、浙江和福建等地。

栖息地与习性 栖息在海拔 800 米以下的半山区林地、灌丛、村庄或城镇附近，常集群活动。食物以昆虫为主，也吃植物的种子和浆果等，为食虫益鸟。营巢于灌木或乔木上，巢呈杯状。每窝产卵 6 或 7 枚，卵呈青绿色，具褐色斑点。

居留型 在汉中为留鸟。

摄影：陈 旭

摄影：陈 旭

红嘴山鸦

雀 形 目 Passeriformes
鸦　　科 Corvidae
学　　名 *Pyrrhocorax pyrrhocorax* (Linnaeus)
英 文 名 Red-billed Chough
别　　名 红嘴乌鸦、红嘴山老鸹

识别特征 体长约43厘米，体重约400克。雌雄羽色相似，通体黑色。头顶、后颈和背部具蓝色金属光泽；下体较暗；嘴红色；脚朱红色。

汉中分布 佛坪。

外地分布 省内分布于秦岭北坡、周至、西安、潼关至延安；国内分布于东北北部、西南地区、新疆、甘肃、内蒙古、河北、山西、山东（留鸟）、四川和河南。

栖息地与习性 栖息在天然次生林和岩石裸露的山崖与丘陵地带，有时也到平原田野活动。杂食性，以昆虫和农作物的种子为食。营巢于悬崖裂缝中，每窝产卵4或5枚。卵近污白色，具灰蓝、淡紫或黄褐色的斑点。大小约3.8厘米×2.7厘米，重约12.8克。

居留型 在汉中为留鸟。

摄影：阮 跃

星鸦（三有动物）

雀 形 目 Passeriformes
鸦　　科 Corvidae
学　　名 *Nucifraga caryocatactes* (Linnaeus)
英 文 名 Spotted Nutcracker
别　　名 葱花儿

识别特征 体长约 36 厘米，体重约 160 克。雌雄羽色相似，通体深褐色，满布白斑。头顶和后颈无斑且色较深；飞羽和尾羽黑褐色；上背和肩羽缀以白点。头侧、颈侧、颏和喉等均杂以白色纵纹，胸与胸侧有大型白点，尾下覆羽纯白色。嘴黑色；跗跖和脚黑色。

汉中分布 佛坪、洋县、留坝、宁强、西乡和镇巴。

外地分布 省内见于关中和陕南；国内分布于甘肃、山西、湖北、四川、云南、西藏、台湾、河北、河南等地及东北地区，皆为留鸟。

栖息地与习性 栖息在高山针叶林或针阔叶混交林中，常集群活动。食物以昆虫为主，也吃松子等。营巢于高大的乔木上，每窝产卵 3 或 4 枚。卵呈绿白色，具黄色斑点，大小约 3.2 厘米 ×2.5 厘米。

居留型 在汉中为留鸟。

摄影：陈 旭

小嘴乌鸦

雀 形 目 Passeriformes
鸦　　科 Corvidae
学　　名 *Corvus corone* (Linnaeus)
英 文 名 Carrion Crow
别　　名 细嘴乌鸦

识别特征 体长约50厘米，体重约510克。雌雄羽色相似，体羽纯黑色。头与背具蓝色光泽，额羽为鳞状；下体辉亮较差，喉与胸部羽毛呈锥针形，具强绿蓝或暗蓝色金属光泽；嘴和脚均为黑色。

汉中分布 佛坪、宁强、西乡和镇巴。

外地分布 省内见于秦岭南北坡；国内分布于东北地区、河北、河南、四川、青海、新疆、内蒙古（繁殖鸟和留鸟）、广东、云南和海南。

栖息地与习性 栖息在低山、平原和村庄附近，大多单独活动，偶与其他鸦类混群。杂食性，主要以农作物的种子和昆虫为食。营巢于高树上，每窝产卵3～5枚。卵呈青绿色，布以灰、绿褐和暗褐色斑点。卵的形状有卵圆形、长卵圆形或椭圆形，大小约3.6厘米×3.2厘米，重约19克。由雌鸟孵卵，孵化期为9～20天。

居留型 在汉中为留鸟。

摄影：匡中帆

摄影：陈 旭

大嘴乌鸦

雀 形 目 Passeriformes
鸦　　科 Corvidae
学　　名 *Corvus macrorhynchus* (Wagler)
英 文 名 Large-billed Crow
别　　名 老鸹

识别特征 体长约 51 厘米，体重约 560 克。雌雄羽色相似，通体黑色；前额突出，嘴粗大，略弯曲，嘴基不裸露；下体褐带灰绿色，几无光泽；嘴和脚均为黑色。

汉中分布 佛坪、洋县、城固、留坝、勉县、宁强、西乡和镇巴。

外地分布 省内见于秦岭南北坡；国内分布于河北、四川、云南、河南、山东、山西、青海、西藏、新疆、云南、甘肃、台湾、海南等地。

栖息地与习性 栖息在山区田野和村庄附近较高大的树上，常 3 ~ 5 只成小群在耕地和路旁等处活动。杂食性，吃昆虫，也吃农作物的种子和人们抛弃的食物。营巢在高大的树上，每窝产卵 3 ~ 5 枚，多者达 8 枚。卵呈天蓝或深蓝绿色，并具褐色和灰褐色的斑块、点状或线状斑，钝端尤甚。卵大小约 4.2 厘米 ×2.8 厘米，孵化期为 15 或 16 天。

居留型 在汉中为留鸟。

摄影：陈 旭

达乌里寒鸦（三有动物）

雀 形 目 Passeriformes
鸦　　科 Corvidae
学　　名 *Corvus dauuricus* (Pallas)
英 文 名 Daurian Jackdaw

摄影：陈 旭

识别特征 体长约32厘米，体重约210克，雌雄羽色相似。额、头顶、头侧、颏与喉为黑色，具蓝紫色金属光泽；胸部白色部分较大，白色斑纹延至胸下。嘴黑色；脚黑色。

汉中分布 佛坪、洋县、城固、留坝、勉县、宁强、南郑和镇巴。

外地分布 省内见于全境；国内除西藏和海南外，其他地区均可见。越冬南迁时途经中国东南部，迷鸟至台湾。

栖息地与习性 常在放牧的家养动物间取食。营巢于开阔地、树洞、岩崖或建筑物上。

居留型 在汉中为留鸟。

白颈鸦

雀形目 Passeriformes
鸦　科 Corvidae
学　名 *Corvus torquatus* (Lesson)
英文名 Collared Crow
别　名 白脖老鸹、白脖鸦

识别特征 体长约50厘米，重约510克。雌雄羽色相似，从颈、背至胸连成一白色项圈；其余体羽黑色。上体具紫蓝色金属光泽；喉部羽毛呈披针形，具紫绿色金属光泽。嘴、跗跖和爪均为黑色。

汉中分布 佛坪、洋县、城固、汉台区、勉县、宁强、南郑、西乡和镇巴。

外地分布 省内见于秦岭与巴山地区；国内分布于甘肃、广东、福建、山东、江苏、浙江、四川、贵州、云南和河北等地。

栖息地与习性 栖息在平原、河边灌丛和半山区地带，多在村旁、田野、林缘和耕地等处活动和觅食，常与大嘴乌鸦等鸦类结群。主要以农作物的种子为食，繁殖期也吃金龟子、蝽象和蝼蛄等害虫。营巢于高大的乔木上或岩石间，每窝产卵3～7枚。卵呈蓝绿色，具深灰褐色或浅褐色块状、点状或棒状斑。卵大小约4.5厘米×3.3厘米。

居留型 在汉中为留鸟。

摄影：陈 旭

摄影：陈 旭

秃鼻乌鸦（三有动物）

雀 形 目 Passeriformes
鸦　 科 Corvidae
学　 名 *Corvus frugilegus* (Linnaeus)
英 文 名 Rook
别　 名 老鸹、风鸦、乌鸦

识别特征 鸦科中体形较大者，体长 44.5 ~ 47.5 厘米，体重 325 ~ 489 克。体羽黑色，并有金属光泽。成鸟嘴基裸露，呈灰白色。

汉中分布 佛坪、洋县和留坝。

外地分布 分布于全省各地；全国大部分地区均有分布；国外分布于欧洲至中东及东亚地区。

栖息地与习性 栖息在平原和低山地带，常 3 ~ 5 只一群活动。杂食性，食物包括昆虫、谷物、果实和动物的尸体等。既能消灭大量田间害虫，也食用玉米等作物的种子，可谓有害也有益。繁殖期为 3 ~ 7 月，营巢在较高的树杈间。每窝产卵 3 ~ 6 枚，个别有 7 枚者。卵呈天蓝、浅绿和乳绿色等，并具淡褐色底层斑点和黄褐色、黑褐色表层斑点。卵大小约 3.8 厘米 ×3.0 厘米。孵化期约为 16 天。

居留型 在汉中为留鸟。

摄影：王昌大

栗背岩鹨

雀 形 目 Passeriformes
岩 鹨 科 Prunellidae
学　　名 *Prunella immaculata* (Hodgson)
英 文 名 Maroon-backed Accentor

摄影：赵纳勋

识别特征 头顶深灰色；头侧、颈侧、颏和胸均为灰色；背、肩和下背呈暗栗或栗红色；两翅暗褐色，具灰白色；羽缘橄榄灰色；尾暗灰褐色；腹至尾下覆羽呈栗红或红棕色。

汉中分布 佛坪和洋县。

外地分布 分布于喜马拉雅山脉地区，在陕西南部、甘肃南部、西藏、云南西北部、青海南部和四川也有分布。

栖息地与习性 栖息在高山针叶林、林缘灌丛、草甸和多岩石的草地上。繁殖期主要在阴坡面比较潮湿的灌草丛地面上活动。在地上跳跃行走觅食。在高大乔木的树枝基部筑巢，巢呈碗状。每窝产卵 4 枚。

居留型 在汉中为留鸟。

摄影：张永文

棕胸岩鹨

雀形目 Passeriformes
岩鹨科 Prunellidae
学　名 *Prunella strophiata* (Blyth)
英文名 Rufous-breasted Accentor
别　名 地麻雀

识别特征 体长约14厘米。雌雄羽色相似。上体棕褐色，密布黑色条纹；翅与尾羽暗褐色，羽缘棕色；眉纹明显，呈棕色；胸为棕红色；喉与腹部白色；两胁具黑色纵纹。嘴黑褐色，基部角黄色；跗跖红褐色，爪黑色。

汉中分布 佛坪、留坝和宁强。

外地分布 省内见于秦岭北坡太白山；国内分布于青海、甘肃、四川、云南和西藏等地。

栖息地与习性 栖息在海拔较高处，喜灌丛环境，主要以昆虫为食。营巢于高山柳或其他灌丛中。每窝产卵3或4枚，卵呈蓝色，大小约1.6厘米×1.4厘米。

居留型 在汉中为留鸟。

摄影：张永文

摄影：向定乾

领岩鹨

雀 形 目 Passeriformes
岩 鹨 科 Prunellidae
学　　名 *Prunella collaris* (Scopoli)
英 文 名 Alpine Accentor
别　　名 红腰岩鹨、大麻雀

识别特征 体长约18厘米，体重约40克。雌雄羽色相似。额、头顶、颈和胸灰褐色；上背淡黄褐色，肩羽栗色，有暗色纵纹；下背和腰栗褐色；颏与喉灰白色，上腹和两胁栗色，下腹淡黄褐色。嘴黑褐色，嘴基和嘴缘黄色；脚淡红色或肉褐色。

汉中分布 佛坪、洋县和留坝。

外地分布 省内见于太白山；国内广泛分布河北、山东、山西、四川、甘肃、青海、新疆、西藏和云南等地。

栖息地与习性 栖息在高山裸岩地带，喜单独或成对活动，偶见3～5只小群。食物以昆虫为主，也吃少量植物种子。营巢于地上的石缝内，巢碗状，多用苔藓和草茎筑成。每窝产卵3或4枚，卵呈淡绿色，无斑，大小约2.2厘米×1.6厘米，重约3.4克。由雌鸟孵卵，孵化期为14～16天。

居留型 在汉中为留鸟。

雌鸟 / 摄影：牛蜀军

蓝短翅鸫

雀形目 Passeriformes
鸫　科 Turdidae
学　名 *Brachypteryx montana* (Blyth)
英文名 Blue Shortwing
别　名 短翅鸫

识别特征 体长约13厘米，体重约20克。雄鸟上体主要为暗石板蓝色；额和眼先黑色，具一白色眉纹；下体灰色。雌鸟上体橄榄褐色；眼先和眼周有锈色；下体橄榄褐色。嘴黑褐色；跗跖红褐色。

汉中分布 洋县。

外地分布 省内见于陕南；国内分布在贵州、广西、西藏、云南、四川和台湾等地。

栖息地与习性 栖息在稠密的林木下或山谷与河流附近的灌丛中。主要在地面活动，有时停在灌丛的顶端，食物以昆虫为主。在河流附近的林木和灌丛中营巢繁殖。属稀有种类。

居留型 在汉中为留鸟。

雄鸟 / 摄影：牛蜀军

摄影：张永文

黑喉歌鸲（三有动物）

雀 形 目 Passeriformes
鸫　　科 Turdidae
学　　名 *Luscinia obscura* (Berezowski *et* Bianchi)
英 文 名 Black-throated Blue Robin
别　　名 黑脖鸲

识别特征 体长约 13 厘米，体重约 20 克。雄鸟上体暗石板灰色，尾上覆羽具黑色光泽；眼先、头侧、颈、喉和胸深黑色；体侧灰色，腹中央乳白色沾黄色；尾下覆羽羽缘灰色；飞羽和中央尾羽黑色，外侧第 1 ～ 3 对尾羽黑色，第 4 和第 5 对尾羽白色。雌鸟上体橄榄褐色，尾上覆羽和飞羽羽缘黄褐色；下体浅橄榄褐色，腹中央皮黄色，下体余部纯白色。嘴黑色；脚淡蓝灰色。

汉中分布 佛坪。

外地分布 省内见于秦岭山区；国内分布于甘肃、云南和四川。数量非常稀少。

栖息地与习性 栖息在山地阔叶林或灌丛中，食物以昆虫为主。

居留型 在汉中为留鸟。

摄影：张永文

红喉歌鸲（三有动物）

雀 形 目 Passeriformes
鸫　　科 Turdidae
学　　名 *Luscinia calliope* (Pallas)
英 文 名 Siberian Rubythroat Robin
别　　名 红点颏、红脖

识别特征 体长约 15.5 厘米，体重约 20 克。雄鸟上体纯橄榄褐色，头顶和前额较暗，并微沾棕褐色；眼先和颊部黑色；眉纹和颊纹白色；耳羽橄榄褐色，微具淡褐色的细纹羽干；尾羽暗棕褐色，边缘浅棕色；飞羽和翅上覆羽均暗棕褐色；上体颏与喉部赤红色，周围两侧缀以黑色狭缘纹；胸部浅灰褐色；腹部白色，微沾浅淡的棕黄色。雌鸟颏与喉部为污灰白色，稍沾灰褐色。嘴黑褐色，基部较浅淡；脚黄褐色。

汉中分布 佛坪和洋县。

外地分布 省内见于西安、长安和西乡等地；国内分布于东北三省、河北、甘肃、青海、宁夏、广东、广西、山东、浙江、福建、四川和贵州等地。

栖息地与习性 栖息在灌丛、低山草丛和农田中，停息时，尾向上略展如扇。食物以昆虫及其幼虫为主，也吃草籽。营巢于灌木丛的小树枝上，每窝产卵 4 或 5 枚。卵呈蓝绿色，大小约 1.9 厘米 ×1.5 厘米，孵化期约为 14 天。

居留型 在汉中为旅鸟。

摄影：高延钧

蓝歌鸲（三有动物）

雀 形 目 Passeriformes
鸫　　科 Turdidae
学　　名 *Luscinia cyane* (Pallas)
英 文 名 Siberian Blue Robin
别　　名 蓝尾巴根子、青鸲、蓝靛杠

识别特征 体长约12.5厘米，体重约13克。头、背、腰、上体和两翅内侧覆羽铅蓝色；飞羽暗棕褐色，表面稍沾蓝色，尾羽渲染蓝色；眼先和颊黑色；颊部向后沿颈侧有一条黑色纹延伸至胸侧；耳羽近黑色；下体自颏至尾下覆羽纯白色，羽基黑色；两胁和覆腿羽淡褐色。雌鸟上体橄榄褐色；喉与胸褐色，并具皮黄色鳞状斑纹；腰和尾上覆羽沾蓝色；两翅褐色；尾羽黑褐沾蓝色；黑色贯眼纹延至颈侧和胸侧；下体白色。嘴黑色；脚粉白色。

汉中分布 佛坪、城固、宁强和西乡。

外地分布 省内见于西安及石泉等地；国内除新疆、青海和西藏外，其他地区均有分布。

栖息地与习性 栖息在灌木林、草丛和密林的地面或近地面处。季节性常见于海拔1800米的森林内，在地面上活动，昆虫为其主要食物。营巢于林下树丛中，每窝产卵5或6枚。卵呈玉蓝色，大小约1.9厘米×1.4厘米，孵化期为12～13天。

居留型 在汉中为旅鸟。

摄影：刘晓勤

栗腹歌鸲

雀 形 目 Passeriformes
鸫　　科 Turdidae
学　　名 *Luscinia brunnea* (Hodgson)
英 文 名 Indian Blue Robin
别　　名 黄胸点颏、黄胸歌鸲

识别特征 小型鸟类，体长约13厘米，体重约15克。雄鸟上体两翅内侧覆羽、头顶至尾上覆羽深灰蓝色；额基、眼先和耳羽黑色；眉纹白色；两翅褐色；尾羽黑褐色；颏白色；喉、胸、腹侧和两胁栗黄色，胸部较显著；腹中央、尾下覆羽淡棕白色；腋羽和翅下覆羽蓝灰色。雌鸟上体包括两翅和尾均为橄榄绿色，头侧茶褐色。嘴黑色；脚肉褐色。

汉中分布 佛坪。

外地分布 省内见于秦岭太白山；国内分布于甘肃、四川、云南和西藏。属不常见种类。

栖息地与习性 栖息在林缘、灌丛或树丛间。食物以昆虫为主，也吃少量植物的种子。在山地林下的灌丛中营巢繁殖。

居留型 在汉中为夏候鸟。

摄影：向定乾

金胸歌鸲（三有动物）

雀 形 目 Passeriformes
鸫　　科 Turdidae
学　　名 *Luscinia pectardens* (David *et* Oustalet)
英 文 名 Firethroat
别　　名 黄胸鸲

识别特征 体长约 13 厘米。雄鸟上体灰褐色，头侧和颈深黑色；喉至胸中央橙红色，腹部污白色。雌鸟上体、翅和尾羽橄榄褐色，初级飞羽边缘浅红色；喉黄白色，胸部暗黄色，胁橄榄黄色，尾下覆羽皮黄色，腹中央白色。嘴暗褐色；跗跖黑红褐色。

汉中分布 留坝、略阳和洋县。

外地分布 省内见于秦岭太白山；国内分布于四川、重庆、云南和西藏。数量非常稀少。

栖息地与习性 栖息在山地森林和灌丛中，以昆虫为食，鸣叫声婉转嘹亮。

居留型 在汉中为夏候鸟。

摄影：赵纳勋

摄影：陈 旭

金色林鸲

雀 形 目 Passeriformes
鸫　　科 Turdidae
学　　名 *Tarsiger chrysaeus* (Hodgson)
英 文 名 Golden Bush Robin
别　　名 黄雀儿

识别特征 体长约13厘米，体重约14克。雄鸟头顶至下背橄榄褐沾黄色；肩羽、下背、腰和体腹面黄橙色；眉纹黄橙色；眼先与耳羽黑色；翼黑褐色，羽缘橙色；尾羽黄橙色，中央尾羽黑色，其余尾羽末端具暗黑色斑。嘴淡黄色，具黑端；脚肉色。雌鸟体背面橄榄褐色；体腹面和尾羽黄褐色；中央尾羽橄榄褐色，其余尾羽末端橄榄色。

汉中分布 佛坪。

外地分布 省内见于秦岭地区；国内分布于甘肃、青海、四川、云南和西藏等地。

栖息地与习性 栖息在海拔2000～3500米的竹林和灌丛地带。食物以鳞翅目和膜翅目等昆虫为主，也吃少量植物的果实与种子。

居留型 在汉中为留鸟。

摄影：陈 旭

摄影：陈 旭

摄影：陈 旭

红胁蓝尾鸲（三有动物）

雀 形 目 Passeriformes
鸫　　科 Turdidae
学　　名 *Tarsiger cyanurus* (Pallas)
英 文 名 Orange-flanked Bush Robin
别　　名 蓝尾歌鸲、红胁歌鸲、蓝尾鸲

识别特征 体长13～14厘米，体重约13克。雄鸟额、头、前颈、肩和背皆呈灰蓝色，腰和尾上覆羽辉蓝色；尾羽灰褐色，中央尾羽周缘和外侧尾羽外翈缘呈辉蓝色；眼先、颊和耳羽乌褐色；眉纹自额基起往后呈棕白色；飞羽灰褐色；小覆羽和初级飞羽灰蓝色；颏、喉、前颈与胸棕白色；腹和尾下覆羽纯白色；胸两侧灰蓝色；胁橙栗色。雌鸟额、头、后颈、眉和背呈橄榄褐色。

汉中分布 佛坪、留坝和宁强。

分外地布 省内见于定边、榆林、神木和太白等地；国内广泛分布于大多数地区，是比较常见的种类。

栖息地与习性 栖息在丘陵与低山地带的灌木丛、矮树丛、竹林和果园中。食物以昆虫为主，也食植物的果实和杂草的种子等。繁殖期为5～7月，巢筑于密林中的树上，每窝产卵4～6枚。卵呈白色，钝端有一些红褐色小斑点，大小约1.8厘米×1.3厘米，孵化期为14或15天。

摄影：陈 旭

居留型 在汉中为夏候鸟。

雄鸟 / 摄影：陈 旭

北红尾鸲（三有动物）

雀 形 目 Passeriformes
鸫　　科 Turdidae
学　　名 *Phoenicurus auroreus* (Pallas)
英 文 名 Daurian Redstart
别　　名 黄尾鸲

识别特征 体长约 15 厘米，体重约 18 克。体羽色彩艳丽，具明显且较大的白色翼斑。雄鸟头、颈背面至上背为石板灰色，具银色边缘；背的余部为黑色。两翼褐色，内侧飞羽基部白色，形成白色翼斑；腰锈橙褐色，胸和腹橙栗色；中央尾羽黑褐色，外侧尾羽橙棕色。雌鸟上体自额至背，包括两翼内侧覆羽为橄榄褐色，白色翼斑明显；尾上覆羽和外侧尾羽橙棕色；眼圈皮黄色似雄鸟，但色较黯淡；臀部有时为棕色。嘴和脚均为黑色。

汉中分布 佛坪、洋县、城固、汉台区、留坝、勉县、略阳、宁强、南郑、西乡和镇巴。

外地分布 省内见于全境，主要分布于秦岭；国内除新疆外，各地均有分布，属常见鸟类。

雌鸟 / 摄影：蔡 琼

栖息地与习性 夏季栖息在山脚至高山的疏林和灌丛地带，迁移时平原可见；冬季栖息在低地落叶矮树丛或耕地间。常立于突出的高处，尾颤动不停。食物以昆虫为主，兼食杂草的种子和浆果。有时会跟随耕作的农民，伺机拣食土壤里的虫子。繁殖期为 5 ～ 7 月，在树洞和墙洞中筑巢，每窝产卵 4 ～ 5 枚。卵呈淡蓝色，满布赤褐或淡紫红色斑，大小约 1.9 厘米 ×2.1 厘米，孵化期为 13 ～ 14 天。

居留型 在汉中为留鸟。

雄鸟 / 摄影：张永文

黑喉红尾鸲

雀 形 目 Passeriformes
鸫　　科 Turdidae
学　　名 *Phoenicurus hodgsoni* (Moore)
英 文 名 Hodgson's Redstart
别　　名 黑喉火燕

识别特征 体长约 15 厘米，体重约 18 克。雄鸟眉纹白色，额和眼上方近白色；头顶与后颈灰白色；额、眼先、头顶两侧、颏、喉与胸黑色；背至腰铅灰色，下腰与尾上覆羽栗棕色；两翅黑褐色，内侧次级飞羽翈基部具白色宽缘，形成白斑；中央尾羽褐沾栗色；其余尾羽橙栗色；下体余部橙栗色。雌鸟上体灰褐色；眼圈偏白，胸部灰色较重；下腰和尾羽栗色；两翅暗褐色；下体浅灰褐沾棕色。嘴黑色；脚近黑色。

汉中分布 佛坪、留坝和宁强。

外地分布 省内见于周至等地；国内在西藏南部与东南部、青海东部、甘肃、四川西部、云南西北部繁殖，在湖北、湖南、四川和云南东部越冬。

雄鸟 / 摄影：张永文

栖息地与习性 栖息在海拔 2000 ~ 4000 米的山涧河谷、灌丛或村镇附近，喜活动于溪流开阔的林间草地和灌丛间，以昆虫为食。营巢在墙洞中，每窝产卵 4 枚。

居留型 在汉中为留鸟。

赭红尾鸲

雀 形 目 Passeriformes
鸫　　科 Turdidae
学　　名 *Phoenicurus ochruros* (Gmelin)
英 文 名 Black Redstart
别　　名 火燕

识别特征 体长约14厘米，体重约16克。雄鸟上体额至腰及下体颏至胸为黑色；尾上覆羽橙栗色，翅黑褐色；除内侧覆羽和最内侧飞羽外，均具浅棕白色羽；中央尾羽黑褐色，外侧尾羽与下体余部，包括腋羽和翅下覆羽橙栗色。雌鸟上体自额至腰呈灰褐色，稍沾棕色；翅褐色具淡白色羽缘。嘴和脚为黑褐或黑色。

汉中分布 佛坪、宁强和西乡。

外地分布 省内见于陕南、关中和陕北；国内分布于河北、山东、山西、宁夏、甘肃、青海、内蒙古、西藏、云南、贵州、四川、湖北、广东和海南。

栖息地与习性 栖息在高山林间和灌丛中，以昆虫为食。在灌丛中营巢，每窝产卵4枚。卵呈天蓝色，钝端具稀疏的黑褐色斑点，大小约2.1厘米×1.5厘米。

居留型 在汉中为留鸟。

雌鸟／摄影：向定乾

雄鸟／摄影：向定乾

蓝额红尾鸲

雀 形 目 Passeriformes
鸫　　科 Turdidae
学　　名 *Phoenicurus frontalis* (Vigors)
英 文 名 Blue-fronted Redstart
别　　名 蓝头火燕

识别特征 体长约15厘米，体重约18克。雄鸟前额和眉纹辉蓝色；头、颈、背与两翅的中小覆羽及颏、喉和上胸为蓝色；腰、尾上覆羽及下体余部为栗棕红色。两翅黑褐色，大覆羽和飞羽具浅棕白色外缘；中央尾羽黑色，基部栗棕红色；外侧尾羽栗红色，具宽的黑端斑，最外侧一对尾羽约1/2为黑色。雌鸟上体除腰和尾上覆羽呈栗红色外，余部棕褐色；下体颏至胸棕褐色；腹棕橙色，中央近白色。嘴和脚均为黑色。

汉中分布 佛坪、宁强和勉县。

外地分布 省内见于秦岭太白山等地；国内分布于宁夏、甘肃、内蒙古、青海、西藏、云南、贵州、四川、重庆和湖北，属于较常见的种类。

栖息地与习性 栖息活动于山坡灌丛、草地或沟谷与村镇附近的树丛等处。食物以昆虫为主，也吃少量植物的种子。

居留型 在汉中为留鸟。

摄影：陈 旭

摄影：陈 旭

白顶溪鸲

雀形目 Passeriformes
鸫科 Turdidae
学名 *Chaimarrornis leucocephalus* (Vigors)
英文名 White-capped Water Redstart
别名 钻水雀

识别特征 体长约17厘米，体重约36克。雌雄羽色相似。头顶、枕为纯白色，基部黑色；额、头侧、颈、背肩、两翅及下体颏至胸辉蓝黑色；腰、尾上覆羽和下体余部亮栗红色，羽基灰黑色；尾羽栗红色，具黑色端斑。嘴和脚均为黑色。

摄影：蔡琼

摄影：陈旭

汉中分布 佛坪、留坝、宁强、西乡、镇巴和汉台区。

外地分布 省内见于陕南；国内分布于湖北、河北、河南、云南、贵州、四川、重庆、湖南、江西、广东、广西和海南。

栖息地与习性 沿山涧溪流活动，一般多在溪流附近的岩石上停息，有时也在河溪两旁的小树上停留。食物以昆虫为主。营巢于河溪岸旁的树根下或附近的岩缝中，每窝产卵3或4枚。卵呈淡蓝色或蓝绿色，有时沾粉红色，具红褐色斑点，大小约2.4厘米×1.6厘米。

居留型 在汉中为留鸟。

红尾水鸲

雀 形 目 Passeriformes
鸫　　科 Turdidae
学　　名 *Rhyacornis fuliginosus* (Vigors)
英 文 名 Plumbeous Water Redstart
别　　名 铅色水鸲、石燕儿、点水雀

识别特征 体长约 13 厘米，体重约 20 克。雄鸟通体大多铅灰蓝色，头顶和颈部颜色较深，腹部色较淡；额基与眼先黑色；两翅飞羽黑褐色，外缘沾铅灰蓝色；尾羽栗色，尾上覆羽和尾下覆羽浅栗色。雌鸟上体灰色稍沾橄榄褐色；尾羽黑褐色，基部白色；下体灰白色，颏沾棕色，具淡蓝灰色羽缘，形成波状横斑纹；尾下覆羽白色。嘴黑色；脚雄鸟黑色，雌鸟暗褐色。

汉中分布 佛坪、洋县、城固、汉台区、留坝、勉县、略阳、宁强、南郑、西乡和镇巴。

外地分布 省内遍布秦岭巴山地区；国内除黑龙江、吉林、辽宁、新疆和台湾外，其他地区均有分布。

栖息地与习性 栖息在山区、河谷与溪边的岩石间，以昆虫为食。营巢于石缝中，每窝产卵 4 枚。卵呈淡绿色，表面满布红褐色与淡紫色斑点，大小约 1.3 厘米 ×1.8 厘米。

居留型 在汉中为留鸟。

雄鸟 / 摄影：陈 旭

雌鸟 / 摄影：陈 旭

白腹短翅鸲

雀 形 目 Passeriformes
鸫　　科 Turdidae
学　　名 *Hodgsonius phoenicuroides* (G.R.Gray)
英 文 名 White-bellied Shortwing
别　　名 短翅鸲

识别特征 体长约17厘米，体重约22克。雄鸟全身大致为暗灰蓝色；尾长，尾羽赤栗色，中央尾羽和外侧尾羽末端1/3为石板黑色，形成倒“T”形；颏至胸灰蓝色，腹部白色，尾下覆羽蓝褐色，具白端。雌鸟大致为橄榄褐色；体腹面淡黄棕色，腹部中央近白色；尾和尾上覆羽暗红棕色，尾羽上倒“T”形为黑褐色；尾下覆羽皮黄褐色。嘴雄鸟黑色，雌鸟黑褐色；脚肉褐色。

汉中分布 洋县。

外地分布 省内见于秦岭；国内分布于湖北、四川、云南、西藏和贵州。

栖息地与习性 喜活动于山地林缘和灌丛地带，有翘尾习性。主要以金龟甲、蜂象和鳞翅目幼虫为食。

居留型 在汉中为留鸟。

摄影：张永文

雄鸟 / 摄影：蔡 琼

鹊鸲（三有动物）

雌鸟 / 摄影：高延钧

雀 形 目 Passeriformes
鸫 科 Turdidae
学 名 *Copsychus saularis* (Linnaeus)
英 文 名 Oriental Magpie-robin
别 名 信鸟、四喜、屎坑雀

识别特征 体长约 20 厘米，体重约 38 克。雄鸟自额至尾上覆羽均呈蓝色，具金属光泽；中央两对尾羽亮黑色，外侧第 4 对尾羽内缘黑色，其余尾羽白色；两翅飞羽和覆羽的外缘，有一道宽阔的白斑，飞行时尤其明显；下体颏、喉与胸蓝黑色；腹和尾下覆羽纯白，两胁略沾灰色；腋下和翅下覆羽白色，缀以灰褐色斑。雌鸟上体黑灰色，胁和尾下覆羽淡棕色。嘴黑色；跗跖和趾灰褐色。

汉中分布 佛坪、城固、汉台区、南郑和西乡。

外地分布 省内见于陕南部分地区；国内见于云南、贵州、四川、重庆、湖北、湖南、江西、江苏、福建、广东、广西和海南等地，为常见种类。

栖息地与习性 栖息在村镇附近的园圃、灌丛和粪堆附近，食物以蝇、蛆等为主。营巢于屋顶、墙隙和树洞中，每窝产卵 4 或 5 枚。卵呈灰白色，并缀以褐色斑点。

居留型 在汉中为留鸟。

摄影：蔡 琼

小燕尾

雀 形 目 Passeriformes
鸫　　科 Turdidae
学　　名 *Enicurus scouleri* (Vigors)
英 文 名 Little Forktail
别　　名 小剪尾

识别特征 体长约 12 厘米，体重约 17 克。雌雄羽色相似。上体额、头顶前部、腰和尾上覆羽纯白色；腰下部乌黑色，故在腰尾间形成一乌黑色带斑；上体余部及下体颏至胸深辉黑色；翅黑色，大覆羽先端和次级飞羽基部白色，形成白色翅斑；尾羽基部白色，先端黑色；下胸至尾下覆羽纯白色。嘴黑色；脚肉白色。

汉中分布 佛坪、洋县、留坝、宁强、西乡和镇巴。

外地分布 省内见于秦岭巴山地区；国内分布于甘肃、云南、贵州、四川、重庆、湖北、湖南、江西、浙江、福建、广东和台湾，属常见种类。

栖息地与习性 栖息在山间的小溪或河流附近，食物以昆虫为主。巢筑于近水的石缝间，每窝产卵 4 枚。卵呈白色，缀以少许淡红色细点，有时具淡紫红色粗斑。

居留型 在汉中为留鸟。

摄影：蔡 琼

白额燕尾

摄影：蔡 琼

雀 形 目 Passeriformes
鸫　　科 Turdidae
学　　名 *Enicurus leschenaulti* (Vieillot)
英 文 名 White-crowned Forktail
别　　名 黑背燕尾

识别特征 体长约 26 厘米，体重约 46 克。雌雄羽色相似，背和胸黑色，额白色，微向上凸，形成一小羽冠；嘴黑色；脚肉白色。

汉中分布 佛坪、洋县、留坝、宁强、西乡、勉县和镇巴。

外地分布 省内遍布秦巴山区；国内分布于河南、甘肃、四川、贵州、云南、广东和海南等地。

栖息地与习性 主要栖息在山涧、溪流和河谷沿岸，以水生昆虫和昆虫的幼虫为食。繁殖期为 4 ～ 6 月。

居留型 在汉中为留鸟。

黑喉石䳭（三有动物）

雀形目 Passeriformes
鸫科 Turdidae
学名 *Saxicola torquata* (Linnaeus)
英文名 Stonechat
别名 野翁、谷尾鸟、石栖鸟

摄影：蔡琼

识别特征 体长约13厘米。夏羽雄鸟头、背和尾羽黑色，颈侧、腰与尾上覆羽白色；翼黑色，内侧覆羽白色，形成明显翼斑；胸粉棕色，腹以下淡棕白色。雌鸟体背黑褐色，具淡棕色羽缘；尾上覆羽淡棕色；喉白色。胸淡棕粉色，腹中央白色，腹以下淡棕黄色。嘴和脚黑色。

汉中分布 佛坪、洋县、宁强和西乡。

外地分布 省内不同亚种分别见于陕北、巴山和秦岭南北坡；国内分布于黑龙江、吉林、河北、内蒙古、新疆、青海、甘肃、四川、贵州、云南和西藏，在东南沿海、海南和台湾为冬候鸟。

栖息地与习性 主要栖息在低山、丘陵、平原、沼泽、田间及湖泊与河流沿岸的灌丛和草地中。食物以昆虫为主，兼食蜘蛛和杂草的种子等。繁殖期为5～7月，在地表以草茎和羽毛筑成皿状巢。每窝产卵4～6枚，卵呈淡青色，具红褐色斑。

居留型 在汉中为夏候鸟。

摄影：夏永光

灰林鵖

雀 形 目 Passeriformes
鸫　　科 Turdidae
学　　名 *Saxicola ferrea* (G.R.Gray)
英 文 名 Grey Bushchat
别　　名 灰雀

识别特征 体长约14.5厘米。雄鸟上体暗灰色，具黑褐色纵纹，各羽中央黑色，呈纵纹状；翅上最内侧覆羽纯白色，其余覆羽黑色，大多微具灰色羽缘；飞羽与中央尾羽黑褐色，外侧尾羽转暗灰褐色；眉纹白色，头侧纯黑色；下体白色，胸和两胁微带灰色。雌鸟上体几纯暗沙褐色；尾上覆羽栗褐色；翼羽和尾羽大多黑褐色，外缘缀以栗褐色。嘴和脚均为黑色。

摄影：陈 旭

汉中分布 佛坪、洋县、汉台区、宁强、西乡和镇巴。

外地分布 省内见于秦巴山区；国内分布于甘肃、内蒙古、云南、贵州、四川、湖北、重庆、湖南、江西、广东和广西。

栖息地与习性 栖息在开阔平原或山地开阔的树林中，喜站于灌丛顶端。食物以昆虫为主，兼食少量植物的种子。巢筑于岩石下或堤岸与破壁的裂隙中，大多距竹丛或树林不远。每窝产卵4～6枚，卵呈纯绿色，重约3克，大小约1.7厘米×1.4厘米。

居留型 在汉中为留鸟。

摄影：陈 旭

白顶䳭

雀 形 目 Passeriformes
鸫　　科 Turdidae
学　　名 *Oenanthe hispanica* (Linnaeus)
英 文 名 Pied Wheatear
别　　名 白头、白头沙雀

识别特征 体长约 15 厘米。雄鸟自额至后颈及上背和两肩为黑色；下背以下为白色；尾羽白色，但中央一对尾羽的端部和外侧尾羽的末端均为黑褐色；两翼大多黑褐色；头和颈的两侧、颏、喉等为纯黑色；下体余部纯白色。雌鸟上体为土褐色，腰和尾上覆羽白色；两翼和尾与雄鸟相似，但黑色较浅淡且沾褐色。嘴与脚均为黑色。

汉中分布 西乡。

外地分布 省内见于陕南；国内分布于辽宁、河北、海南、山西、宁夏、甘肃、内蒙古、青海、四川和新疆。

栖息地与习性 单个或成对活动于草地边缘和灌丛中，常在岩石上停息。食物以昆虫为主。巢筑在岩缝、石堆间或小型兽类的弃洞中，每窝产卵 4 ~ 6 枚。卵呈淡蓝或蓝绿色，具红色或灰红色斑点，大小约 2.0 厘米 ×1.5 厘米。

居留型 在汉中为旅鸟。

摄影：陈 旭

摄影：陈 旭

穗䳭

雀 形 目 Passeriformes
鸫　　科 Turdidae
学　　名 *Oenanthe oenanthe* (Linnaeus)
英 文 名 Northern Wheatear

识别特征 雄鸟额与眉纹白色；眼先和脸黑色；头顶、颈侧、背与腰灰色，近腰处沾褐色，尾上覆羽白色；两翼色深而腰白，下体白色。雌鸟上体灰褐色，脸部无黑色。

汉中分布 洋县。

外地分布 国内分布于新疆、内蒙古、宁夏和山西。

栖息地与习性 栖息在海拔2400米以上的草原和多岩草地上。食物以昆虫为主，兼食少量植物的果实。

居留型 在汉中为夏候鸟。.

摄影：周 勇

摄影：周 勇

蓝矶鸫

雀 形 目 Passeriformes
鸫　　科 Turdidae
学　　名 *Monticola solitarius* (Linnaeus)
英 文 名 Blue Rock Thrush
别　　名 麻石青

识别特征 体长约 21 厘米，体重约 52 克。雄鸟通体蓝色，额至头顶及颏至胸较辉亮；两翅和尾黑褐色，表面渲染蓝色，羽缘辉蓝色；眼先和眼圈近黑色；尾下覆羽和翅下覆羽蓝色，具白色端斑和黑褐色次端斑。雌鸟上体额至背灰褐沾蓝色；腰和尾上覆羽灰蓝色；下体与喉中央棕白色。嘴和脚均为黑色。

汉中分布 佛坪、南郑和西乡。

外地分布 省内见于陕南；国内分布于四川、山西、宁夏、甘肃、内蒙古、新疆、江苏、重庆、湖南、湖北、福建、广东、广西、海南和台湾。

栖息地与习性 栖息在河流与小溪岸边的岩石或树丛上，主要捕食昆虫。巢筑于岩石的缝隙间，每窝产卵 4～6 枚。卵呈淡蓝色，具有红褐色细点，大小约 2.4 厘米 ×1.9 厘米。孵化期为 12 或 13 天。

居留型 在汉中为留鸟。

雄鸟 / 摄影：陈 旭

雌鸟 / 摄影：向定乾

摄影：蔡 琼

紫啸鸫

雀 形 目 Passeriformes
鸫 科 Turdidae
学 名 *Myophonus caeruleus* (Scopoli)
英 文 名 Blue Whistling Thrush
别 名 山鸣鸡

摄影：高延钧

识别特征 体长约 29.5 厘米，体重约 165 克。雌雄羽色相同。除眼先、眼圈、外侧初级飞羽、肛周和尾下覆羽为黑色外，通体深紫蓝色；羽端具辉亮的淡紫色圆端斑，此斑在头和颈部较细密，背、肩及胸部较大且疏，腰部不显著；腹、胁羽干或羽基白色，下胁杂有少许白色羽，但一般均不外露。嘴黑色；脚黑褐色。

汉中分布 佛坪、留坝和镇巴。

外地分布 省内见于秦岭和巴山地区；国内分布于湖北、河北、河南、内蒙古、云南、贵州、四川、湖南、安徽、江西、福建、广东和广西。

栖息地与习性 栖息活动在山坡和林缘灌丛或小树上，常停息在山溪间的岩石上。食物以昆虫为主。营巢于树杈和岩石缝隙间，每窝产卵 3 ~ 4 枚。卵呈纯绿色、黄绿或淡褐色，杂以红色细点，大小约 3.5 厘米 ×2.6 厘米。

居留型 在汉中为夏候鸟。

虎斑地鸫（三有动物）

雀 形 目 Passeriformes
鸫 科 Turdidae
学 名 *Zoothera dauma* (Latham)
英 文 名 Golden Mountain Thrush
别 名 虎斑、顿鸡

识别特征 体长约 23 厘米，体重约 150 克。雌雄相似。上体橄榄褐色，各羽具新月形黑端斑和黄白色次端斑，羽干白色；两翅黑褐色，飞羽内翈基部白色，在翅下形成一条带斑；中央两对尾羽橄榄褐色，外侧尾羽黑褐色，尾羽均具白端；下体颏与喉近白色，仅喉具黑色羽端；胸与腹苍白色。

汉中分布 佛坪、汉台区和西乡。

外地分布 省内见于周至等地；国内除西藏外，广泛分布于其他地区。

栖息地与习性 栖息在灌木林、丛林、近河溪岸边、村镇和果园中，食物以昆虫为主。营巢于树上，每窝产卵 4 或 5 枚。卵呈灰绿色，具褐色斑点，大小约 3.4 厘米 ×2.4 厘米，孵化期为 12 天。

居留型 在汉中为旅鸟。

摄影：向定乾

摄影：赵纳勋

橙头地鸫

雀 形 目 Passeriformes
鸫　　科 Turdidae
学　　名 *Zoothera citrina* (Latham)
英 文 名 Orange-headed Ground Thrush
别　　名 黑耳地鸫

摄影：高延钧

识别特征 中型鸟类，体长约 20 厘米，体重约 52 克。雄鸟背至腰呈暗蓝色，具浅色羽缘；中央尾羽蓝灰色，其余尾羽内翈褐色，隐约具黑褐色横斑，飞羽黑褐色；翅上大覆羽和中覆羽具白色端斑；腋羽基部白色，末端蓝灰色；尾下覆羽白色。雌鸟背至腰为淡褐色，下体的橙棕色转浅淡。嘴为黑褐或黑色；脚橙黄或肉黄色。

汉中分布 汉台区和洋县。

外地分布 省内见于陕西南部；国内分布于安徽、浙江、云南、贵州、湖北、广东和广西。

栖息地与习性 栖息在丘陵阔叶林和竹林中，食物以昆虫为主，也吃植物的果实和种子。在竹林中营巢。

居留型 在汉中为旅鸟。

摄影：蔡 琼

白腹鸫（三有动物）

雀 形 目 Passeriformes
鸫 科 Turdidae
学 名 *Turdus pallidus* (Gmelin)
英 文 名 Pale Thrush
别 名 白眉白腹鸦、白腹穿草鸡

识别特征 体长约23厘米，体重约75克。雄鸟额至颈为橄榄褐色，羽缘灰色；背至尾上覆羽橄榄褐色，羽缘沾棕色；两翅和尾呈暗褐色，最外侧两对尾羽尖端白色；眼先黑色；眉纹和眼下斑白色；颏白色，喉灰色，腹和尾下覆羽白色，胸和两胁橙棕色。雌鸟上体较雄鸟色暗，头颈部褐色而不沾灰色；颏与喉白色，具褐色羽缘。

汉中分布 佛坪和洋县。

外地分布 省内见于定边、榆林、神木和周至等地；国内广泛分布于大部分地区，在新疆、青海、甘肃和宁夏为冬候鸟和旅鸟。

栖息地与习性 单个或成对活动于山地灌丛、近河谷与溪流的混交林边缘、路旁人工林和田间，主要捕食昆虫。繁殖期为5～7月，营巢于溪边的树上，每窝产卵4～6枚。卵呈浅绿色，具褐色斑，大小约2.8厘米×2.0厘米，孵化期为12～14天。

居留型 在汉中为旅鸟。

摄影：陈 旭

灰翅鸫

雀 形 目 Passeriformes
鸫　　科 Turdidae
学　　名 *Turdus boulboul* (Latham)
英 文 名 Grey-winged Blackbird

识别特征 体长约 28 厘米，体形略大的鸫。雄鸟似乌鸫，但宽阔的灰色翼纹与其余体羽成对比；腹部黑色具灰色鳞状纹，嘴比乌鸫的橘黄色多，眼圈黄色。雌鸟全橄榄褐色，翼上具浅红褐色斑。受惊时的叫声为“chook,chook,chook”的咯咯声，似乌鸫；会在巢区发出愤怒的“churr”声。叫声通常为一个优雅的单音，接以清晰的四声下降音，圆润饱满似笛音，又似乌鸫。

汉中分布 佛坪和洋县。

外地分布 分布于喜马拉雅山脉、中国南方、印度北部和缅甸。种群数量少。指名亚种有记录在我国云南南部、四川南部和贵州越冬；特有亚种 *yaoschanensis* 在广西瑶山繁殖。

栖息地与习性 栖息在海拔 640 ～ 3000 米的干燥灌丛或常绿山地森林中，冬季向下迁移。

居留型 在汉中为旅鸟。

摄影：张永文

赤颈鸫

雀形目 Passeriformes
鸫　科 Turdidae
学　名 *Turdus ruficollis* (Pallas)
英文名 Red-necked Thrush
别　名 红脖穿草鸡

识别特征 体长约23厘米，体重约85克。雄鸟上体包括两翅表面灰褐色；额与头顶色深，具隐约的黑色羽轴纹；大覆羽和飞羽外缘银灰沾棕色；中央尾羽褐色，基部羽缘沾栗色，外侧尾羽栗色；眉纹、颏、颈侧和胸锈栗色，羽端具少许白色；喉侧具黑斑；腹污白色；胸和胁灰色具灰褐色杂斑；尾下覆羽羽基暗灰色，中部锈栗色，羽端白色。雌鸟颏与喉灰白色，具棕栗色羽干纹。嘴黑褐色，下嘴基部黄色；脚暗褐色。

汉中分布 佛坪和洋县。

外地分布 省内见于周至等地；国内分布于黑龙江、吉林、辽宁、河北、山西、宁夏、甘肃、内蒙古、青海、新疆、云南、四川、重庆和湖北。

栖息地与习性 栖息在山地林中或城郊田野的树上，以昆虫和植物的种子为食。每窝产卵4～5枚，卵呈淡蓝色或蓝绿色，具淡红褐色斑点，大小约2.9厘米×2.1厘米。

居留型 在汉中为旅鸟。

摄影：向定乾

摄影：高延钧

灰背鸫（三有动物）

雀 形 目 Passeriformes
鸫　　科 Turdidae
学　　名 *Turdus hortulorum* (P.L.Sclater)
英 文 名 Grey-backed Thrush
别　　名 灰背穿草鸡

识别特征 体长 21 ～ 23 厘米，体重约 75 克。雄鸟上体自额至尾上覆羽，包括两翅覆羽均呈乌灰色；尾羽和飞羽黑褐色，飞羽外翈边缘淡棕灰色；颏与喉污白色，缀以黑褐色羽干纹；胸淡灰色，杂以黑褐色块斑；下胸与腹两侧、胁和翅下覆羽均为橙栗色；胸、腹中央灰白色；尾下覆羽白色，两侧缀以淡橙黄色。雌鸟下体颏与喉淡棕色，具暗褐色长形斑块；胸杂以更多黑褐色斑块。

汉中分布 洋县等地。

外地分布 省内见于陕南西部、关中平原和陕北神木等地；国内分布于新疆北部、甘肃（夏候鸟）及中东部地区。

栖息地与习性 栖息在茂密的混交林、次生阔叶林和灌丛中。食物以昆虫为主，兼食植物的果实和种子。繁殖期为 5 ～ 7 月，筑巢于树林中的小树杈上，每窝产卵 3 ～ 5 枚。卵呈浅蓝绿色，具红色块斑，大小约 2.7 厘米 ×2.0 厘米。孵化期约为 14 天。

居留型 在汉中为留鸟。

摄影：陈 旭

灰头鸫

雀形目 Passeriformes
鸫　科 Turdidae
学　名 *Turdus rubrocanus*
英文名 Grey-headed Thrush
别　名 灰头穿草鸡

识别特征 体长约26厘米，体重约105克。雄鸟头、后颈、上背、颈侧及喉至上胸暗褐色；颏灰色；两翅和尾黑褐色，小覆羽具栗色羽缘，上体余部与下体下胸、腹和胁为板栗色；尾下覆羽黑褐色，具白色羽轴纹和羽端。雌鸟体色较淡。嘴和脚均为黄色。

汉中分布 佛坪等地。

外地分布 省内见于秦岭南北坡的太白山和安康；国内主要分布于宁夏、甘肃、青海、西藏、云南、四川、重庆和湖北。

栖息地与习性 单个或成对在林缘灌丛和沿河岸两旁的林下灌丛中栖息，也在高山草甸或壑谷灌丛中活动。在地面觅食，食物以昆虫为主，也吃少量植物的种子。

居留型 在汉中为留鸟。

乌鸫

雀 形 目 Passeriformes
鸫　　科 Turdidae
学　　名 *Turdus merula* (Linnaeus)
英 文 名 Common Blackbird
别　　名 黑鸫、黑洋雀

识别特征 体长约30厘米，体重约150克。雄鸟上体包括两翅和尾均呈黑色；下体黑褐色；颏与喉羽缘褐色。雌鸟羽色与雄鸟相似，但色浅，呈黑褐色；下体灰黑色，颏与喉浅栗褐色，杂以黑褐色纵纹。嘴黄色；跗跖黑褐色。

汉中分布 佛坪、洋县、城固、汉台区、留坝、勉县、略阳、宁强、南郑、西乡和镇巴。

外地分布 省内见于陕南和关中；国内分布于河南、山西、甘肃、内蒙古、云南、贵州、四川、重庆、湖北、湖南、安徽、江西、江苏、浙江、福建、广东、广西、海南和台湾。

栖息地与习性 栖息在平原、丘陵或低山地带，喜在潮湿且落叶比较丰富的阔叶林间活动。春夏以昆虫等动物性食物为主，秋冬以植物性食物为主。营巢于乔木上，也见于竹林边缘的竹梢上。每窝产卵3～5枚，卵呈绿色，具棕褐色斑，大小约3.0厘米×2.1厘米。孵化期约为15天。

居留型 在汉中为留鸟。

摄影：陈旭

斑鸫（三有动物）

雀 形 目 Passeriformes
鸫　　科 Turdidae
学　　名 *Turdus eunomus* (Temmiuck)
英 文 名 Dusky Thrush
别　　名 穿草鸡、红尾鸫、斑点鸫

摄影：蔡 琼

识别特征 体长 23 ~ 25.5 厘米，体重约 70 克。雄鸟额至后颈黑褐色，头顶具淡灰色羽缘，呈暗斑状；上背与肩黑褐沾棕色；下背至尾上覆羽栗褐色，两翅暗褐色，尾羽黑褐色，基部羽缘栗色；眉纹棕白色；颊、颈侧、颏和喉棕白色；胸与胁黑褐色，羽缘白色沾棕色。雌鸟头顶暗斑色较淡；两翅暗褐色，具淡棕白色外缘。

汉中分布 佛坪、汉台区和宁强。

外地分布 省内见于定边、榆林、神木、周至和宁陕等地，是迁徙期常见的种类；国内大部分地区均有分布。

栖息地与习性 结小群栖息且活动于山间树林、村落庭院和果园中，穿行于农田旷野的草地上，以昆虫为食，也吃植物的种子。营巢于小树上，每窝产卵 4 ~ 6 枚。卵呈绿蓝色，具红褐色细点或深色斑。

居留型 在汉中为旅鸟。

摄影：陈 旭

宝兴歌鸫（三有动物）

雀 形 目 Passeriformes
鸫　　科 Turdidae
学　　名 *Turdus mupinensis* (Laubmann)
英 文 名 Chinese Thrush
别　　名 歌鸫、穿草鸡

识别特征 体长22～23厘米，体重约60克。雌雄羽色相似。上体额至尾上覆羽橄榄褐色；两翅表面橄榄褐色，中覆羽和大覆羽具浅黄白色端斑，初级覆羽和初级飞羽外翈渲染暗棕色；尾羽橄榄褐色；眼先灰白色；眉纹棕白色，颊与颈侧淡黄白色，具黑色羽端；耳羽灰白沾棕色，羽端黑色，形成一大黑斑；下体颏棕白色；喉白色，但散生小型黑斑；胸与两胁乳白而沾淡黄色，腹部污白色，各羽均具黑褐色扇形端斑，胸部端斑最大；尾下覆羽白色。

汉中分布 佛坪和洋县。

外地分布 省内见于山阳等地；国内分布于中部和西南部。

摄影：向定乾

栖息地与习性 栖息在山间河溪两旁的树林里，食物以昆虫为主。繁殖期为5～7月，营巢于乔木树上，每窝产卵4枚。卵呈浅蓝灰绿色，具红褐色或灰蓝褐色的斑点和斑块，大小约1.9厘米×2.8厘米。

居留型 在汉中为留鸟。

摄影：蔡琼

摄影：陈 旭

鹪鹩

雀 形 目 Passeriformes
鹪 鹩 科 Troglodytidae
学　　名 *Troglodytes troglodytes* (Linnaeus)
英 文 名 Wren
别　　名 偷盐雀

识别特征 体长约 8.6 厘米，体重约 9 克。雌雄羽色相似。额、头顶、后颈和体羽赤褐色，具暗色黄斑；眉纹黄白色；尾虽短小，但尾上黑色横斑较粗，停立时常举起；上嘴暗褐色，下嘴色淡；跗跖和趾为淡肉褐色。

汉中分布 佛坪、城固、洋县和略阳。

外地分布 省内见于秦岭太白山、周至和长安；国内分布于河北、河南、山西、宁夏、甘肃、内蒙古、江西、江苏、浙江、福建和广东等地。

栖息地与习性 夏季栖在高山丛林中，冬季移居至低山丘陵、平原树丛和竹林等处。以蝗虫、叶甲和蟋蟀等昆虫为食，属食虫益鸟。营巢于岩石裂缝或灌丛中，巢用细树枝和苔藓等交错构成圆屋顶状。每窝产卵 4 ~ 6 枚，卵呈白色，具褐色或红褐色细斑，大小约 1.6 厘米 ×1.2 厘米。

居留型 在汉中为留鸟。

摄影：蔡 琼

褐河乌

雀 形 目 Passeriformes
河 乌 科 Cinclidae
学　　名 *Cinclus pallasii* (Temminck)
英 文 名 Brown Dipper
别　　名 水老鸹

识别特征 体长约 21 厘米，体重约 100 克。雌雄羽色相似。体羽纯黑褐色；眼周白色，为周围的黑褐色羽毛所盖；嘴淡黑褐色；跗跖和爪黑褐色。

汉中分布 佛坪、洋县、城固、汉台区、留坝、勉县、略阳、宁强、南郑、西乡和镇巴。

外地分布 省内遍布秦岭南北坡；国内广泛分布于大部分地区，如东北三省、河北、山西、广东、福建、甘肃、四川、青海、贵州、云南和西藏等地。

栖息地与习性 栖息在山区溪流和河川附近，能在水中短距离浮游，叫声似"dzchit"。以石蚕等水生昆虫和甲壳类昆虫等为食。营巢于岸旁石缝中与树根下等处，巢用干苔藓筑成，呈球形，出入口在侧面，内铺干草。每窝产卵 4～6 枚，卵呈白色，大小约 2.5 厘米 ×1.7 厘米。

居留型 在汉中为留鸟。

摄影：赵文斌

白眉姬鹟（三有动物）

雀 形 目 Passeriformes
鹟 科 Muscicapidae
学 名 *Ficedula zanthopygia* (Hay)
英 文 名 Yellow-rumped Flycatcher
别 名 鸭蛋白

摄影：李侠

识别特征 体长约13厘米，体重约12克，雄鸟眉纹白色，上体黑色，腰与下体鲜黄色；初级飞羽和次级飞羽的外侧褐色；次级飞羽内侧和三级飞羽黑色；大覆羽和第3根三级飞羽白色，翼上形成一道明显的白斑；尾羽黑色。雌鸟上体暗黄绿色，无白色眉纹，腰和下体黄色较淡；尾羽黑褐色，内侧大覆羽和第3根三级飞羽缘有白边，形成一道窄的白色翼斑。嘴黑色，跗跖铅色。

汉中分布 佛坪和汉台区。

外地分布 省内见于秦岭山区；国内除宁夏、新疆和西藏外，其他地区均有分布。

栖息地与习性 典型的山地森林鸟类，很少到草地上活动多，不在地面觅食。食物以昆虫为主，属农林益鸟。5月中旬开始营巢，巢筑于树洞或河湖堤岸附近，巢呈杯状，由竹叶和细草根等构成，内垫毛发和细软草等。每窝产卵4或5枚，卵粉红沾乳黄色，具淡赭至橙红色斑点，大小约1.9厘米×1.6厘米。

居留型 在汉中为夏候鸟。

橙胸姬鹟

雀 形 目 Passeriformes
鹟　　科 Muscicapidae
学　　名 *Ficedula strophiata* (Hodgson)
英 文 名 Rufous-gorgeted Flycatcher
别　　名 红胸石青

识别特征 体长约13厘米，体重约13克。雄鸟额白色；上体暗橄榄褐色；腰和尾沾暗灰色；翅暗褐色；各羽具暗黄色羽缘；尾黑色，除中央一对尾羽外，其余尾羽基部白色；耳羽和颊石板灰色，颏与喉灰蓝色，胸石板灰色，具橙色胸斑；下体灰白沾黄色。雌鸟喉部灰褐沾橙色，胸和上腹灰褐色，下腹褐色。嘴黑色；脚灰褐或暗褐色。

汉中分布 佛坪和宁强。

外地分布 省内见于秦岭山区；国内分布于甘肃、四川、湖北、云南、西藏、广东和广西。

栖息地与习性 栖息在海拔2000米以下的阔叶林区，多成对活动于灌丛中。善鸣，以昆虫和植物的种子为食。

居留型 在汉中为夏候鸟。

摄影：高延钧

摄影：向定乾

白腹蓝姬鹟

雀形目 Passeriformes
鹟科 Muscicapidae
学名 *Cyanoptila cyanomelana* (Temminck)
英文名 Blue-and-white Flycatcher
别名 蓝石青、白腹蓝鹟、白腹姬鹟

识别特征 体长约15厘米，体重约24克。雄鸟冬羽额基、眼先和头侧乌黑色；头顶、枕与颈羽端钴蓝色，羽基灰褐色；上体深蓝色，初级覆羽和飞羽黑褐色；中央尾羽暗蓝色，基部黑色，外侧尾羽基部白色。颏、喉和前胸黑色；胸侧暗蓝色；后胸至尾下覆羽污白色，并杂有灰斑；腋与胁暗灰色。夏羽上体蓝色部分较冬羽色淡，头侧、颏与前胸淡黑色。雌鸟夏羽额和头顶橄榄灰色，羽端具褐色鱼鳞状细纹；背、肩、腰和翼上覆羽橄榄褐色；飞羽和尾羽同为暗褐色并缘以橄榄褐色边。嘴黑褐色；脚黑色。

汉中分布 佛坪和汉台区。

外地分布 省内见于秦岭南北坡、周至和宁陕等地；国内分布于黑龙江、吉林、辽宁、湖北、河北、山东、重庆、四川、贵州、云南、湖南、江西、广东和广西。

栖息地与习性 栖息在山地疏林或灌丛中，喜单独活动，以赤绒金龟子、夜蛾和叶甲等为食。多营巢于河谷两岸的石缝中，巢用苔藓筑成，呈碗状。每窝产卵多为5枚，卵呈白色或乳白色，大小约1.8厘米×1.4厘米。

居留型 在汉中为旅鸟。

灰蓝姬鹟

雀 形 目 Passeriformes
鹟　　科 Muscicapidae
学　　名 *Ficedula tricolor* (Hodgson)
英 文 名 Slaty-blue Flycatcher
别　　名 灰蓝石青

识别特征 体长约 11 厘米，体重约 10 克。雄鸟额淡灰蓝色，眼先和头侧黑色；头顶、后颈、背和腰深灰蓝色；翅暗褐色；尾黑色，除中央一对尾羽外，外侧尾羽基部一半为白色；下体淡灰沾棕白色；喉与腹部中央近白色。雌鸟上体橄榄褐色；腰部带棕色，尾羽和尾上覆羽赤褐色；下体棕白色，胸部和两胁多棕色。嘴黑色；脚暗褐色。

汉中分布 佛坪、宁强和西乡。

外地分布 省内见于陕南秦巴山地；国内分布于甘肃、宁夏、四川、云南和贵州。

栖息地与习性 栖息在海拔约 2000 米的常绿阔叶林中，多成对活动，喜鸣叫，以昆虫为食，属林业益鸟。

雌鸟 / 摄影：安国斐

居留型 在汉中为夏候鸟。

雄鸟 / 摄影：安国斐

红喉姬鹟（三有动物）

雀 形 目 Passeriformes
鹟　 科 Muscicapidae
学　 名 *Ficedula albicilla* (Pallas)
英 文 名 Taiga Fiycatcher

识别特征 雄鸟眼先和眼周白色；上体灰黄褐色；尾上覆羽和中央尾羽黑褐色，外侧尾羽褐色，基部白色；颏与喉繁殖期间橙红色，胸淡灰色，其余下体白色；非繁殖期颏与喉变为白色。雌鸟颏与喉白色，胸沾棕色。

汉中分布 洋县。

外地分布 除西藏外，广泛见于全国各省（自治区）。

栖息地与习性 栖息在低山丘陵和山脚平原地带的阔叶林、针阔林混交林和针叶林中。

居留型 在汉中为旅鸟。

雌鸟 / 摄影：胡万新

雄鸟 / 摄影：徐永春

摄影：高延钧

棕腹仙鹟（三有动物）

雀 形 目 Passeriformes
鹟　　科 Muscicapidae
学　　名 *Niltava sundara* (Hodgson)
英 文 名 Rufous-bellied Niltava
别　　名 蓝背雀

识别特征 体长约14.5厘米，体重约20克。雄鸟头顶、枕、腰和尾上覆羽均为辉亮蓝色；背、肩和翅上大覆羽黑褐蓝色；飞羽黑褐色，外缘暗蓝色；额、眼先、颈侧、颏与喉黑色；颈侧具蓝色辉亮块斑；下体自胸以下橙棕色，向后转淡棕色。雌鸟上体橄榄褐色，头顶和颈部较暗，颈侧具一蓝色块斑；喉下有一较大白斑；飞羽暗褐色，尾羽暗棕褐色；下体橄榄灰褐色。嘴黑色；跗跖暗褐色。

汉中分布 佛坪、洋县、宁强和西乡。

外地分布 省内见于陕南；国内分布于甘肃、湖北、四川、贵州和云南。

栖息地与习性 栖息在沟谷旁灌丛或乔木林中，多成对或单独活动，以甲虫和蛾类等为食。

居留型 在汉中为夏候鸟。

蓝喉仙鹟

雀 形 目 Passeriformes
鹟　　科 Muscicapidae
学　　名 *Cyornis rubeculoides* (Vigors)
英 文 名 Blue-throated Flycatcher
别　　名 蓝胸雀

识别特征 体长约 13 厘米，体重约 15 克。雄鸟额和眉纹青蓝色。额基和眼先黑色；上体和翅暗蓝色；颏、喉与颈两侧蓝带黑色；下喉与胸棕红色，至上腹与两胁色渐淡；尾羽黑褐色，外缘暗蓝色，但最外一对无蓝色缘；腋羽和翼下覆羽淡棕色。雌鸟上体橄榄棕色；额基棕黄色，眼周具棕色圈；尾羽棕褐色，除外侧一对外，其余微带棕红色；颏与喉淡棕黄色，胸部棕黄色；两胁沾橄榄褐色。嘴黑色；跗跖和趾肉褐色。

汉中分布 佛坪。

外地分布 省内见于秦岭南坡；国内分布于河北、四川、云南、贵州和西藏。

栖息地与习性 栖息在山林或平地矮树灌丛和竹林间，捕食甲虫与鳞翅目幼虫等。

居留型 在汉中为夏候鸟。

雄鸟 / 摄影：何 鑫

雌鸟 / 摄影：何 鑫

棕尾褐鹟

雀 形 目 Passeriformes
鹟　　科 Muscicapidae
学　　名 *Muscicapa ferruginea* (Hodgson)
英 文 名 Ferruginous Flycatcher
别　　名 红褐鹟

识别特征 体长约12厘米，体重约11克。雌雄羽色相同。额基棕褐色，眼圈白色，头顶至颈部暗灰褐色；背橄榄褐色，腰、尾上覆羽与尾羽基部红栗色；翼与尾端黑褐色，大覆羽尖端栗红色；喉和腹部中央灰白色；胸黄褐色；其余下体红褐色。幼鸟羽色稍淡且有斑点。嘴黑色；脚肉褐色。

汉中分布 洋县。

外地分布 省内见于秦岭地区；国内分布于甘肃、四川、贵州、云南、福建、广东、海南和台湾。

栖息地与习性 栖息在海拔2500米以下的针阔叶混交林中，多单独或成对隐匿于灌丛中。不常鸣叫，食物以昆虫为主。

居留型 在汉中为夏候鸟。

摄影：向定乾

乌鹟（三有动物）

雀形目 Passeriformes
鹟　科 Muscicapidae
学　名 *Muscicapa sibirica* (Gmellin)
英文名 Sooty Flycatcher
别　名 鲜卑鹟

摄影：刘晓勤

识别特征 体长 10 ～ 15 厘米。上体自头顶至尾上覆羽乌褐色；颈侧微具白斑；眼先和眼周淡褐色；初级飞羽内缘棕褐色，内侧飞羽羽缘有窄的淡褐色边，大覆羽和三级飞羽有宽的淡棕白色边；颏与喉为浅乌褐色，喉中央灰白色，胸与胁灰褐色，渲染灰白色纹；腋与翼下覆羽浅棕褐色，尾下覆羽灰白色。上嘴乌褐色，下嘴基部淡褐色；跗跖暗红棕色。

汉中分布 佛坪和洋县。

外地分布 省内见于定边、榆林、神木和太白等地；国内分布于东北地区、内蒙古东部、甘肃、青海、四川、云南、贵州、河北、西藏及沿海地区。

栖息地与习性 栖息在山地、丘陵和平原的树丛中，大多在树上活动。雌雄成对或单独生活，叫声优美动听，以象甲和金龟子等为食。营巢于折断的树干凹窝处，巢用干草穗筑成，呈杯状。每窝产卵 4 ～ 6 枚，卵呈淡绿色，钝端具锈色斑点，大小约 1.7 厘米 ×1.2 厘米。

居留型 在汉中为旅鸟。

北灰鹟（三有动物）

雀 形 目 Passeriformes
鹟　　科 Muscicapidae
学　　名 *Muscicapa dauurica* (Raffles)
英 文 名 Asian Brown Flycatcher
别　　名 黑鹟

识别特征 体长约13厘米，体重约11克。雌雄羽色相同。背部灰褐色，腹部近白色，胸和两胁淡灰褐色；眼周有白圈，翼上有淡色翼。嘴黑色，下嘴基黄色；脚黑色。

汉中分布 佛坪。

外地分布 省内见于秦岭；国内分布于辽宁、河南、河北、甘肃、内蒙古、黑龙江、广东和云南等地。

栖息地与习性 栖息在林中，常见于灌丛间。如果见到昆虫在附近飞过，会迅速飞起捕食，然后再返回到原枝上；有时也到地面上觅食。

居留型 在汉中为旅鸟。

摄影：刘晓勤

铜蓝鹟

雀 形 目 Passeriformes
鹟　　科 Muscicapidae
学　　名 *Eumyias thalassinus* (Swainson)
英 文 名 Verditer Flycatcher
别　　名 黄头雀

识别特征 体长约15厘米，体重约21克。雄鸟额基、眼先和眼下黑色；额顶、颏、喉与眼后淡蓝辉色；上下体表为一致的铜蓝色；尾羽羽缘黑褐色，尾下覆羽具白色羽缘。雌鸟羽色较淡，眼先暗灰色，颏部灰白色；上体暗铜绿色，下体暗灰绿色。嘴黑色；脚黑色。

汉中分布 佛坪。

外地分布 省内见于太白等地；国内见于西南五省及湖北、湖南、广东和福建。

栖息地与习性 栖息在山地针阔叶混交林和灌丛中，多成对活动，有时到林缘耕作区觅食。以金龟子等甲虫为食，兼食植物的种子。

居留型 在汉中为夏候鸟。

摄影：匡中帆

摄影：赵文斌

方尾鹟

雀 形 目 Passeriformes
鹟 科 Muscicapidae
学 名 *Culicicapa ceylonensis* (Swainson)
英 文 名 Grey-headed Canary Flycatcher
别 名 灰头雀

识别特征 体长约11厘米，体重约10克。雌雄羽色相似。额、头顶和后颈黑灰色；背、腰和尾上覆羽橄榄绿色；翅与尾黑灰色；翅上覆羽、飞羽和尾羽外侧绿黄色；喉与胸灰色；下体余部黄色。上嘴黑色，下嘴角褐色；脚肉黄色。

汉中分布 佛坪、留坝、宁强、西乡和镇巴。

外地分布 省内见于秦岭巴山各地；国内分布于四川、贵州、重庆、西藏、甘肃、湖北、湖南和广东。

栖息地与习性 生活在山地针阔叶混交林或灌丛中，以甲虫等昆虫为食。

居留型 在汉中为夏候鸟。

摄影：赵纳勋

寿带（三有动物）

雀 形 目 Passeriformes
王 鹟 科 Monarchidae
学　　名 *Terpsiphone paradisi* (Linnaeus)
英 文 名 Asian Paradise Flycatcher
别　　名 一枝花、紫带子、梁山伯

摄影：蔡 琼

识别特征 雄鸟体长可达51厘米。嘴古蓝或黑褐色；跗跖与爪铅色。栗色型雄鸟头部与颈蓝黑色，具金属光泽；羽冠明显；眼圈古蓝色，上体包括背、腰和尾上覆羽呈带紫的深栗红色；尾羽与上体色相近，夏羽的中央尾羽特别延长，羽干黑褐色；飞羽黑褐色，外缘有栗红色边，最内侧的次级飞羽栗红色，飞羽末端呈黑褐色；下体胸与胁苍灰色，往后渐淡，腹与尾下覆羽灰白色。白色型雄鸟头与颈的羽色与栗色型雄鸟相同，上体包括背、腰和尾上覆羽均为白色，但沿羽干内翈和羽末端呈楔形黑斑，内侧飞羽无楔形黑斑；下体为白色。雌鸟夏羽体色与栗色型雄鸟相似，但羽冠耸起不很明显；中央尾羽不特别延长；上体为栗褐色，无金属光泽；颏与喉灰黑色，略具蓝黑色金属光泽；有些个体尾下覆羽沾浅棕色。老雄鸟除头部为蓝黑色外，体羽均为白色，具黑色羽干纹。

汉中分布 佛坪、洋县、汉台区和宁强。

外地分布 省内见于秦岭巴山地区；国内在甘肃文县、康县、武山、天水及宁夏泾源、六盘山为夏候鸟，此外分布于云南、贵州、河北、东北三省及南部沿海地区。

栖息地与习性 常见于山区或丘陵地带，成对或数对一起活动，穿越于树枝间。飞翔时长尾飘摇，惹人注目，鸣叫时羽冠耸起。在空中觅食，有时也在地面啄食，食物以金龟子、松毛虫、天蛾和蝇类等害虫为主。繁殖期为5～7月，一般营巢在树杈间，巢呈杯形，用苔藓和软草等物筑成。每窝产卵2～5枚，卵呈驼灰色，有栗色斑点，重约2.5克，大小约2.1厘米×1.5厘米。

居留型 在汉中为夏候鸟。

摄影：夏永光

摄影：蔡 琼

斑胸钩嘴鹛

雀 形 目 Passeriformes
画 眉 科 Timaliidae
学　　名 *Pomatorhinus erythrogenys* (Vigors)
英 文 名 Rusty-cheeked Scimitar Babbler
别　　名 长嘴画眉

识别特征 体长约 23 厘米，体重约 65 克。额、眉纹和耳羽为深棕红色；上体橄榄褐色，头顶各羽中央稍黑，眼先有白色羽，羽端缀有黑斑；胸白且具黑色粗纹；腹中央纯白色。上嘴黄色；跗跖和趾肉褐色。

汉中分布 佛坪、洋县、汉台区、留坝、宁强、南郑和西乡。

外地分布 省内见于陕南；国内见于甘肃、山西、贵州、广西、西藏、云南、河南和四川。

栖息地与习性 栖息在山地灌木和矮树丛间，多单独或成对活动，鸣声嘹亮。以各种昆虫和植物的种子为食。巢营于灌丛、竹丛下层或地面上，用草茎和羊齿类植物的枯叶等筑成圆顶状。卵呈白色，大小约 2.6 厘米 ×2.0 厘米。

居留型 在汉中为留鸟。

摄影：陈 旭

棕颈钩嘴鹛

雀　形　目 Passeriformes
画　眉　科 Timaliidae
学　　　名 *Pomatorhinus ruficollis* (Hodgson)
英　文　名 Rufous-necked Scimitar Babbler
别　　　名 拐拐儿

识别特征 体长约 17 厘米，体重约 26 克。眉纹和喉白色；胸白色且具橄榄褐色纵纹。上嘴黑色，下嘴淡黄色；脚铅灰色。

汉中分布 佛坪、洋县、汉台区、留坝、宁强、南郑、西乡和镇巴。

外地分布 省内遍布于秦岭巴山；国内分布于甘肃、河南、四川、贵州、湖北、湖南、江苏和浙江。

栖息地与习性 常在灌丛枝间穿梭跳动，性怯畏人，以昆虫、浆果和植物的种子为食。巢营于草丛或灌丛中，巢材由草叶、蕨类和羊齿类植物构成。每窝产卵 3 或 4 枚，卵呈白色，大小约 2.3 厘米 ×1.7 厘米。

摄影：蔡 琼

居留型 在汉中为留鸟。

小鳞胸鹪鹛

雀 形 目 Passeriformes
画 眉 科 Timaliidae
学　　名 *Pnoepyga pusilla* (Hodgson)
英 文 名 Pygmy Wren Babbler
别　　名 小鹪鹛

识别特征 体长约8.5厘米，体重约11克。尾特别短小；胸和腹有明显的鳞状斑；上体暗棕褐色，下体白色并具有暗褐色羽缘。上嘴黑色，下嘴稍淡，嘴基黄褐色；跗跖和趾褐色。

汉中分布 佛坪和洋县。

外地分布 省内见于秦岭南坡；国内分布于四川、云南、安徽、福建和西藏等地。

栖息地与习性 栖息在山地森林或竹林中，性隐匿，受惊时潜入灌丛深处，很少远飞。平时不常鸣叫，但叫时声音洪亮。以植物的叶、芽和昆虫为食。营巢于密林中，靠近地面长有苔藓的岩壁上。巢用苔藓筑成，形如圆顶，开口于侧面。每巢产卵2枚，卵呈白色无斑，大小约2.0厘米×1.5厘米。属稀有种类。

居留型 在汉中为留鸟。

摄影：张永文

红头穗鹛

雀 形 目 Passeriformes
画 眉 科 Timaliidae
学　　名 *Stachyris ruficeps* (Blyth)
英 文 名 Rufous-capped Babbler
别　　名 红顶噪鹛

识别特征 体长约11厘米，体重约11克。头顶棕红色，眼先和额基浅黄色，眼周黄白色；胸部淡灰茶黄色；上嘴角褐色，下嘴暗黄色，跗跖和趾肉黄色。

汉中分布 佛坪、宁强、西乡和镇巴。

外地分布 省内见于秦岭南坡的宁陕和石泉；国内分布于西藏、海南、台湾及长江流域以南的广大地区。

栖息地与习性 栖息在山地或平原森林与灌丛中，也见于高的草丛或蕨类丛中。单独或结小群活动，以昆虫和植物的种子等为食。

居留型 在汉中为留鸟。

摄影：高延钧

摄影：陈 旭

矛纹草鹛（三有动物）

雀 形 目 Passeriformes
画 眉 科 Timaliidae
学 名 *Babax lanceolatus* (Verreaux)
英 文 名 Chinese Babax
别 名 麻啄

识别特征 体长22～29厘米，体重约63克。头顶暗栗褐色，多具浅色羽缘；颊和耳羽棕白色或具栗褐色纵纹；体羽近棕色；上下体具明显条纹；尾羽暗褐色，具隐暗横斑。

汉中分布 佛坪、留坝、宁强、西乡和镇巴。

外地分布 省内见于周至、宁陕和汉阴等地；国内分布于甘肃、四川、西藏、云南、贵州、广西、湖北、湖南、福建和广东等地。

栖息地与习性 栖息在平原或山地疏林、灌丛和草坡上，性好结群，鸣声善变动听。以昆虫和植物的果实、种子为食。营巢于灌丛中，巢用枯叶和嫩枝等筑成，呈杯状。每窝产卵5或6个，卵呈绿蓝色。

居留型 在汉中为留鸟。

摄影：蔡 琼

画眉（三有动物、省级重点）

雀 形 目 Passeriformes
画 眉 科 Timaliidae
学　　名 *Garrulax canorus* (Linnaeus)
英 文 名 Hwamei
别　　名 金画眉

识别特征 体长 21～25 厘米，体重约 68 克。雌雄羽色相同。眼圈白色，有清晰的白色眉纹，故得“画眉”之名；上体橄榄褐色，头顶至上背具有黑褐色纵纹；下体除腹部中央呈灰色，两胁较暗呈橄榄褐色外，余部均为棕黄色；颏、喉与上胸布有黑褐色细斑；覆腿羽棕红色；上嘴褐黄色，下嘴黄色；嘴裂两侧和鼻孔上面生有较坚硬的黑色刚毛；跗跖和趾黄褐色，爪淡黄褐色。

汉中分布 佛坪、洋县、城固、汉台区、留坝、勉县、略阳、宁强、南郑、西乡和镇巴。

外地分布 省内见于秦岭和巴山；国内分布于甘肃、河南、四川、云南、海南、台湾和南方大部分地区。

栖息地与习性 栖居在平原或山丘的灌木丛与矮树丛中，常单独或结成小群活动。擅长鸣唱，叫声多变，悠扬婉转，为著名的鸣禽。杂食性，食物以昆虫为主，兼食野果和杂草的种子等。画眉极喜水浴，清晨或黄昏常见小群画眉在山沟的小溪边玩水洗澡。繁殖期为 4～7 月，多营巢于近水处的山坡、山凹及山沟中的灌丛或矮树上，巢呈深杯状。每窝产卵 3～5 枚，卵呈椭圆形，蓝绿色，具光泽，间或有粗大斑点。

居留型 在汉中为留鸟。

摄影：蔡 琼

眼纹噪鹛（三有动物）

雀 形 目 Passeriformes
画 眉 科 Timaliidae
学　　名 *Garrulax ocellatus* (Vigors)
英 文 名 White-spotted Laughing Thrush
别　　名 黑喉画眉

识别特征 体长约32厘米，体重约115克。雌雄羽色相似。头、喉与颈侧黑色，胸密布黑色横斑；眼先、眉纹和颊茶黄色，耳羽皮黄色；体背面棕褐色，满布白色斑点；尾短，尾羽红棕色，末端黑色且端缘白色；体腹面淡棕褐色。嘴黑褐色；脚黄色。

汉中分布 佛坪和宁强。

外地分布 省内见于陕南；国内分布于甘肃、湖北、四川、云南和西藏。

栖息地与习性 栖息在高海拔林下灌丛中，食物以昆虫为主，也吃植物的果实和种子。

居留型 在汉中为留鸟。

摄影：匡中帆

黑领噪鹛（三有动物）

雀 形 目 Passeriformes
画 眉 科 Timaliidae
学　　名 *Garrulax pectoralis* (Gould)
英 文 名 Greater Necklaced Laughing Thrush
别　　名 黑领拐拐

摄影：夏永光

识别特征 体长 17～32 厘米，体重约 130 克。眼先棕白色，眉纹白色；后颈栗褐色，呈半圆形；上体棕褐色，下体棕白色。

汉中分布 佛坪、宁强、西乡和镇巴。

外地分布 省内见于石泉、宁陕和汉阴等地；国内自甘肃东南部、陕西南部至华中和华南地区，包括海南均有分布。

栖息地与习性 栖息在低山的茂密灌丛间，常与小黑领噪鹛及其他噪鹛混群匿集于灌丛深处，以昆虫和植物的种子为食。巢营于灌丛间，用嫩枝、草和竹叶等构成疏松的杯状巢。卵呈蓝绿色。

居留型 在汉中为留鸟。

摄影：陈 旭

黑脸噪鹛（三有动物）

雀 形 目 Passeriformes
画 眉 科 Timaliidae
学　 名 *Garrulax perspicillatus* (Gmelin)
英 文 名 Spectacled Laughing Thrush
别　 名 黑面画眉

识别特征 体长 27 ~ 32 厘米，体重约 120 克。额、颊和耳羽等均为黑色，状似眼镜；上体大多褐色；下体前为褐灰色，后转棕白色，尾下覆羽肉桂色。

汉中分布 佛坪、城固、宁强、西乡和镇巴。

外地分布 省内见于秦巴山区；国内分布于山西及华东、华中、西南和华南大部分地区。

栖息地与习性 栖息在山区、平原和丘陵的矮灌丛中，常群居，鸣声嘹亮粗犷。食物以昆虫为主，兼食谷物和野果。巢一般营于距地面数米高的灌丛、竹林或茂密的树篱间，用细树枝、草茎、枯叶、植物卷须和柔软的树皮筑成，呈杯状。每窝产卵 3 或 4 枚，卵呈灰蓝色或富有光泽的青白色，无斑，大小约 2.7 厘米 ×2.1 厘米。

居留型 在汉中为留鸟。

摄影：陈 旭

摄影：徐永春

摄影：蔡 琼

白颊噪鹛（三有动物）

雀 形 目 Passeriformes
画 眉 科 Timaliidae
学　　名 *Garrulax sannio* (Swinhoe)
英 文 名 White-browed Laughing Thrush
别　　名 土画眉

识别特征 体长约 23 厘米，体重约 70 克。雌雄羽色相似，通体为深浅不同的棕褐色；白色眉纹明显；眼先和颊亦白色；尾棕栗色，尾下覆羽红棕色。嘴黑褐色；脚黄褐或灰褐色。

摄影：陈 旭

汉中分布 佛坪、洋县、城固、留坝、宁强、西乡和镇巴。

外地分布 省内见于秦岭和巴山地区；国内分布于甘肃、云南、贵州和四川。

栖息地与习性 栖息在平原和山区的矮树和灌丛间，喜结群，鸣声喧噪响亮。食物以昆虫为主，兼食植物的种子。营巢于柏、竹或棕树上，巢距地面 1.4 ～ 6 米，用稻草等筑成。卵呈纯白色，大小约 2.6 厘米 ×2.0 厘米。孵化期为 15 ～ 17 天，育雏约 12 天。孵卵和育雏，由雌雄亲鸟共同承担。

居留型 在汉中为留鸟。

摄影：蔡 琼

白喉噪鹛（三有动物）

雀 形 目 Passeriformes
画 眉 科 Timaliidae
学　　名 *Garrulax albogularis* (Gould)
英 文 名 White-throated Laughing Thrush
别　　名 闹山王

识别特征 体长26～30厘米，体重约110克。前额棕黄色，其余上体橄榄褐色；喉白色；胸具橄榄色横带；腹深棕至棕白色；尾羽橄榄褐色，除一对中央尾羽外，其余尾羽先端白色。

汉中分布 佛坪和宁强。

外地分布 省内见于太白和宁陕等地；国内分布于西藏、云南、四川、甘肃、青海和台湾等地。

栖息地与习性 栖息在山地森林中，在茂密的林下灌丛间活动。大多结成小群，叫声嘈杂。以野生植物的果实、种子和昆虫为食。

居留型 在汉中为留鸟。

摄影：张海斌

摄影：陈 旭

橙翅噪鹛（三有动物）

雀 形 目 Passenriformes
画 眉 科 Timaliidae
学　　名 *Garrulax elliotii* (Verreaux)
英 文 名 Elliot's Laughing Thrush

摄影：蔡 琼

识别特征 体羽大体灰褐色；眼圈白色，初级飞羽基部羽缘橙黄色，羽端蓝色；尾端白色，尾下覆羽棕红色。

汉中分布 佛坪、洋县、留坝、宁强和勉县。

外地分布 分布于陕西南部、宁夏、甘肃、青海东部、云南西北部、四川、重庆、贵州、湖北和湖南南部。

栖息地与习性 结小群栖息在山区森林的林下植被和林缘灌丛中。杂食性，以昆虫和植物的果实与种子为食。

居留型 在汉中为留鸟。

灰翅噪鹛（三有动物）

雀 形 目 Passeriformes
画 眉 科 Timaliidae
学　　名 *Garrulax cineraceus*
英 文 名 Ashy Laughing Thrush
别　　名 灰拐拐

摄影：蔡 琼

识别特征 体长 22 ～ 23 厘米，体重约 50 克。头顶灰或黑色；眼先、眉纹、耳羽和眼下淡白色，额纹黑色，上体橄榄褐至棕褐色；内侧飞羽和尾羽均具白色狭端和宽阔的黑色次端斑；下体大多为浅棕色。

汉中分布 佛坪、洋县、留坝、宁强、西乡和镇巴。

外地分布 省内见于周至和宁陕等地；国内分布于山西、甘肃、西藏、浙江、安徽及西南、华中和华南大部分地区。

栖息地与习性 栖息在山地乔木林、竹林和灌丛中，结小群活动，以昆虫和杂草的种子等为食。营巢于灌丛等处，巢材有茅草、藤条和棕丝等。每窝产卵 2 ～ 4 枚，卵呈天蓝色，大小约 2.7 厘米 ×1.7 厘米。

居留型 在汉中为留鸟。

摄影：蔡 琼

大噪鹛（三有动物）

雀 形 目 Passeriformes
画 眉 科 Timaliidae
学　　名 *Garrulax maximus* (Verreaux)
英 文 名 Giant Laughing Thrush
别　　名 大草鹛

识别特征 体长约34厘米且具明显点斑的噪鹛。尾长；顶冠、颈背和髭纹深灰褐色，头侧与颏栗色；背羽次端黑且端白，因而在栗色的背上形成点斑；两翼和尾部斑纹似眼纹噪鹛。与眼纹噪鹛的区别在于：体形较大且尾长，喉为棕色。叫声为一连串颤抖的哨音，似鸫的鸣声。

汉中分布 宁强。

外地分布 分布于中国中部至西藏东南部。常见于海拔2000～4200米的山区及甘肃极南部、四川西部、云南西北部和西藏东南部地区。

栖息地与习性 五六只成群，隐身于干旱灌丛的稠密林下植被中，在落叶间翻拣觅食。

居留型 在汉中为留鸟。

摄影：陈 旭

山噪鹛（三有动物）

雀 形 目 Passeriformes
画 眉 科 Timaliidae
学　　名 *Garrulax davidi* (Swinhoe)
英 文 名 Plain Laughing Thrush
别　　名 黑老婆

识别特征 体长 25 ～ 26 厘米，体重约 55 克。头顶暗灰褐色，上下体大多为灰沙褐色，无显著斑纹，嘴稍曲。

汉中分布 洋县。

外地分布 省内见于陕南和关中北部；国内分布于内蒙古东部、辽宁西部、甘肃南部、宁夏六盘山与贺兰山、青海东部和东南部、四川北部及华北地区。

栖息地与习性 栖息在山地矮树和灌丛中，常结成小群活动，鸣声多变。以昆虫和植物的种子等为食。在矮树灌丛中营巢，巢由干草和嫩枝等构成，呈浅杯状，内铺以细根和纤维等。每窝产卵 3 ～ 6 枚，卵呈玉蓝色，大小约 2.5 厘米 ×1.9 厘米。

居留型 在汉中为留鸟。

摄影：陈 旭

斑背噪鹛（三有动物）

雀 形 目 Passeriformes
画 眉 科 Timaliidae
学　　名 *Garrulax lunulatus* (Verreaux)
英 文 名 Bar-backed Laughing Thrush
别　　名 花拐拐

识别特征 体长24～28厘米，体重约85克。嘴灰褐色；脚肉红褐色；眼周、眉纹和眼后白色；前额至枕部黑色；背部各羽浅褐色，并具棕褐或棕白色羽端及宽阔的黑色次端斑；飞羽蓝灰色，末端白色；尾羽橄榄褐色。

汉中分布 佛坪、略阳、宁强和西乡。

外地分布 省内见于秦岭地区；国内分布于甘肃、四川、湖北和云南等地，为中国中部特有种。

栖息地与习性 栖息在低海拔的山坡、森林、竹林和灌丛中，常小群活动于林木下层，以昆虫和杂草的种子为食。

居留型 在汉中为留鸟。

摄影：向定乾

红嘴相思鸟（三有动物、省级重点）

雀　形　目 Passeriformes
画　眉　科 Timaliidae
学　　　名 *Leiothrix lutea* (Scopoli)
英　文　名 Red-billed Leiothrix
别　　　名 红嘴绿观音

摄影：邹义超

识别特征 体长13～15厘米，体重约22克。额、头顶和枕部呈沾黄的橄榄绿色，额和头顶前部稍淡；背、腰和尾上覆羽呈暗灰的橄榄绿色；飞羽黑褐色，所有初级飞羽的外翈缘为黄色；自第3根起，羽基赤红色，形成显著的翅斑；最内侧的次级飞羽和覆羽灰橄榄绿色；尾羽暗橄榄绿色，中央尾羽具亮蓝黑色羽端，外侧尾羽外翈的羽端和近端亦亮蓝黑色；尾呈叉状；眼先和眼周淡黄色；耳羽橄榄黄色；颊暗灰绿色；颈侧暗灰绿色；颏与喉黄色；上胸橙红色；下胸、腹和尾下覆羽乳黄色。嘴红色；跗跖和趾暗黄色。

汉中分布 佛坪、洋县、城固、汉台区、勉县、宁强、南郑和西乡。

外地分布 省内见于秦岭和巴山；国内在甘肃文县和康县为留鸟，广泛分布于华中、东南和西南地区。

栖息地与习性 栖息在海拔900～3300米的山地常绿阔叶林与常绿针阔叶混交林的灌丛和竹林中，有季节性垂直迁移的习性。以植物的果实、种子和昆虫等为食。繁殖期为3～10月，4月上旬营巢于矮灌丛、山坡孔穴和田边树冠中部，巢呈碗形。8～9月下旬产卵，窝卵数3或4枚，少数有5枚者。卵呈卵圆或长卵圆形，绿白色带黄褐、赭和淡紫色斑。由雌雄亲鸟轮流孵卵，雏鸟初见于5月中旬，10～11月离巢。为著名的观赏鸟。

居留型 在汉中为留鸟。

摄影：蔡琼

摄影：蔡 琼

淡绿鵙鹛

雀 形 目 Passeriformes
画 眉 科 Timaliidae
学　　名 *Pteruthius xanthochlorus* (J.E.Gray)
英 文 名 Green Shrike Babbler
别　　名 灰背雀

识别特征 体长约12厘米，体重约14克。雄鸟头顶至枕暗蓝灰色；贯眼纹黑色，眼圈白色；体背灰绿色，翼覆羽和飞羽褐色，具灰白色羽缘；小翼羽和初级覆羽黑色，尾羽褐色，具蓝灰色羽缘，除中央一对尾羽外各羽末端白色；喉与胸淡灰白色，腹以下黄色。雌鸟与雄鸟相似，但头部褐灰色，腹橄榄黄色。上嘴黑色，下嘴褐色，基部蓝灰色；脚肉色。

汉中分布 佛坪、留坝和宁强。

外地分布 省内见于秦岭南北坡；国内分布于四川、云南、福建和西藏。

栖息地与习性 主要栖息在海拔1500～3000米的针叶林和针阔叶混交林中。一般单独或成对活动于密林较高的树冠间，性安静，以甲虫和蟒象等昆虫为食。繁殖期为5～7月。

居留型 在汉中为留鸟。

摄影：蔡 琼

黑颏凤鹛

雀 形 目 Passeriformes
画 眉 科 Timaliidae
学　　名 *Yuhina nigrimenta* (Blyth)
英 文 名 Black-chinned Yuhina

识别特征 体长约11厘米。头部灰色；冠羽具明显的灰黑色鳞状斑纹；喙基周围黑色；额、眼先和颏上部黑色；上体余部橄榄褐色，下体偏白。

汉中分布 洋县。

外地分布 省内见于陕西南部；国内见于西藏、云南、四川、重庆、贵州、湖北和湖南。

栖息地与习性 结群栖息于山区森林的冠层中，与其他小型鸟类混群，性活泼。

居留型 在汉中为留鸟。

摄影：蔡 琼

白领凤鹛

雀形目 Passeriformes
画眉科 Timaliidae
学名 *Yuhina diademata* (Verreaux)
英文名 White-collared Yuhina
别名 凤头鹛

识别特征 体长约16厘米，体重约25克。雌雄羽色相似。全身以土褐色为主，眼先黑色；颈部白色形成白领；飞羽黑色；尾羽深褐色，羽轴白色；腹部和尾下覆羽白色；上嘴黄褐色，下嘴黄色；脚肉黄色。

汉中分布 佛坪、洋县、留坝、宁强、西乡和镇巴。

外地分布 省内见于秦岭和巴山；国内见于甘肃、四川、云南、贵州和湖北。为我国特有种。

栖息地与习性 常集成小群，活动于海拔1300～2200米的灌丛中。食物以昆虫为主，兼食植物性食物。

居留型 在汉中为留鸟。

栗耳凤鹛

雀 形 目 Passeriformes
画 眉 科 Timaliidae
学　　名 *Yuhina castaniceps* (Horsfield *et* Moore)
英 文 名 Striated Yuhina
别　　名 红头鹛、条纹凤鹛

识别特征 体长约13厘米，体重约12克。头顶具灰色扇形羽冠；耳羽栗色；上体橄榄灰色；尾与翅同为灰褐色，外侧尾羽有白端；下体浅灰色；嘴褐色；脚黄褐色。

汉中分布 宁强。

外地分布 省内见于秦岭南北坡；国内广泛分布于四川、云南、广东、广西、湖南、湖北、浙江和福建。

栖息地与习性 一般集小群活动于较高的灌丛顶端，此鸟飞行能力较差。主要以果实和花蕊等植物性食物为主，兼吃昆虫。

居留型 在汉中为留鸟。

摄影：陈旭

纹喉凤鹛

雀 形 目 Passeriformes
画 眉 科 Timaliidae
学　　名 *Yuhina gularis* (Hodgson)
英 文 名 Stripe-throated Yuhina
别　　名 绿豆鸟、红胁粉眼

识别特征 体长约14.5厘米，体重约23克。雌雄羽色相似。头部暗褐色，有可竖起的羽冠；上体橄榄褐色，飞羽浅黑色，有纵形橙黄色翼斑；尾羽棕褐色；喉和胸葡萄酒色，喉部有少量黑色纵纹；腹部橙黄色。上嘴黑色，下嘴褐色；跗跖皮黄色，爪褐色。

汉中分布 佛坪和洋县。

外地分布 省内见于汉中和太白；国内见于西藏、云南和四川。

栖息地与习性 常群居，通常集小群栖息于海拔1800～3600米的树林中。食物以植物的果实和花朵等为主，兼吃一些昆虫。

居留型 在汉中为留鸟。

摄影：陈 旭

摄影：蔡 琼

灰眶雀鹛

雀 形 目 Passeriformes
画 眉 科 Timaliidae
学　　名 *Alcippe morrisonia* (Swinhoe)
英 文 名 Grey-cheeked Fulvetta
别　　名 山白木眶、锈眼画眉、灰头雀鹛、灰脸雀鹛

识别特征 体长约 14 厘米，体重约 16 克。雌雄羽色相似。头、颈和脸褐灰色；头侧和颈侧深灰色；上体和翅、尾表面橄榄褐色；喉呈灰色；胸浅皮黄色，腹和胁皮黄至赭黄色，腹部中央浅淡。嘴角褐色；脚暗黄褐色。

汉中分布 佛坪、宁强、西乡和镇巴。

外地分布 省内见于秦岭南坡和巴山；国内见于甘肃、浙江、福建、广东、广西、四川、贵州、云南和湖南。

摄影：蔡 琼

栖息地与习性 常结成小群活动于海拔 200 ~ 2000 米的山林中。食物以昆虫为主，属林业益鸟。常筑巢于常绿阔叶林下，巢呈吊篮状。卵呈圆形，粉白色，密布浅赭红色细小斑点和斑块，大小约 1.9 厘米 ×1.4 厘米。

居留型 在汉中为留鸟。

摄影：蔡 琼

棕头雀鹛（三有动物）

雀 形 目 Passeriformes
画 眉 科 Timaliidae
学　　名 *Alcippe ruficapilla* (Verreaux)
英 文 名 Rufous-headed Fulvetta
别　　名 棕头雀

识别特征 体长约12厘米，体重约11克。头顶和颈栗色，有黑色侧冠纹，上体缀茶黄色；翅表大部分红棕色，在翅外侧灰白色间有黑色相隔；喉灰白色；胸沾葡萄灰色，腹部渲染茶黄色。嘴黑褐色；脚淡黄色。

汉中分布 佛坪、城固、汉台区和镇巴。

外地分布 省内见于秦岭北坡周至、太白等地；国内见于甘肃和四川。

栖息地与习性 通常单独或集小群活动，喜栖息在海拔2000米以上的山林中。食物以鞘翅目和鳞翅目等昆虫为主，也吃果实和种子等植物性食物。

居留型 在汉中为留鸟。

摄影：蔡 琼

金胸雀鹛

雀 形 目 Passeriformes
画 眉 科 Timaliidae
学　　名 *Alcippe chrysotis* (Hodgson)
英 文 名 Golden-breasted Fulvetta
别　　名 黄胸雀

识别特征 体长约 10 厘米，重约 9 克。雌雄羽色相似。胸和下体金黄色；头黑色具有一道白色中央冠纹；颊后部和耳羽白色；上体呈深灰带绿色；翅和尾黑色，有金黄色外缘；嘴灰蓝色或铅褐色；脚肉色。

汉中分布 佛坪、宁强、西乡和镇巴。

外地分布 省内见于秦岭南坡；国内分布于四川、云南和广西，为留鸟。

栖息地与习性 通常集群活动于海拔 1500 ~ 2500 米的山林中。食物以昆虫为主，属食虫益鸟，也是著名的观赏鸟。

居留型 在汉中为留鸟。

褐顶雀鹛（三有动物）

雀 形 目 Passeriformes
画 眉 科 Timaliidae
学　　名 *Alcippe brunnea* (Gould)
英 文 名 Gould's Fulvetta
别　　名 山鹛子、褐雀鹛

识别特征 小型鸟类，体长约 13.5 厘米，体重约 20 克。雌雄羽色相似。头和枕为棕褐色，有黑色侧冠纹；上体呈橄榄褐色；头与颈侧灰褐色；下体近白色；体侧为橄榄褐色。

汉中分布 佛坪、洋县、汉台区、宁强、西乡和镇巴。

外地分布 省内见于秦岭北坡的太白，以及巴山地区；国内分布于甘肃、江西、福建、四川、贵州、云南、广东、广西、安徽、湖南、海南和台湾。

栖息地与习性 通常成群栖息在海拔 500～1100 米的山地中。食物以昆虫为主，对农林业有益。巢呈隆起状，卵呈圆形，具钝端，呈绿白色，有蓝灰色斑，大小约 2.0 厘米 ×1.6 厘米。

居留型 在汉中为留鸟。

摄影：胡 琳

红嘴鸦雀（三有动物）

雀 形 目 Passeriformes
鸦 雀 科 Paradoxornithidae
学 名 *Conostoma oemodium* (Hodgson)
英 文 名 Great Parrotbill
别 名 鹦鹉嘴雀

识别特征 体长 15 ～ 28 厘米，体重约 94 克，外形与噪鹛相似。通体为土褐色，前额灰白色，眼先淡褐色，下腹和尾下覆羽鼠灰色，嘴橙黄色。

汉中分布 佛坪和洋县。

外地分布 省内见于宁陕等地；国内见于西藏、四川、甘肃和云南等地。

栖息地与习性 成对或集小群活动于海拔 2700 ～ 3700 米的山林中，飞行力较弱。食物以植物的种子为主，兼吃部分昆虫。

居留型 在汉中为留鸟。

摄影：高延钧

点胸鸦雀（三有动物）

雀形目 Passeriformes
鸦雀科 Paradoxornithidae
学名 *Paradoxornis* (Guttaticollis)
英文名 Spot-breasted Parrotbill
别名 黄鹦鹉嘴雀、黄嘴鸦雀

识别特征 体长约 18 厘米，体重约 28 克。雌雄羽色相似。头顶栗棕色；背和腰部棕褐色；颊皮黄色；耳区黑色；下体大多淡皮黄色；颏黑色，喉与上胸等略缀以黑色斑。嘴橙黄色；脚铅灰色。

汉中分布 西乡、洋县和南郑。

外地分布 省内见于陕南；国内分布于西藏和甘肃等地。

栖息地与习性 常结成小群，活动于山地中。食物以蚂蚁和甲虫等为主，兼吃杂草的种子，属农林益鸟。巢呈深杯状，卵呈白色，杂以稀疏棕色点和紫灰色不规则短纵纹，大小约 2.2 厘米 ×1.7 厘米。

居留型 在汉中为留鸟。

摄影：陈旭

摄影：陈旭

棕头鸦雀

雀 形 目 Passeriformes
鸦 雀 科 Paradoxornithidae
学　　名 *Paradoxornis webbianus* (G.R.Gray)
英 文 名 Vinous-throated Parrotbill
别　　名 粉红鹦嘴、黄豆花

识别特征 体长11～12厘米。通体羽色前棕后褐；两翅表面红棕色；背、腰和尾上覆羽棕褐色；尾羽暗褐色，具隐色横斑；眼先、眼周、颊、耳羽、颈侧和上胸粉红色；嘴灰褐色，嘴端色较浅；脚淡皮黄色。

汉中分布 佛坪、洋县、城固、汉台区、留坝、勉县、略阳、宁强、南郑、西乡和镇巴。

外地分布 省内见于秦岭和巴山；国内在甘肃文县和康县为留鸟，各亚种还分布于河北、四川、贵州、云南、上海、台湾、北京、河南及东北地区和长江流域。

栖息地与习性 栖息在林下灌木、荆棘和低矮树丛中，活泼而好结群。食物以昆虫为主，兼食野生植物的种子。巢呈杯状，卵呈绿蓝色。

居留型 在汉中为留鸟。

摄影：蔡琼

摄影：张永文

白眶鸦雀（三有动物）

摄影：陈 旭

雀 形 目 Passeriformes
鸦 雀 科 Paradoxornithidae
学　 名 *Paradoxornis conspicilatus* (David)
英 文 名 Spectacled Parrotbill
别　 名 白眼圈牛屎蛋

识别特征 体长 12.8～13.4 厘米，体重约 9 克。头顶褐色沾棕色；下背至尾上覆羽逐渐转为灰褐色；翼羽和尾羽暗褐色；外侧飞羽边缘灰白色；眼周有白色眶。

汉中分布 佛坪、洋县和西乡。

外地分布 省内见于太白和宁陕等地；国内见于青海、甘肃、宁夏、四川和湖北等地。

栖息地与习性 栖息在海拔 1900 米的森林或竹林中，成群活动。食物以昆虫为主，也吃植物性食物。

居留型 在汉中为留鸟。

摄影：陈 旭

三趾鸦雀（三有动物、省级重点）

雀 形 目 Passeriformes
鸦 雀 科 Paradoxornithidae
学　　名 *Paradoxornis paradoxus* (Verreaux)
英 文 名 Three-toed Parrotbill
别　　名 三趾牛屎蛋儿

识别特征 体长19～23厘米，体重约36克。全身大致为灰橄榄褐色。前额微具白色；眼先和眉纹红棕褐色，延伸至颈侧；耳羽淡灰棕色，飞羽和尾羽灰褐色；喉与颏棕褐色。嘴黄色；跗跖肉红褐色，仅有三趾。

汉中分布 佛坪、洋县和南郑。

外地分布 省内见于太白和汉阴等地；国内见于四川和甘肃。

栖息地与习性 栖息在海拔1500～2300米的山地树林和灌木丛中，常成对或结小群活动。以昆虫和野果为食，为我国特有鸟类。

居留型 在汉中为留鸟。

摄影：张永文

黄额鸦雀（三有动物）

雀形目 Passeriformes
鸦雀科 Paradoxornithidae
学　名 *Paradoxornis fulvifrons* (Hodgson)
英文名 Fulvous Parrotbill
别　名 黄头鹦嘴

识别特征 体长约 11 厘米，体重约 8 克。雌雄羽色相似，体色较鲜明。额鲜黄色，头顶茶黄色；头顶两侧从耳羽上面直至枕部为灰蓝色，在颈上几乎形成一个完整而显著的灰蓝色环带。嘴肉黄色；脚灰褐色。

汉中分布 佛坪、洋县和宁强。

外地分布 省内见于西南部；国内见于西藏、云南、甘肃和四川等地。

栖息地与习性 结群活动于竹林间，以植物性食物为主，兼吃昆虫。

居留型 在汉中为留鸟。

棕扇尾莺

雀 形 目 Passeriformes
扇尾莺科 Cisticolidae
学　　名 *Cisticola juncidis* (Rafinesque)
英 文 名 Zitting Cisticola

识别特征 体长约10厘米，体重约9克。夏羽上体暗褐色，具黑色纵斑，雄鸟头顶栗色；冬羽似夏羽，但头顶呈黑色。尾羽较长，下背、腰和尾上覆羽棕栗色。翼黑褐，具棕栗色羽缘；中央尾羽暗褐色，具棕色端斑和黑色次端斑。外侧尾羽黑色，具棕绿或棕白色端斑。颏与喉皮黄色，腹白色，腹面其余部分棕黄色。上嘴红黑，下嘴粉红色；脚肉色。

汉中分布 佛坪、宁强和西乡。

外地分布 省内见于陕南部分地区；国内分布于四川、重庆、云南、贵州、江苏、安徽、湖南、湖北、广东、福建、海南和台湾。

栖息地与习性 栖息在农田、海滨和河流岸旁的灌丛与草丛中，喜欢立于灌木丛顶鸣唱。食物以昆虫为主，也吃蜘蛛和杂草的种子等。

居留型 在汉中为夏候鸟。

摄影：赵纳勋

山鹪莺

雀 形 目 Passeriformes
扇尾莺科 Cisticolidae
学　　名 *Prinia superciliaris* (Anderson)
英 文 名 Hill Prinia
别　　名 长尾莺

识别特征 体长约15厘米，体重约14克。雌雄羽色相似。夏羽上体栗褐色或暗褐色，具灰色或棕灰、橄榄黄色羽缘；尾非常大，尤其是冬天，有的长至10厘米以上。上体自额至上背栗褐或暗栗色，羽缘棕灰或灰色，形成明显的纵纹；下背以后纵纹不显，羽色转为棕褐色；尾羽具暗褐色羽干纹，除中央一对尾羽外，其余尾羽均具淡棕色尖端；下体白色沾棕色，两胁和尾下覆羽棕色。

汉中分布 佛坪和西乡。

外地分布 省内见于宁陕等地；国内分布于甘肃、四川、贵州和湖南。

栖息地与习性 栖息在居民点附近的开阔地带的灌丛与草丛中，也出入于亚热带常绿阔叶林和松林林缘的灌丛、草地、湖边及河岸灌丛、草丛和芦苇丛中。夏季活动范围有时高度可至海拔1500～2000米。常单独或成对活动，有时亦见成3～5只的小群。食物以鞘翅目、鳞翅目、直翅目和膜翅目等昆虫及其幼虫为主。繁殖期为4～7月。

居留型 在汉中为留鸟。

摄影：赵纳勋

摄影：陈 旭

纯色山鹪莺

雀 形 目 Passeriformes
扇尾莺科 Cisticolidae
学　　名 *Prinia inornata* (Sykes)
英 文 名 Plain Prinia
别　　名 褐头鹪莺

识别特征 体长约15厘米，体形略大且尾长的偏棕色鹪莺。眉纹色浅，上体暗灰褐；下体淡皮黄色至偏红色；背色较浅且比褐山鹪莺色单纯。台湾亚种色较淡，嘴黄色。虹膜浅褐色；嘴近黑色；脚粉红色。

汉中分布 洋县。

外地分布 分布范围高可至海拔1500米。亚种 *extensicauda* 见于华中、西南、华南、东南地区及海南；亚种 *flavirostris* 见于台湾。国外分布于印度、东南亚和爪哇。

栖息地与习性 栖息在高草丛、芦苇地、沼泽、玉米地和稻田中。有几分傲气且活泼的鸟类，结小群活动，常于树上、草茎间或在飞行时鸣叫。

居留型 在汉中为夏候鸟。

摄影：陈 旭

山鹛（三有动物）

雀 形 目 Passeriformes
扇尾莺科 Cisticolidae
学　　名 *Rhopophilus pekinensis* (Swinhoe)
英 文 名 Chinese Hill Warbler
别　　名 长尾巴鹛

识别特征 体长约16.9厘米，体重约21克。上体沙褐色，具深褐色纵纹；飞羽褐色，外翈边缘浅褐灰色；覆羽淡褐色；中央尾羽深褐色；下体白色，喉和胸部纯白色，腹部具栗色纵纹。

汉中分布 洋县和佛坪。

外地分布 省内见于太白山南北坡及延安附近；国内见于西北其他省（自治区）、华北地区及辽宁等地。

栖息地与习性 栖息在林缘和平原等地，完全以昆虫为食。

居留型 在汉中为留鸟。

摄影：徐永春

日本树莺

雀 形 目 Passeriformes
莺　　科 Sylviidae
学　　名 *Cettia diphone* (Kittlitz)
英 文 名 Japanese Bush Warbler
别　　名 短翅树莺、树莺

识别特征 体长约15厘米，体重约28克。雌雄羽色相似。前额和头顶鲜亮，贯眼纹褐色，头侧淡褐和黄白色相杂；飞羽和尾羽暗褐色，颏与腹部中央纯白色，胸、胁与尾下覆羽淡棕色；上嘴棕褐色，下嘴黄褐色；脚肉褐色。

汉中分布 洋县、西乡和镇巴。

外地分布 省内遍布秦岭和巴山地区；国内分布于甘肃东南部与武山、四川万源、河南、山西、湖北、安徽、江苏、浙江、云南、湖南、广东、福建、海南和台湾。

栖息地与习性 栖息在低山次生林和灌丛中，以蜻象、叶甲、象甲和叶蝉等害虫为食，属食虫益鸟。巢用禾本科与莎草科的茎叶、细根和树叶等构成，呈椭圆形。每窝产卵3～6枚，卵呈肉红或粉红色，具褐色块状斑，大小约2.1厘米×1.6厘米。

居留型 在汉中为夏候鸟。

摄影：牛蜀军

强脚树莺（三有动物）

雀 形 目 Passeriformes
莺　　科 Sylviidae
学　　名 *Cettia fortipes* (Hodgson)
英 文 名 Brownish-flanked Bush Warbler
别　　名 山树莺、报春鸟

识别特征 体长约 11 厘米，体重约 12 克。雌雄羽色相似。上体暗棕褐色；黄色眉纹伸达后颈；体淡棕色；胸、胁和下腹棕色较浓。上嘴褐色，下嘴较淡；跗跖淡棕色。

汉中分布 佛坪、洋县和西乡。

外地分布 省内见于秦岭和巴山；国内分布于河南、山西、甘肃、云南、贵州、四川、重庆、湖北、湖南、江苏、浙江、福建、广东和广西。

栖息地与习性 栖息在山地灌丛中，以象甲等昆虫为食，属于食虫益鸟。营巢于茂密的灌丛间，每窝产卵 4 或 5 枚。

居留型 在汉中为夏候鸟。

摄影：张永文

黄腹树莺（三有动物）

雀 形 目 Passeriformes
莺　　科 Sylviidae
学　　名 *Cettia acanthizoides* (Verreaux)
英 文 名 Yellow-bellied Bush Warbler
别　　名 告春鸟

识别特征 体长约 11 厘米，体重约 7 克。雌雄羽色相似。上体橄榄褐色；眉纹黄色；耳羽与颊黄褐色相杂；翅与尾羽黑褐色，颏与喉黄或灰黄色，胸与腹淡棕黄色，肛区近白色，尾下覆羽淡黄色。上嘴褐色，下嘴黄色；跗跖淡棕色。

汉中分布 佛坪和西乡。

外地分布 省内见于太白山；国内分布于四川、云南、贵州、安徽和福建。

栖息地与习性 栖息在常绿阔叶林缘或灌丛中。巢由茅草和苔藓构成，内铺羽毛和兽毛等。每窝产卵 3 或 4 枚，卵呈白色，大小约 1.5 厘米 ×1.5 厘米。

居留型 在汉中为留鸟。

摄影：向定乾

棕褐短翅莺（三有动物）

雀 形 目 Passeriformes
莺　　科 Sylviidae
学　　名 *Bradypterus luteoventris* (Hodgson)
英 文 名 Brown Bush Warbler

识别特征 体长约 13 厘米，体重约 12 克。雌雄羽色相似。上体暗橄榄褐色；尾羽褐色；飞羽暗褐色；外覆羽外缘沾棕色；眉纹黄色；头侧、胸、胁、尾下覆羽和翅下覆羽沾棕黄色，颏、喉与腹部中央白色。上嘴暗褐色，下嘴黄白色；跗跖和趾肉粉色。

汉中分布 佛坪、留坝、宁强和镇巴。

外地分布 省内见于周至等地；国内分布于西藏、四川宝兴、贵州、河南、湖北、湖南、安徽、广东和福建。

栖息地与习性 栖息在疏林或灌丛间，以甲虫和鳞翅目幼虫为食，属食虫益鸟。

居留型 在汉中为留鸟。

摄影：赵纳勋

高山短翅莺（三有动物）

雀 形 目 Passeriformes
莺　　科 Sylviidae
学　　名 *Bradypterus seebohmi*
英 文 名 Mountain Bush Warbler

识别特征 体长13.5厘米，中等体形的深褐色莺。具略长且宽的凸形尾，上体呈橄榄褐且略沾棕色；尾橄榄色较重；颏与喉白且具黑色纵纹，下体余部为白色，颈侧沾灰色，胸侧和腹侧都沾橄榄褐色；尾下覆羽羽端近白且成鳞状斑纹；虹膜为褐色。上嘴黑色，下嘴粉色；爪粉色。

汉中分布 佛坪。

外地分布 分布于喜马拉雅山脉东段、印度东北部、中国南部和台湾、菲律宾、爪哇与东帝汶。亚种 *melanorhynchus* 为留鸟，见于中国东南部和台湾山区，在四川南部与云南东北部也有分布，在适宜的生境下并非罕见，但常被忽视。最近在不丹有此种莺的记录，这说明本种可能也见于中国西藏东南部。

栖息地与习性 隐匿栖息在林缘开阔且多灌丛山麓的山地，活动范围高可至海拔2800米。

居留型 在汉中为留鸟。

摄影：胡万新

摄影：高延钧

中华短翅莺（三有动物）

雀 形 目 Passeriformes
莺　　科 Sylviidae
学　　名 *Bradypterus tacsanowskius* (Swinhoe)
英 文 名 Chinese Bush Warbler
别　　名 北短翅莺

识别特征 体长约13厘米，体重约12克。眉纹淡棕色；颊和耳羽棕色，缀以白纹；体背面从头至尾棕褐色，尾羽具棕色羽缘；颏、喉和腹中部呈棕白色；胸与两胁为淡棕褐色；尾下覆羽褐色具白色横斑。上嘴黑褐色，下嘴黄白色；脚淡黄色。

汉中分布 佛坪和洋县。

外地分布 省内见于秦岭；国内分布于内蒙古、黑龙江、河北、四川、青海、西藏、云南和广西。

栖息地与习性 栖息在稀疏阔叶林、灌丛或草丛间，尤其在沿河谷丛林、草地和林下灌丛中较为常见。常单独或成对活动，以甲虫、蛾和蝉等昆虫为食，多在黄昏和夜晚鸣唱。繁殖期为6～7月，营巢于厚密的草丛中。

居留型 在汉中为夏候鸟。

摄影：向定乾

摄影：陈 旭

稻田苇莺

雀 形 目 Passeriformes
莺　　科 Sylviidae
学　　名 *Acrocephalus agricola* (Jerdon)
英 文 名 Paddyfieid Warbler

识别特征 整个上体，包括两翅和尾呈淡红褐色；眉纹短而宽，皮黄色，具模糊的黑色短纹；下体白色，胸、腹和两胁沾皮黄色，通常过胸；贯眼纹和耳羽褐色。

汉中分布 汉台区、城固和洋县。

外地分布 共有3个亚种，在中亚繁殖，在伊朗、印度和非洲越冬。国内有1个亚种，指名亚种 *agricda* 见于新疆。

栖息地与习性 在湖泊和河流附近的低矮植被间取食。尾常不停上扬和快速摆动，并将顶冠羽耸起。

居留型 在汉中为夏候鸟。

东方大苇莺

雀 形 目 Passeriformes
莺　　科 Sylviidae
学　　名 *Acrocephalus orientalis* (Temminck *et* schlegel)
英 文 名 Oriental Great Reed Warbler
别　　名 苇串儿

识别特征 体长 16.5 ～ 19.8 厘米，体重约 29 克。上体棕褐色；眉纹淡黄色，眼先褐色；下体白沾黄色，胸部具不明显的黑褐色纵纹。上嘴黑褐色，下嘴肉红色，先端黑茶色；跗跖铅蓝色。

汉中分布 西乡。

外地分布 省内见于榆林、延安、眉县、户县和长安等地；国内除西藏外，其他地区均有分布。

栖息地与习性 栖息在近水的树丛和苇丛中，以甲虫和夜蛾等昆虫为食，属于食虫益鸟。常在稠密的灌丛中营巢，巢用枯草和草根等筑成，呈深杯状。每窝产卵 3 ～ 6 枚，卵呈蓝绿色，杂以污褐色或紫褐色斑点，大小约 2.2 厘米 ×1.5 厘米。

居留型 在汉中为留鸟。

摄影：陈 旭

黄腹柳莺（三有动物）

雀 形 目 Passeriformes
莺　　科 Sylviidae
学　　名 *Phylloscopus affinis* (Tickell)
英 文 名 Tickell's Leaf Warbler
别　　名 柳串儿

识别特征 体长9.8～11.4厘米，体重约10克。上体橄榄绿色，飞羽和尾羽淡黑褐色，外翈边缘呈暗橄榄黄色；腹部黄绿色；胁部稍沾橄榄绿色，尾下覆羽土黄色。上嘴暗褐色，下嘴淡黄色；跗跖黄褐色。

汉中分布 佛坪、留坝和镇巴。

外地分布 省内见于秦岭巴山及定边、神木、榆林和西安等地；国内分布于江苏、西北大部分地区和西南地区。

栖息地与习性 栖息在阔叶林和灌丛中，以甲虫和鳞翅目幼虫为食，属食虫益鸟。营巢于河谷的灌丛中，巢材外层为干草和少量细树枝，内层为羽毛。每窝产卵约3枚，卵呈乳白色，大小约1.6厘米×1.3厘米。

居留型 在汉中为留鸟。

摄影：张永文

双斑绿柳莺

雀 形 目 Passeriformes
莺　　科 Sylviidae
学　　名 *Phylloscopus plumbeitarsus* (Swingoe)
英 文 名 Two-barred Greenish Warbler
别　　名 柳串儿

识别特征 体长约 11 厘米，体重约 8 克。雌雄羽色相似。上体橄榄绿色；头顶较暗；体背较绿且暗；体腹面较淡，胸和两胁沾黄色；翼上有两条明显翼带。上嘴褐色，下嘴淡黄褐色；脚淡褐色。

汉中分布 洋县和佛坪。

外地分布 省内见于陕南；国内除新疆、西藏和台湾外，各地均有分布。

栖息地与习性 栖息在山地森林和林缘地带，常单独或成对活动，迁移期间亦成群。性活泼，常在树枝间飞来飞去，并伴随着鸣叫。食物以甲虫、蝽象、鳞翅目昆虫和蜘蛛等为主。繁殖期为 5 ~ 8 月。

居留型 在汉中为旅鸟。

摄影：赵纳勋

乌嘴柳莺（三有动物）

雀 形 目 Passeriformes
莺　　科 Sylviidae
学　　名 *Phylloscopus magnirostris* (Blyth)
英 文 名 Large-billed Leaf Warbler
别　　名 柳串儿

摄影：李 飏

识别特征 长约11厘米，体重约10克。雌雄羽色相似。眉纹黄色，贯眼纹色暗；上体橄榄褐色；下体污黄色，喉与胸羽色较灰。嘴暗褐色，下嘴基部肉色；脚灰褐色。

汉中分布 佛坪。

外地分布 省内见于秦岭以南；国内分布于青海、甘肃、四川、云南、湖北、江苏和西藏。

栖息地与习性 栖息在乔木林或灌丛间，食物以各种昆虫为主，属食虫益鸟。

居留型 在汉中为夏候鸟。

摄影：匡中帆

暗绿柳莺（三有动物）

雀 形 目 Passeriformes
莺　　科 Sylviidae
学　　名 *Phylloscopus trochiloides* (Sundevall)
英 文 名 Greenish Warbler
别　　名 柳串儿

识别特征 体长约11.5厘米。眉纹淡黄白色，眼周近白色，贯眼纹褐色，耳羽具暗色的细纹；上体橄榄绿色，背深绿色；通常仅具一道黄白色翼斑；尾无白色；下体灰白色，胸和两胁沾黄色。嘴细小，上嘴黑褐色，下嘴淡黄色；跗跖淡褐色。

汉中分布 佛坪、洋县、城固、留坝、宁强、南郑、西乡和镇巴。

外地分布 省内遍布秦岭巴山和陕北；国内分布于东北、西北地区及四川、西藏和云南等地。

栖息地与习性 夏季栖息在高海拔的灌丛与林地，在低地森林、灌丛和农田中越冬。属较典型的森林鸟类，常成群活动。主要以鞘翅目、鳞翅目和蚂蚁等昆虫为食，为食虫益鸟。营巢于溪边的岩石缝中或灌丛间，每窝产卵3～6枚。

居留型 在汉中为夏候鸟。

摄影：向定乾

摄影：王昌大

淡眉柳莺（三有动物）

雀 形 目 Passeriformes
莺　　科 Sylviidae
学　　名 *Phylloscopus humei* (Blyth)
英 文 名 Hume's Leaf Warbler
别　　名 柳串儿

识别特征 体长约10厘米。贯顶纹暗灰色，眉纹长，呈浅白色，贯眼纹色深；上体橄榄灰色，尾上无白色。甚似黄眉柳莺，但色较暗且多灰色。具两道翼斑，靠上一道翼斑模糊；三级飞羽羽缘少白色且翼上覆羽色淡；无浅色腰。嘴黑色，下嘴基色浅；脚褐色。

汉中分布 佛坪。

外地分布 省内见于陕南；国内分布于西藏、云南、山西、四川、新疆、青海、甘肃、宁夏及中部和南方地区。

栖息地与习性 栖息在海拔300～3000米的松林中，属个性活泼的林栖型莺。

居留型 在汉中为旅鸟。

极北柳莺（三有动物）

雀 形 目 Passeriformes
莺　　科 Sylviidae
学　　名 *Phylloscopus borealis* (Blasius)
英 文 名 Arctic Warbler
别　　名 柳串儿

识别特征 体长 10.5 ～ 13.7 厘米，体重约 10.5 克。眉纹、颊和耳羽淡黄色；贯眼纹橄榄绿色，自嘴基直达枕部；上体灰绿色，外侧大覆羽尖端微呈乳白色；尾黑褐色，下体绿色沾黄色，两胁染灰绿色。上嘴深褐色，下嘴黄褐色；跗跖肉色。

汉中分布 佛坪。

外地分布 省内见于全境；国内广泛分布于大部分地区。

栖息地与习性 栖息在低山和平原的树丛中。以象甲、蝇类和枯叶蛾等为食，属食虫益鸟。营巢于地上，用枯草、针叶树叶、细根和兽毛等筑成皿形巢，外饰地衣和苔藓。每窝产卵 6 或 7 枚。卵呈白色，钝端具暗红褐色斑纹，大小约 1.6 厘米 ×1.2 厘米。

居留型 在汉中为旅鸟。

摄影：高延钧

白斑尾柳莺（三有动物）

雀 形 目 Passeriformes
莺　　科 Sylviidae
学　　名 *Phylloscopus davisoni* (La Touche)
英 文 名 White-tailed Leaf Warbler

识别特征 体长约10.5厘米，属中等体形的柳莺。上体亮绿色，具两道近黄色的翼斑；下体白且染黄；顶纹模糊，粗眉纹黄色，贯眼纹近深绿色；外侧3根尾羽具白色内缘，且延至外翈，甚似冠纹柳莺和峨眉柳莺，最好以声音和行为来区别，但外侧尾羽的白色较多。峨眉柳莺的顶纹不清晰且少黄色；冠纹柳莺上体绿色较少，下体更白。亚种 *disturbans* 的下体黄色较少，尾羽白色也少；亚种 *ogilveigranti* 的颜色较深，下体污白且具黄色纵纹。虹膜褐色；上嘴色深，下嘴粉红；脚为粉褐色。鸣叫声似山雀。两翼同时快速鼓振，与冠纹柳莺相反。

汉中分布 佛坪。

外地分布 分布于中国南方、缅甸和印度。

栖息地与习性 不常见的季候鸟。指名亚种在中国云南西部、西北部和南部繁殖；亚种 *disturbans* 在中国四川、贵州、云南东南部、广东、香港和海南（可能）繁殖；亚种 *ogilviegranti* 在中国东南山区、福建西北部的武夷山、广东北部的八宝山（可能）繁殖；迁徙经过中国南部。

居留型 在汉中为夏候鸟。

摄影：赵纳勋

摄影：张永文

黑眉柳莺（三有动物）

雀 形 目 Passeriformes
莺　　科 Sylviidae
学　　名 *Phylloscopus ricketti* (Slater)
英 文 名 Sulphur-breasted Warbler

识别特征 体长约 10.5 厘米，中等体形且色彩鲜艳的柳莺。上体亮绿色，下体和眉纹鲜黄色；通常可见两道翼斑；眼纹和侧顶纹黑绿色，顶纹近黄，颈背具灰色细纹。似黄胸柳莺，但整个下体全黄；侧冠纹比海南柳莺深许多；较金眶鹟莺少黄色眼圈。虹膜为褐色；爪为黄粉色。

汉中分布 佛坪和洋县。
外地分布 在中国华中、华南和华东地区繁殖，在印度越冬。属不常见的季候鸟与留鸟，指名亚种在中国甘肃南部、四川、贵州、湖南、广西、广东、福建和香港繁殖。

栖息地与习性 与其他莺类混群，栖息在丘陵混合林中，活动范围高可至海拔 1500 米。

居留型 在汉中为夏候鸟。

摄影：陈昌学

褐柳莺（三有动物）

雀 形 目 Passeriformes
莺　　科 Sylviidae
学　　名 *Phylloscopus fuscatus* (Blyth)
英 文 名 Dusky Warbler
别　　名 柳串儿

识别特征 体长约11厘米，体重约10克。自嘴基有一暗褐色贯眼纹延至枕部；眉纹不显著，呈淡棕白色；上体橄榄褐色；颏与喉白色；腹部中央沾黄色。上嘴黑褐色，下嘴大部为橙黄色；脚淡褐色。

汉中分布 佛坪、西乡和镇巴。

外地分布 省内见于秦岭巴山及陕北的定边；国内广泛分布于全国各地。

栖息地与习性 栖息在疏林或灌丛中，食物以象甲虫等昆虫为主，属食虫益鸟。营巢于灌木丛或近水的苇丛深处，巢呈球状，由禾本科植物的茎、叶杂以苔藓构成，内衬羽毛，每窝产卵4～6枚。卵呈白色，大小约1.6厘米×1.2厘米。

居留型 在汉中为旅鸟。

黄腰柳莺（三有动物）

雀 形 目 Passeriformes
莺　　科 Sylviidae
学　　名 *Phylloscopus proregulus* (Pallas)
英 文 名 Pallas's Leaf Warbler
别　　名 柳串儿

识别特征 体长约10.5厘米，体重约6.7克。头顶中央有淡黄色冠纹；眉纹黄绿色。上体橄榄绿色，腰羽黄色，形成宽阔的横带；翅上具两条黄绿色横斑；下体灰白色，臀和尾下覆羽沾浅黄色。嘴细小近黑色，下嘴基部淡黄色；跗跖淡褐色。

汉中分布 佛坪、洋县、留坝、宁强、西乡和镇巴。

外地分布 省内见于秦岭巴山及定边、榆林和神木等地；国内分布于西北、西南地区及南方各省；国外在亚洲北部繁殖，在中国南方和印度北部越冬。

栖息地与习性 栖息在高山林中，夏季活动范围高可至海拔4200米的林线，在低地林区和灌丛中越冬。以蝇类、象甲和蚜虫等昆虫为食，为食虫益鸟。多在林中乔木上营巢，每窝产卵5或6枚。卵呈灰白色，钝端有较多的紫褐色斑，大小约1.6厘米×1.2厘米。

居留型 在汉中为夏候鸟。

摄影：向定乾

摄影：赵纳勋

冠纹柳莺（三有动物）

雀 形 目 Passeriformes
莺　　科 Sylviidae
学　　名 *Phylloscopus reguloides* (Blyth)
英 文 名 Blyth's Leaf Warbler
别　　名 柳串儿

识别特征 体长约10厘米，体重约8克。雌雄羽色相似。贯眼纹暗褐色，头顶淡橄榄褐色，冠纹和头余部及下体淡黄色，腹部沾灰色；大覆羽和中覆羽羽端淡黄色，形成两条翼斑。上嘴褐色，下嘴黄色；跗跖银灰色，爪黄色。

汉中分布 佛坪、留坝和西乡。

外地分布 省内见于关中周至、长安、太白和陕北榆林、定边；国内分布于甘肃、山西、四川、河南、云南、贵州、湖北、湖南和福建。

栖息地与习性 栖息在山区灌丛中，以甲虫为食，属食虫益鸟。常营巢于灌丛的地面上，巢用苔藓混合少量细草筑成，呈深杯状。每窝产卵4枚。

居留型 在汉中为夏候鸟。

云南柳莺（三有动物）

雀 形 目 Passeriformes
莺　　科 Sylviidae
学　　名 *Phylloscopus yunnanensis* (La Touche)
英 文 名 Chinese Leaf Warbler
别　　名 中华柳莺、四川柳莺

识别特征 体长约10厘米，体重约9克。头顶为暗橄榄褐灰色，中央冠纹淡橄榄灰色；眉纹长且显著，从鼻一直到耳羽后面，眼前段为淡皮黄色，后段为白色，微沾黄色；上体灰橄榄色，腰黄白色，翅上具两道淡黄白色翼斑。下体白色而微沾黄色，尤以喉、胸、两胁和尾下覆羽较明显。嘴黑褐色，下嘴基部褐黄色；脚灰褐色。

汉中分布 佛坪和洋县。

外地分布 省内见于陕南；国内分布于四川、云南、河北和山西。

栖息地与习性 主要栖息在海拔2600米以下的山地森林中，尤喜针叶树占优势的针阔叶混交林和混杂高大松树的低矮次生阔叶林。常单独或成对活动，雄鸟在繁殖期间常站在高大的松树顶枝上鸣叫，鸣声清脆且富有变化。食物以昆虫为主，繁殖期为5～7月。

居留型 在汉中为旅鸟。

摄影：赵纳勋

摄影：陈 旭

黄眉柳莺（三有动物）

雀 形 目 Passeriformes
莺　　科 Sylviidae
学　　名 *Phylloscopus inornatus* (Blyth)
英 文 名 Yellow-browed Warbler
别　　名 树串

识别特征 体长8.7～11.3厘米，体重约8.5克。上体橄榄绿色；头顶有一条不明显的黄绿色冠纹，眉纹淡黄绿色；翅上具两块白斑；腹部为带黄绿的白色。嘴褐色，下嘴基部稍淡，跗跖淡棕褐色。

汉中分布 佛坪、留坝、西乡和镇巴。

外地分布 省内分布于陕南和陕北神木等地；国内几乎遍及全国；国外分布于俄罗斯、印度和越南等地。

栖息地与习性 栖息在杨柳林和灌丛间，常在树冠和灌丛间穿飞，叫声似“zhir”或“sweet-sweet”。以金龟子、叶甲和象甲等害虫为食，属食虫益鸟。在地上或土洞中营巢，以草茎、地衣和兽毛等筑成球形巢，入口在侧方。每窝产卵4或5枚，卵呈白色，在钝端具红褐色细斑，大小约1.4厘米×1.1厘米。

居留型 在汉中为夏候鸟。

棕眉柳莺（三有动物）

雀 形 目 Passeriformes
莺　　科 Sylviidae
学　　名 *Phylloscopus armandii* (Milne Edwards)
英 文 名 Yellow-streaked Warbler
别　　名 柳串儿

识别特征 体长约 12 厘米，体重约 10 克。颊和耳羽沾棕色；体背面橄榄褐色；眉纹棕白色，贯眼纹黑褐色；翼和尾羽黑褐色，具淡黄色羽缘；体腹面黄白色，微缀黄绿色细纹。胸和体侧沾褐色，尾下覆羽淡皮黄色。嘴黑色，下嘴基部黄褐色；脚灰褐色。

汉中分布 佛坪和西乡。

外地分布 省内见于眉县、周至和长安等地；国内分布于内蒙古、辽宁、四川、贵州、甘肃、西藏、青海、云南和河北。

栖息地与习性 栖息在混交林、阔叶林和林缘灌丛地带，秋季也到山脚平原和低山丘陵灌丛中活动。啄食刺蛾、毒蛾和甲虫等昆虫及其幼虫。繁殖期为 5 ~ 6 月。

居留型 在汉中为旅鸟。

摄影：蒲瑱羽

摄影：蒲瑱羽

摄影：黄立春

巨嘴柳莺（三有动物）

雀 形 目 Passeriformes
莺　　科 Sylviidae
学　　名 *Phylloscopus schwarzi* (Radde)
英 文 名 Radde's Warbler
别　　名 柳串儿、芦莺

识别特征 体长约12.5厘米，体重约13克。眉纹和眼圈上下棕色；上体橄榄褐色；颏与喉近白色；腹部鲜黄色；胸、胁和尾下覆羽棕黄色。上嘴暗绿褐色，下嘴基部黄褐色，尖端渐转为绿褐色；脚黄褐色。

汉中分布 佛坪和洋县。

外地分布 省内见于秦岭南坡；国内分布于内蒙古、吉林、辽宁、广东、河北、河南、山东、山西、甘肃、湖南、湖北、贵州、四川、云南、广西和福建等地。

栖息地与习性 栖息在灌丛或草丛间，鸣声似“zhi-zhi”。以螽斯、叶甲、叶蝉和蝗虫等害虫为食，属食虫益鸟。在森林附近的沼泽地和草丛中营巢，巢呈椭圆形。每窝产卵4或5枚，卵呈白色，具暗污褐色斑点，大小约1.7厘米×1.3厘米。

居留型 在汉中为旅鸟。

摄影：黄立春

棕腹柳莺（三有动物）

雀 形 目 Passeriformes
莺　　科 Sylviidae
学　　名 *Phylloscopus subaffinis* (Ogilvie-Grant)
英 文 名 Buff-throated Warbler
别　　名 柳串儿

识别特征 体长约 11 厘米，体重约 8 克。雌雄羽色相似。上体橄榄绿沾褐色；眉纹黄色；贯眼纹绿褐色；飞羽和尾羽黑褐色，下体棕黄色。嘴黑褐色，下嘴淡褐色；跗跖褐色。

汉中分布 汉台区。

外地分布 省内见于宁陕和周至等地；国内分布于青海、山东、广东、广西、福建及西南地区。

栖息地与习性 栖息在海拔 900 ～ 2500 米的针阔叶疏林间，以金龟子、步行虫和蚂蚁等昆虫为食，属农林益鸟。

居留型 在汉中为留鸟。

摄影：赵纳勋

摄影：赵纳勋

摄影：陈 旭

冕柳莺（三有动物）

雀 形 目 Passeriformes
莺　 科 Sylviidae
学　 名 *Phylloscopus coronatus* (Temminck *et* Schlegel)
英 文 名 Eastern Crowned Warbler

识别特征 体长9.8～12.9厘米，体重约8.8克。眉纹前段黄色，后段黄白色，贯眼纹暗褐色。头部色较暗，头顶中央具不显著的淡黄色冠纹；上体橄榄绿色，翅上具黄绿色翼斑；下体银白色。上嘴褐色，下嘴黄色；跗跖灰色。

汉中分布 佛坪、汉台区、留坝和西乡。

外地分布 省内见于周至和宁陕等地；国内分布于东北长白山、华北、华东、西南、华南大部分地区及甘肃和河南等地。

栖息地与习性 栖息在森林中，为森林鸟类，也常见于林缘的灌丛和疏林中。以尺蠖、蛾类和甲虫等为食，属食虫益鸟。营巢于林中地面的凹穴处，巢用地衣和苔藓等材料构成，呈球形，有的巢杂有细草茎叶。每窝产卵5或6枚，卵呈白色，大小约1.6厘米×1.2厘米。

居留型 在汉中为夏候鸟。

摄影：陈 旭

棕脸鹟莺

雀 形 目 Passeriformes
莺　　科 Sylviidae
学　　名 *Abroscopus albogularis*
英 文 名 Rufous-faced Warbler

识别特征 体长约9厘米，体重约6克。额、眼先和头的两侧淡栗色，头顶中部至枕棕褐色，两侧各具绿色羽缘；颏淡黄色，喉黑色或呈黑白斑状；上胸、腋和尾下覆羽黄色，其余下体腹面白色。上嘴淡棕色，下嘴黄色；脚肉色。

汉中分布 佛坪、洋县、城固、勉县和南郑。

外地分布 省内见于安康市平利县等地；国内分布于四川、贵州、湖北、湖南、安徽、福建、广东、广西、云南、海南和台湾。

栖息地与习性 栖息在山地阔叶疏林、竹林和林缘灌丛中，营巢于枯死的竹洞中。主要以昆虫为食。繁殖期为4～6月。

居留型 在汉中为夏候鸟。

摄影：张永文

比氏鹟莺

雀 形 目 Passeriformes
莺　　科 Sylviidae
学　　名 *Seicercus valentini* (Alstrom *et* Olsson)
英 文 名 Bianchi's Warbler
别　　名 金眼圈

识别特征 体长约 10 厘米，体重约 8 克。雌雄羽色相似。头顶灰色，眉纹较粗。前额黄绿或橄榄绿黑色；上体橄榄绿色；两翅和尾暗褐色，大覆羽具窄的黄绿色尖端，在翅上形成不甚明显的翅斑；外侧两对尾羽内翈白。上嘴暗褐色，下嘴褐色；脚橙黄色。

汉中分布 佛坪和洋县。

外地分布 省内见于太白山；国内分布于甘肃南部、四川、贵州、云南、湖北、湖南、广西、广东、香港和福建等地。

栖息地与习性 繁殖期主要栖息在海拔 1000 ～ 3000 米的山地常绿或落叶阔叶林中，尤其在溪流两岸林下灌木发达的稀疏阔叶林和竹林中较为常见，也会栖息在混交林和针叶林中。食物以金花虫、象鼻甲、叶跳蝉、蚂蚁、蟋蟀和蜂等昆虫为主，也吃昆虫卵和少量蜘蛛。繁殖期为 5 ～ 7 月。

居留型 在汉中为夏候鸟。

摄影：张永文

峨眉鹟莺

雀 形 目 Passeriformes
莺　　科 Sylviidae
学　　名 *Seicercus omeiensis* (Matens)
英 文 名 Martens's Warbler

识别特征 外形和颜色与比氏鹟莺相似，虽然比氏鹟莺的顶冠图案比本种更清晰，但二者难以仅靠外形区分，需依叫声来区别。

汉中分布 洋县。

外地分布 在中国陕西南部、甘肃南部和四川西部繁殖，在东南亚越冬。

栖息地与习性 栖息在海拔 1200 ~ 2300 米的暖温带常绿阔叶林和寒温带落叶阔叶林中。

居留型 在汉中为夏候鸟。

淡尾鹟莺

雀形目 Passeriformes
莺　科 Sylviidae
学　名 *Seicercus burkii* (Burton)
英文名 Golden-spectacled Warbler

识别特征 体长约13厘米的小型偏黄色莺。具宽阔的绿灰色顶纹，其两侧缘接黑色眉纹；下体黄色；外侧尾羽的内翈白色。眼圈黄色有别于白眶鹟莺和灰脸鹟莺。有些亚种具一道黄色翼纹。虹膜为褐色；上嘴黑色，下嘴色浅；脚色偏黄。

汉中分布 佛坪、洋县、留坝、宁强和西乡。

外地分布 分布于喜马拉雅山脉、印度东北部、缅甸、泰国北部、中国华中与华南等地。亚种 *distinctus* 在陕西南部、四川、贵州、云南和西藏的极东南部繁殖，有时至广东越冬。

栖息地与习性 多隐匿于林下层，在海拔1800～3600米的山区森林和林地繁殖。候鸟定期至香港。

居留型 在汉中为夏候鸟。

摄影：胡万新

摄影：高延钧

栗头鹟莺

雀 形 目 Passeriformes
莺　　科 Sylviidae
学　　名 *Seicercus castaniceps* (Blyth)
英 文 名 Chestnut-crowned Warbler
别　　名 白眼圈

识别特征 体长约9厘米，体重约7克。雌雄羽色相似。自额至枕淡栗色，头侧有一条黑栗色侧冠纹；上体包括翅呈鲜黄绿色；下体自颏至胸为灰白色，余部为鲜黄色。上嘴褐色，下嘴淡黄色；脚淡灰褐色。

汉中分布 佛坪、留坝和西乡。

外地分布 省内见于秦岭北坡的周至与太白等地；国内分布于四川、福建、贵州、广西、广东、西藏和云南等地。

栖息地与习性 栖息在阔叶林、竹林或灌丛间，多结小群活动。以甲虫和鳞翅目幼虫等为食，属食虫益鸟。常营巢在树根下的土坎处，巢用苔藓和细草根等筑成，呈歪梨状，开口于顶端的侧面，内垫厚厚一层苔藓。

居留型 在汉中为夏候鸟。

摄影：张永文

灰冠鹟莺

雀 形 目 Passeriformes
莺 科 Sylviidae
学 名 *Seicercus tephrocephalus* (Anderson)
英 文 名 Grey-crowned Warbler

识别特征 体长约10.5厘米，体重约8克。雌雄羽色相似。头顶灰色，具灰黑相间的纵纹，眉纹粗且浓；上体为鲜橄榄绿，无翼斑，尾羽褐色，外侧两对尾羽白色；下体鲜黄色。上嘴暗灰色，下嘴黄色；跗跖黄褐色。

汉中分布 佛坪和洋县。

外地分布 省内遍布秦岭南北；国内分布于甘肃、四川、湖北、广西、福建、湖南、贵州和云南。

栖息地与习性 栖息在山地森林或灌丛中，在林缘与河谷附近的灌丛地带较多见。以豆象、叶甲、蟒象和蝇类等为食，属食虫益鸟。营巢于山区森林中，巢用草茎叶构成圆屋顶状，内铺苔藓和蓟类等。每窝产卵4或5枚，卵呈白色，大小约1.6厘米×1.2厘米。

居留型 在汉中为夏候鸟。

摄影：张永文

漠地林莺

雀 形 目 Passeriformes
莺　　科 Sylviidae
学　　名 *Sylvia nana* (Hemprich *et* Ehrenberg)
英 文 名 Asian Desert Warbler
别　　名 荒漠林莺

识别特征 上体沙灰褐色，腰、尾上覆羽和中央尾羽棕色，最外侧一对为白色；下体白色，两胁和尾下覆羽微沾粉色；虹膜亮黄色。

汉中分布 宁强。

外地分布 共有两个亚种，分布于非洲西北部、亚洲中南部，在阿拉伯地区和巴基斯坦越冬。国内只有指名亚种 *nana*，见于内蒙古西部和新疆。

栖息地与习性 栖息在荒漠和半荒漠的灌丛中。

居留型 在汉中为夏候鸟。

摄影：陈 旭

摄影：陈 旭

戴菊（三有动物）

雀形目 Passeriformes
戴菊科 Regulidae
学　名 *Regulus regulus* (Linnaeus)
英文名 Goldcrest

识别特征 体长 8～10.5 厘米，体重约 5.5 克。头顶中央具橙黄色冠斑，两侧有黑色纵纹；眼周灰白色；翅上具两条白色翼斑，上体橄榄绿色，下体灰白色。嘴黑色；跗跖淡褐色。

汉中分布 佛坪和宁强。

外地分布 省内见于太白等地；国内分布于新疆天山、青海、宁夏、甘肃、四川、贵州、云南、西藏及东北地区等。

栖息地与习性 栖息在疏林或灌丛中，多在云杉和冷杉的侧枝上营巢。巢极隐蔽，巢用松萝和苔藓筑成，呈碗状，杂有细草和松叶等，内铺兽毛和羽毛等。每窝产卵 7～12 枚，卵白玫瑰色，具红褐色斑点，大小约 1.4 厘米 ×1.1 厘米。

居留型 在汉中为留鸟。

雄鸟 / 摄影：蔡 琼

雌鸟 / 摄影：蔡 琼

摄影：高延钧

红胁绣眼鸟（三有动物）

雀 形 目 Passeriformes
绣眼鸟科 Zosteropidae
学　　名 *Zosterops erythropleurus* (Swinhoe)
英 文 名 Chestnut-flanked White-eye
别　　名 红胁粉眼、白眼儿、绣眼鸟

识别特征 体长约11.3厘米，体重约10克。上体自额基、背至尾上覆羽呈黄绿色；眼先和眼的下方有一黑色细纹，眼周具明显白圈；两胁呈显著的栗红色；尾羽褐色；后胸和腹部中央乳白色。

汉中分布 佛坪、洋县和留坝。

外地分布 省内见于秦岭南坡；国内主要分布于西南、华北、东北地区及上海、山东、江西、福建、甘肃、江苏、浙江、河南、湖北等地。

栖息地与习性 栖息在山地和平原的疏林中，以昆虫和草籽为食，属农林食虫益鸟。营巢于树上，卵呈蓝白色。

居留型 在汉中为夏候鸟。

摄影：陈 旭

暗绿绣眼鸟（三有动物）

雀 形 目 Passeriformes
绣眼鸟科 Zosteropidae
学　　名 *Zosterops japonicus* (Temminck *et* Schlegel)
英 文 名 Japanese White-eye
别　　名 绣眼儿、粉眼儿、白眼儿

识别特征 体长约10.3厘米，体重约10.5克。上体绿色，头顶和尾上覆羽沾黄色；眼先黑色，眼周具极明显的白圈；下胸和胁苍灰色；腰部中央白色；尾下覆羽带绿和硫黄色。普通亚种上体较绿，前额微有黄色；眼先呈黑色。

汉中分布 佛坪、洋县、留坝、宁强、南郑、西乡和镇巴。

外地分布 省内见于宁陕、汉阴和安康等地；国内分布于河北、北京、山西、台湾、海南及华东、华中、西南和华南地区。

栖息地与习性 栖息在山区、村边和道旁的阔叶树上，也在针叶林和灌木丛中活动。以昆虫、草籽和浆果等为食，属农林益鸟。繁殖期为3～8月，巢呈吊篮式，悬挂在阔叶树、针叶树或灌丛的细枝分叉处。每窝产卵3或4枚，卵呈浅蓝绿或白色，重约1克，大小约1.7厘米×1.1厘米。

居留型 在汉中为夏候鸟。

火冠雀

雀 形 目 Passeriformes
攀 雀 科 Remizidae
学　　名 *Cephalopyrus flammiceps* (Burton)
英 文 名 Fire-capped Tit
别　　名 火帽雀

识别特征 体长约10厘米，体重约8克。雄鸟额火红色；上体橄榄绿色；下体除颏与喉橙黄色外，余部呈烟灰沾绿色。雌鸟额火红色范围较小，体色较雄鸟暗；颏与喉沾黄绿色，其余下体烟灰色。嘴灰褐色；脚青灰色。

汉中分布 佛坪和洋县。

外地分布 省内见于周至、太白和宁陕等地；国内分布于西藏、四川、贵州、云南和甘肃。

栖息地与习性 栖息在高山针叶林和混交林中，食物以昆虫和植物的种子为主。营巢攀附于树干或树枝上。

居留型 在汉中为留鸟。

摄影：夏永光

摄影：蔡 琼

银脸(长尾)山雀(三有动物)

雀　形　目 Passeriformes
长尾山雀科 Aegithalidae
学　　　名 *Aegithalos fuliginosus* (Verreaux)
英　文　名 Sooty Long-tailed Tit
别　　　名 长尾山雀

识别特征 体长约10.6厘米，体重约6克。雌雄羽色相似。头顶至后颈棕褐色，上体余部酱褐色；颏、喉和脸颊银灰色；胸部具宽阔的褐色横带；下体余部白色，胁沾葡萄红褐色；嘴和脚均为黑色。

汉中分布 佛坪、留坝、宁强和西乡。

外地分布 省内见于秦岭南北坡的周至和太白等地；国内分布于甘肃、四川和湖北一带。为我国特有鸟类。

栖息地与习性 多栖息在海拔1000米以上的山地森林间，常结群活动。食物以昆虫为主，也吃植物的嫩叶和果实。

居留型 在汉中为留鸟。

红头（长尾）山雀（三有动物）

雀 形 目 Passeriformes
长尾山雀科 Aegithalidae
学 名 *Aegithalos concinnus* (Gould)
英 文 名 Red-headed Tit
别 名 红白面儿、红豆宝儿

摄影：陈 旭

识别特征 体长约 10 厘米，体重约 6.4 克。额、头顶和后颈均为栗红色；背蓝灰色；喉部中央具黑色块斑；胸部较宽的横带和两胁栗红色；翅和尾黑褐色。指名亚种 *A.c.coninnus* 眉纹黑色，胸和两胁辉栗色。

汉中分布 佛坪、汉台区、勉县、宁强和西乡。

外地分布 省内见于太白、宁陕等地；国内分布于四川、湖北、湖南、江西、江苏、浙江、安徽、甘肃、云南、贵州、广东、广西、福建、台湾和西藏等地。

栖息地与习性 多栖息在森林和灌丛间，喜结群活动。食物以昆虫为主，也兼食植物的种子和浆果等，属食虫益鸟。2 ~ 6 月繁殖，营巢于树上，每窝产卵 5 ~ 8 枚。卵呈白色，钝端微具晕带，大小约 1.3 厘米 ×1.0 厘米，孵化期为 16 天。

居留型 在汉中为留鸟。

摄影：陈 旭

黑眉(长尾)山雀(三有动物)

雀　形　目 Passeriformes
长尾山雀科 Aegithalidae
学　　　名 *Aegithalos bonvaloti* (Oustalet)
英　文　名 Black-browed Tit
别　　　名 黑头长尾山雀

识别特征 体长约11厘米，体重约8克。小型鸟类，雌雄羽色相似。额和胸边缘白色；头顶和后颈黑色，眼先和眼下黑色，上背和肩缀有棕褐色；下胸与腹部白色。嘴黑色；脚棕褐色。

汉中分布 洋县。

外地分布 省内分布于秦岭南部；国内分布于四川、贵州、云南和西藏。

栖息地与习性 主要栖息在华山松、云南松和栎等针阔叶林中，食物以昆虫和草籽为主。

居留型 在汉中为留鸟。

摄影：高延钧

银喉（长尾）山雀（三有动物）

雀形目 Passeriformes
长尾山雀科 Aegithalidae
学名 *Aegithalos caudatus* (Linnaeus)
英文名 Long-tailed Tit
别名 洋红儿、银颏山雀、长尾巴雀

摄影：陈 旭

识别特征 体长约16厘米，体重约8克。头顶黑色，中央贯以浅色纵纹；头和颈侧呈淡葡萄棕色；背至尾上覆羽灰色；尾黑色；下体淡葡萄红色，喉部中央具银灰色块斑。长江亚种 *A.c.glaucogularis* 头顶中央具较宽褐色纵纹；头侧和下体均沾棕色，喉具灰色斑。

汉中分布 佛坪、洋县、宁强和西乡。

外地分布 省内见于榆林、太白和周至等地；国内分布于东北地区、河北、山西、河南、湖北、湖南、浙江和江苏等地。

栖息地与习性 栖息在山地森林中，冬季常迁至平原。食物以昆虫为主，兼食植物的种子，为森林食虫益鸟。繁殖期为4～5月，营巢于树枝上，用苔藓、地衣、树皮和羽毛等材料筑巢，并用蠕翅目昆虫的茧丝缠绕加固。每窝产卵9或10枚，卵呈白色，缀以淡红褐色小斑，钝端较密，略呈圈状。卵大小约1.4厘米×1.1厘米。孵化期约为13天，孵卵期雄鸟有喂食雌鸟的习性。

居留型 在汉中为留鸟。

摄影：蔡 琼

红腹山雀（三有动物）

雀 形 目 Passeriformes
山 雀 科 Paridae
学　　名 *Parus davidi* (Berezocski *et* Bianchi)
英 文 名 Rusty-breasted Tit
别　　名 红肚点儿

识别特征 体长约 11 厘米，体重约 12 克。雌雄羽色相似。头黑色，不具冠羽；颊白色；上体橄榄色；腹部呈棕栗色。嘴黑色；脚铅黑色。

汉中分布 洋县。

外地分布 省内见于秦岭；国内分布于甘肃、湖北和四川。数量较少，为我国特有鸟类。

栖息地与习性 多栖息在海拔 2000 ～ 2500 米的山地针叶林间，常结群活动，以昆虫和植物的种子为食。

居留型 在汉中为留鸟。

摄影：赵纳勋

煤山雀（三有动物）

雀 形 目 Passeriformes
山 雀 科 Paridae
学　　名 *Parus ater* (Linnaeus)
英 文 名 Coal Tit
别　　名 仔仔点

识别特征 体长约 10 厘米，体重约 8 克。头部黑色，具羽冠；眼先黑色，两颊和后颈中央白色；上体深灰色，翅上具两道白斑；下体白色。

汉中分布 佛坪、城固和宁强。

外地分布 省内见于秦岭巴山；国内分布于新疆、甘肃、宁夏、河北、山西、山东、湖北、四川、云南及东北地区等。

栖息地与习性 多栖息在较高的山地林区，冬季也见于平原。食物以昆虫为主，兼食植物性食物，属食虫益鸟。繁殖期为 5 ～ 7 月，每年繁殖两次，每次产卵 9 或 10 枚。卵呈白色，具浅红色点斑，大小约 1.5 厘米 ×1.1 厘米，孵化期约为 14 天。

居留型 在汉中为留鸟。

摄影：陈 旭

沼泽山雀（三有动物）

雀 形 目 Passeriformes
山 雀 科 Paridae
学　　名 *Parus palustris* (Linnaeus)
英 文 名 Marsh Tit
别　　名 小豆雀

识别特征 体长约11.6厘米，体重约10克。头顶黑色，头侧白色，上体沙灰褐色；腹部中央和尾下覆羽灰白色，中央无黑色纵带。华北亚种上体色暗，呈棕褐色；下体苍白，两胁系棕色。

汉中分布 佛坪、城固、宁强、西乡和镇巴。

外地分布 省内见于定边、太白、眉县、周至和西安等地；国内分布于河北、河南、山东、山西、江苏、安徽、新疆、甘肃、湖北、四川、云南、贵州、西藏及东北地区。

栖息地与习性 栖息在山地林区，以昆虫为食，是重要的食虫益鸟。繁殖期为3～5月，营巢于树洞中，每窝产卵4～8枚。卵呈乳白色，钝端具红棕色斑点，卵重约1.3克，大小约1.6厘米×1.2厘米，孵化期为12～14天。

居留型 在汉中为留鸟。

摄影：陈旭

绿背山雀（三有动物）

雀 形 目 Passeriformes
山 雀 科 Paridae
学　　名 *Parus monticolus* (Vigors)
英 文 名 Green-backed Tit
别　　名 花脸雀、丁丁拐、花脸山雀

摄影：陈 旭

识别特征 体长约12.4厘米，体重约18克。头黑色，眼先黑色，两颊具大型白斑；背部羽毛绿色；腹部黄色，中央贯以黑色纵纹；尾下覆羽黑色。

汉中分布 佛坪、洋县、城固、汉台区、留坝、宁强、西乡和镇巴。

外地分布 省内分布于秦岭地区；国内分布于甘肃、宁夏、湖北、湖南、四川、贵州、云南、西藏和台湾等地。

栖息地与习性 栖息在海拔1000～3000米的高山林区，冬季迁至低山和平原。以鞘翅目昆虫和蚂蚁等为食，是控制森林害虫的重要鸟类。4～7月繁殖，营巢于树洞或石隙等处。每窝产卵4～6枚，卵呈白色，具红褐色斑点。

居留型 在汉中为留鸟。

摄影：胡 琳

摄影：陈 旭

黄腹山雀（三有动物）

雀 形 目 Passeriformes
山 雀 科 Paridae
学　　名 *Pardaliparus venustulus* (Swinhoe)
英 文 名 Yellow-bellied Tit
别　　名 黄点儿、采花儿、黄豆崽、黄肚点儿

识别特征 体长约 10 厘米，体重约 11 克。头、喉和上胸黑色，眼先黑色，颊白色；两胁黄绿色，腹部黄色，中央无黑色纵带。雌鸟头顶、眼先和背灰绿色。

汉中分布 佛坪、洋县、城固、汉台区、留坝、宁强、西乡和镇巴。

外地分布 省内分布于秦岭和巴山地区；国内分布于甘肃、宁夏、河南、山西、湖南、湖北、江苏、浙江、江西、安徽、福建、广东、广西、四川和贵州等地。为我国特有鸟类。

摄影：陈 旭

栖息地与习性 栖息在海拔 500 ～ 2200 米的山区。食物以昆虫为主，兼吃植物性食物，属森林益鸟。4 月开始繁殖，营巢于树洞中。每窝产卵 5 ～ 7 枚，卵呈白色，具红或褐色点斑，大小约 1.7 厘米 ×1.3 厘米。

居留型 在汉中为留鸟。

大山雀（三有动物）

摄影：夏永光

雀 形 目 Passeriformes
山 雀 科 Paridae
学　　名 *Parus major* (Linnaeus)
英 文 名 Great Tit
别　　名 灰山雀、花脸雀、白脸山雀、仔仔黑

识别特征 体长约 14 厘米，体重约 14 克。头黑色，脸和后颈各具大型白斑；上体蓝灰色，背沾绿色；下背至尾上覆羽灰蓝色，腹部白色，中央贯以显著的黑色纵纹。

汉中分布 佛坪、洋县、城固、汉台区、留坝、勉县、略阳、宁强、南郑、西乡和镇巴。

外地分布 省内遍及全境；国内分布于新疆、青海、甘肃、宁夏、西藏、云南、河北、山西、四川、湖南、海南及东北地区和长江流域。

栖息地与习性 属林栖鸟类，多栖息在山地林区，越冬时迁至平原地区的林间。以蛾类和松毛虫等森林害虫为食，因分布广且数量多，而成为我国重要的控制森林害虫的益鸟。繁殖期为 3 ～ 8 月，营巢于树洞、石隙和墙洞等处。每年繁殖 2 次，每窝产卵 6 ～ 9 枚，卵大小约 1.6 厘米 ×1.2 厘米，重约 1.4 克，孵化期约为 15 天。

居留型 在汉中为留鸟。

摄影：陈 旭

摄影：赵纳勋

褐冠山雀（三有动物）

雀 形 目 Passeriformes
山 雀 科 Paridae
学　　名 *Parus dichrous* (Blyth)
英 文 名 Brown-crested Tit
别　　名 凤头山雀

摄影：张永文

识别特征 体长约 12 厘米，体重约 13 克。雌雄羽色相似。头具显著的褐灰色冠羽；通体呈暗灰色且微沾褐色，背呈橄榄褐色，下体淡棕色。嘴黑色；脚铅黑色。

汉中分布 佛坪、洋县和西乡。

外地分布 省内见于秦岭；国内分布于甘肃、青海、西藏、四川和云南等地。

栖息地与习性 多栖息在海拔 2200 米左右的高山针叶林或灌丛中，常结群活动。食物以昆虫为主，兼食植物的种子。

居留型 在汉中为留鸟。

黑冠山雀（三有动物）

雀 形 目 Passeriformes
山 雀 科 Paridae
学　　名 *Parus rubidiventris* (Blyth)
英 文 名 Rufous-vented Tit
别　　名 凤头山雀

识别特征 体长约 10.7 厘米，体重约 9 克。头顶具短冠羽，头、冠羽、喉和胸均为黑色；两颊与颈侧白色；躯干暗灰色；腹部呈橄榄灰色；两翼和尾黑褐色，具蓝灰色羽缘。

汉中分布 佛坪、城固、洋县和宁强。

外地分布 省内见于太白山等地；国内分布于新疆、甘肃、西藏、四川和云南等地。

栖息地与习性 栖息在海拔 2000 米以上的山地林区。食物以昆虫为主，兼食些植物嫩叶等，属食虫益鸟。

居留型 在汉中为留鸟。

摄影：向定乾

摄影：陈 旭

褐头山雀（三有动物）

雀 形 目 Passeriformes
山 雀 科 Paridae
学　 名 *Parus songarus* (Baldenstein)
英 文 名 Willow Tit

识别特征 体长约 12.1 厘米，体重约 11.7 克。头顶、额和后颈为栗褐色；颊白色；颏和喉均为黑色；上体呈粉红褐色；胸、腹、尾下覆羽和两胁呈棕色。

汉中分布 宁强、洋县和西乡。

外地分布 省内见于全省各地；国内分布于东北地区、新疆西北部、宁夏、甘肃、青海、河北、河南、山西、内蒙古、四川、云南和西藏等地。

栖息地与习性 多栖息在海拔较高的山地林区，喜欢成群活动。以昆虫为食，属食虫益鸟。繁殖期为 3～5月，营巢于树洞中，每窝产卵 7～10 枚。卵呈白色，具浅红或橘红或红褐色斑点。卵重约 1.4 克，大小约 1.6 厘米 ×1.3 厘米，孵化期为 12～16 天。

居留型 在汉中为留鸟。

摄影：向定乾

普通䴓

雀 形 目 Passeriformes
䴓　　科 Sittidae
学　　名 *Sitta europaea* (Linnaeus)
英 文 名 Eurasian Nuthatch
别　　名 蓝大胆

识别特征 体长约 12 厘米，体重约 18 克。头侧各有一道黑纹；上体呈石板灰蓝色；下体为白至肉桂棕色；尾下覆羽白色，具栗色羽缘。

汉中分布 佛坪、洋县、留坝、宁强、西乡和镇巴。

外地分布 省内见于秦岭；国内分布于东北三省、河北、内蒙古、山西、甘肃、四川、贵州、云南、西藏、新疆和台湾。

栖息地与习性 多栖在山地林区，常在树干上活动，以昆虫、果实和松树种子为食。4～5 月繁殖，营巢于树洞中，也会利用其他鸟的旧巢。一窝产卵 6～12 枚，卵呈白色，密布紫赭色斑点，重约 1.6 克，大小约 1.4 厘米 ×1.9 厘米。

居留型 在汉中为留鸟。

摄影：陈 旭

黑头䴓

雀 形 目 Passeriformes
䴓　　科 Sittidae
学　　名 *Sitta villosa* (Verreaux)
英 文 名 Chinese Nuthatch
别　　名 桦木炭儿

识别特征 体长约 11 厘米，体重约 8 克。雄鸟头顶黑色，雌鸟头顶褐黑色。眼先和眼后污黑色，具白或皮黄白色眉纹；上体石板蓝色；下体纯灰棕或棕黄色，体侧无栗色。嘴铅黑色，下嘴基部石板灰色；脚铅褐色。

汉中分布 留坝和宁强。

外地分布 省内见于秦岭南北坡及陕北黄龙山、乔山一带；国内分布于东北、河北、山西、宁夏、甘肃和青海。

栖息地与习性 多栖息在山地林区，在树冠或树皮缝隙中寻觅昆虫的成虫、幼虫和蛹为食，属森林食虫益鸟。5 月开始繁殖，多数自己在树干上啄洞营巢，也有少数利用旧巢。一般清晨产卵，每窝产卵 5 或 6 枚。卵呈白色，缀以朱红和紫红色斑点，大小约 1.2 厘米 ×1.3 厘米，孵化期为 15 ~ 17 天。

居留型 在汉中为留鸟。

摄影：陈 旭

白脸䴓

雀形目 Passeriformes
䴓　科 Sittidae
学　名 *Sitta leucopsis* (Gould)
英文名 White-cheeked Nuthatch
别　名 走木

摄影：李剑云

识别特征 体长约11厘米，体重约13克，雌雄羽色相似。头顶黑色；眼先和头侧近白色；上体石板蓝色；下体中央棕黄色，胁与尾下覆羽栗色。嘴黑色，下嘴暗浅，基部呈白色；脚褐色。

汉中分布 佛坪和洋县。

外地分布 省内见于秦岭；国内分布于青海、甘肃、西藏和四川。

栖息地与习性 多栖息在高山针叶林中，成小群在树干上活动，能顺树干向上攀爬，也可头向下沿树干匍匐而下。寻觅树皮缝隙中的昆虫为食，也兼食果实，属森林食虫益鸟。

居留型 在汉中为留鸟。

摄影：李剑云

摄影：王昌大

白尾䴓

雀 形 目 Passeriformes
䴓　 科 Sittidae
学　 名 *Sitta himalayensis* (Jardine *et* Selby)
英 文 名 White-tailed Nuthatch
别　 名 走木

识别特征 体长约11厘米，体重约13克。雌雄羽色相似。整个上体为蓝灰色，且中央一对尾羽的基部白色；尾下覆羽与下体均呈棕黄色。嘴黑色；脚橄榄褐色。

汉中分布 佛坪。

外地分布 省内见于太白山；国内分布于云南和西藏。

栖息地与习性 栖息在海拔1900～2600米的溪谷、山坡针叶林或针阔叶混交林地带。性格活泼，晨昏之际多单独或结群频繁活动于林间。善在高大的树干上短距离跳跃攀行，寻觅树皮缝隙中的昆虫为食。

居留型 在汉中为旅鸟。

摄影：蔡 琼

红翅旋壁雀

雀 形 目 Passeriformes
旋壁雀科 Tichidromidae
学　　名 *Tichodroma muraria* (Linnaeus)
英 文 名 Wallcreeper
别　　名 石花儿、爬岩鸟、爬树鸟

识别特征 体长约 15 厘米，体重约 19 克。雌雄羽色相似。嘴细长且略弯曲；体羽灰色；小覆羽与中覆羽赤红色，飞羽具白斑。夏羽喉黑色，冬羽喉白色。嘴与脚均黑色。

汉中分布 佛坪和洋县。

外地分布 省内还见于太白、宁陕、镇安和延安等地；国内分布于内蒙古、辽宁、河北、新疆、甘肃、青海、宁夏、江苏、安徽、河南、江西、湖北、四川、云南、广东和福建。

栖息地与习性 多栖息在悬崖峭壁和陡坡壁上，喜欢在坡壁稍倾斜且散生有灌木和乔木的地方活动。停息时常伸展双翅，将整个身体紧贴于陡壁上，将嘴探入壁缝崖隙中取食。食物以昆虫为主。

居留型 在汉中为旅鸟。

摄影：蔡 琼

四川旋木雀

雀 形 目 Passeriformes
旋木雀科 Certhiidae
学　　名 *Certhia tianquanensis* (Marfens *et al.*)
英 文 名 Sichuan Treecreeper
别　　名 旋木雀

摄影：李剑云

识别特征 体长约 13 厘米，体重约 7 克。雌雄羽色相似。前额、头顶、后颈直至上背棕褐色；下背、腰和尾上覆羽棕红色；翅上覆羽黑褐色，眼先黑褐色，耳羽棕褐色，两颊棕白且杂有褐色细纹；颏、喉、胸与腹白色或乳白色；下腹、两胁和尾下覆羽沾灰色，有的还微沾皮黄色。嘴长且向下弯曲，黑色，下嘴乳白色；脚淡褐色。

汉中分布 佛坪和洋县。

外地分布 省内见于陕南；国内分布于黑龙江、吉林、辽宁、河北、北京、甘肃、青海、新疆、四藏、云南、四川和湖北等地。

栖息地与习性 主要栖息在山地针叶林和针阔叶混交林、阔叶林和次生林中；其中，在海拔 700 ～ 1100 米的混交林带较常见。单独或成对活动，沿树干呈螺旋状攀缘，寻觅树皮中的昆虫，主要以象鼻虫、步行虫、天牛和叩头虫等为食。繁殖期为 4 ～ 6 月。

居留型 在汉中为旅鸟。

高山旋木雀

雀形目 Passeriformes
旋木雀科 Certhiidae
学　　名 *Certhia himalayana* (Vigors)
英 文 名 Bar-tailed Treecreeper
别　　名 旋木雀

识别特征 体长约 14 厘米，体重约 9 克。雌雄羽色相似。上体黑褐色，羽端具灰白色羽干纹；腰呈锈褐色；尾羽棕褐色，具褐色横斑；下体灰棕色。嘴褐色，下嘴基部乳白色；脚褐色。

汉中分布 佛坪、略阳、宁强和镇巴。

外地分布 省内见于秦岭的周至等地；国内分布于甘肃、西藏、四川、贵州和云南。

栖息地与习性 多栖息在海拔 1000 ~ 3500 米的山地森林中。常在树干上螺旋状攀缘觅食，停息时用坚硬的尾羽支撑身体。以昆虫为食，为森林食虫益鸟。

居留型 在汉中为留鸟。

摄影：赵纳勋

欧亚旋木雀

雀 形 目 Passeriformes
旋木雀科 Certhiidae
学　　名 *Certhia familiaris* (Linnaeus)
英 文 名 Eurasian Treecreeper
别　　名 爬树雀

识别特征 体长约13.5厘米，体重约8克。雌雄羽色相似。上体棕褐色，各羽具白色羽干纹；腰和尾上覆羽红棕色；尾羽黑褐色，外侧羽片具淡棕色宽缘；飞羽黑褐色，中部贯以两道淡棕色带斑，羽端棕白色；翅上覆羽黑褐色，羽端棕白色；下体白色。嘴黑色，下嘴乳白色；脚淡褐色。

汉中分布 佛坪和西乡。

外地分布 省内见于秦岭太白山；国内分布于甘肃、黑龙江和吉林。

栖息地与习性 栖息在山地森林，喜欢在大树干上螺旋式攀缘。以昆虫为食，是重要的森林食虫益鸟。营巢于阔叶树皮裂隙间，巢用苔藓、树皮纤维、蛛丝和羽毛构成，呈舟状。每窝产卵5或6枚，卵呈白色，上有细密的红褐色斑点，大小约1.5厘米×1.2厘米。

居留型 在汉中为留鸟。

摄影：徐永春

红胸啄花鸟

雀 形 目 Passeriformes
啄花鸟科 Dicaeidae
学　　名 *Dicaeum ignipectus* (Blyth)
英 文 名 Fire-breasted Flowerpecker
别　　名 红心肝、火胸啄花鸟

识别特征 体长约 8.5 厘米，体重约 8 克。雄鸟上体呈辉亮的金属绿色；下体棕黄色；胸部具一朱红色块斑。雌鸟上体呈橄榄绿色，下体棕黄色。嘴黑褐色，下嘴基部较淡，呈灰色；脚铅灰色。

汉中分布 佛坪。

外地分布 省内见于秦岭南坡及宁陕和汉阴；国内分布于四川、贵州、湖北、湖南、福建、广东、广西和西藏。

栖息地与习性 多栖在开阔的村庄、田野、山丘和山谷等次生阔叶林或河边树丛间。食物以昆虫、浆果、花蕊和花蜜为主，能传播花粉，控制害虫，也是观赏鸟。每年 5 ～ 7 月在山地密林中繁殖，营巢于树上，巢呈囊状，用板栗花序、蛛丝和植物纤维筑成，悬挂在细小树枝梢端。每窝产卵 2 ～ 5 枚，卵呈白色或灰白色，大小约 1.4 厘米 ×1.0 厘米。

居留型 在汉中为留鸟。

摄影：李剑云

雌鸟 / 摄影：蔡 琼

蓝喉太阳鸟（三有动物）

雀 形 目 Passeriformes
花蜜鸟科 Nectariniidae
学　　名 *Aethopyga gouldiae* (Vigors)
英 文 名 Gould's Sunbird
别　　名 桐花凤

识别特征 体长约 14.4 厘米，体重约 6.8 克。雄鸟头顶和喉紫色；眼先、颊、头侧、颈和背呈暗红色；腰与腹均黄色；胸部或与背同为红色，或与腹部同为黄色。雌鸟上体橄榄黄色，腰黄色，胸多呈灰色或黄色，其余下体灰褐色并缀以黄色。

汉中分布 佛坪、洋县和留坝。

外地分布 省内见于太白、宁陕等地；国内分布于甘肃、四川、贵州、湖北、湖南、广西和西藏等地。

栖息地与习性 栖息在海拔 1000 ～ 3100 米的高原盆地、山地阔叶林和灌丛中，喜欢在花丛中活动。以花蜜和昆虫为食，既是农林益鸟，又是著名的观赏鸟。

居留型 在汉中为夏候鸟。

雄鸟 / 摄影：蔡 琼

摄影：陈 旭

（树）麻雀（三有动物）

雀 形 目 Passeriformes
雀　　科 Passeridae
学　　名 *Passer montanus* (Linnaeus)
英 文 名 Tree Sparrow
别　　名 家雀

识别特征 体长14～15厘米，体重约25克。额至后颈红褐色；上体余部棕褐色，密布棕色与黑色相间的纵纹；眼的下缘、眼先、颏和喉的中部均为黑色；颊、耳羽和颈侧白色；头侧耳羽后部和颈侧具黑色斑块；胸和腹淡灰白色，尾暗褐色。

汉中分布 佛坪、洋县、城固、汉台区、留坝、勉县、略阳、宁强、南郑、西乡和镇巴。

外地分布 全省均有分布；广泛分布于全国各地。

栖息地与习性 栖息在居民区的建筑物上和树上，活动范围广，多集群活动。以谷物和植物的种子为食，繁殖季节也捕食大量昆虫。因分布广、数量多且繁殖快，在自然界生态平衡中具有一定作用。繁殖期为4～7月，营巢地多样。每窝产卵4～6枚，卵呈灰白色，满布褐色斑点，卵大小约1.6厘米×1.4厘米。

居留型 在汉中为留鸟。

摄影：陈 旭

山麻雀（三有动物）

雀 形 目 Passeriformes
雀 科 Passeridae
学 名 *Passer rutilans* (Temminck)
英 文 名 Russet Sparrow

识别特征 体长13～14厘米，体重约18克。上体呈栗红色，眉纹为棕白色，背部具黑色条纹；翅黑褐色，具两道棕白色横斑；头侧和下体中央白色，余部为灰褐色；颏和喉中央黑色。

汉中分布 佛坪、洋县、城固、留坝、勉县、宁强、南郑、西乡和镇巴。

外地分布 省内见于陕南各地；国内分布于青海、甘肃、宁夏、西藏、四川、云南、河南、山东、山西、湖南、湖北、安徽、江苏、浙江、贵州、福建、广东、广西和台湾等地。

摄影：蔡 琼

栖息地与习性 栖息在山区村落附近及沟谷、河边、农田和灌丛等地，多集群活动。食物以植物的种子为主，兼食昆虫。营巢于树洞或山区房舍墙壁的洞穴内。每窝产卵3～6枚，卵呈灰白或近白色，具紫或黄褐色斑点，大小约1.8厘米×1.4厘米。

居留型 在汉中为留鸟。

摄影：陈 旭

摄影：蔡 琼

白腰文鸟

雀 形 目 Passeriformes
梅花雀科 Estrildidae
学　　名 *Lonchura striata* (Linnaeus)
英 文 名 White-rumped Munia
别　　名 十姐妹、白腰算命鸟

识别特征 体长约 11.3 厘米，体重约 13 克。雌雄羽色相似。额、眼先、颏和喉黑褐色，上体自头顶至背及两肩均为暗沙褐色，具白色羽干纹；腰白色，尾羽黑色；腹和两胁近白色，尾下覆羽栗褐色。上嘴黑色，下嘴蓝灰色；脚蓝褐色。

汉中分布 西乡。

外地分布 省内见于秦岭南北坡；国内分布于湖北、河南、安徽、江苏、浙江、四川、贵州、福建、广东、广西和台湾等地。

栖息地与习性 多栖息在平原、丘陵及山脚的村落附近，夏季迁移到山区村庄附近活动。食物以植物的种子为主，兼食昆虫。营巢于大树上，巢呈曲颈瓶状，在曲颈处开口出入。每窝产卵 6 或 7 枚，卵呈白色，无斑，大小约 1.5 厘米 ×1.1 厘米。

居留型 在汉中为留鸟。

燕雀（三有动物）

雀 形 目 Passeriformes
燕 雀 科 Fringillidae
学　　名 *Fringilla montifringilla* (Linnaeus)
英 文 名 Brambling
别　　名 虎皮雀

识别特征 体长约15厘米，体重约26克。头、后颈和上背为亮黑色；下背、腰和尾上覆羽中间白色，边缘黑色；肩部橙黄色；颏、喉与胸橙黄色，下体余部白沾棕色。

汉中分布 佛坪、洋县和城固。

外地分布 省内见于定边、榆林、西安、周至等地；国内广泛分布于大部分地区。

栖息地与习性 栖息在山地树林和灌丛中，也常见于平原草地、果园和河岸附近。迁徙时喜大群行动。以昆虫和植物种子为食，属食虫鸟，可供饲养观赏。营巢在桦和松等大树的分叉处。每窝产卵5～7枚，卵呈淡褐或蓝绿色，具红褐和黑褐色斑点，大小约2.1厘米×1.3厘米。

居留型 在汉中为旅鸟。

摄影：陈旭

摄影：蔡琼

摄影：蔡 琼

金翅雀（三有动物）

雀形目 Passeriformes
燕雀科 Fringillidae
学　名 *Carduelis sinica* (Linnaeus)
英文名 Grey-capped Greenfinch
别　名 绿雀、金翅儿、东方金翅、黄豆雀

识别特征 体长 13～14 厘米，体重约 19 克。雄鸟额、颊和眉纹黄色；眼先和眼周黑色；耳羽、头顶和后颈灰色。翅黑色且具黄色斑块，飞羽羽缘白色；下体黄色。雌鸟体色较雄鸟浅淡。

汉中分布 佛坪、洋县、城固、汉台区、留坝、勉县、略阳、宁强、南郑、西乡和镇巴。

外地分布 省内见于陕南和陕北；广泛分布于全国各地。

栖息地与习性 栖息在低山疏林地带及河谷次生杂木林中，喜成群活动。以草籽和树木的种子为食，也吃谷物和昆虫。鸣声悦耳，性活泼，可作观赏鸟。4～7 月繁殖，营巢于乔木上。每窝产卵 4 或 5 枚。卵呈绿白色，具褐色和黑色斑点，大小约 1.9 厘米 ×1.4 厘米。

居留型 在汉中为留鸟。

摄影：张海斌

黄雀（三有动物）

雀 形 目 Passeriformes
燕 雀 科 Fringillidae
学　　名 *Carduelis spinus* (Linnaeus)
英 文 名 Siskin
别　　名 金背

摄影：赵纳勋

识别特征 体长约 11 厘米，体重约 13 克。体背黄绿色；腰有一金黄色斑；翅呈黑黄色花斑状；下体前段金黄色，后段灰白色，有黑褐色纹。雄鸟头顶黑色，喉具黑色斑。雌鸟头顶褐沾青绿色，具黑色纵纹。嘴暗灰褐色；脚黑褐色。

汉中分布 佛坪和洋县等地。

外地分布 省内见于陕南；国内分布于浙江、福建、广东、辽宁、河北、河南、四川和贵州。

栖息地与习性 常栖息在大柳树或山中针叶树上，冬天在平原和山林间避寒。多群集在较遮蔽的树顶上，不时露出黄色的腰和翼带。食物以植物的种子和昆虫为主。5 ～ 7 月繁殖；营巢于松枝上或灌丛中，每窝产卵 4 ～ 6 枚。卵蓝白色，缀以红褐色条纹和斑点，大小约 1.8 厘米 ×1.6 厘米。

居留型 在汉中为旅鸟。

摄影：蔡 琼

林岭雀

雀 形 目 Passeriformes
燕 雀 科 Fringillidae
学　　名 *Leucosticte nemoricola* (Hodgson)
英 文 名 Plain Mountain Finch
别　　名 岭雀

识别特征 体长约15厘米，体重约18克。雌雄羽色相似。头顶、背和肩褐色，各羽具显著的黑褐色羽干纹，羽缘色较淡；翅和尾黑褐色，羽缘淡灰白色；下体灰白沾皮黄色，具栗褐色纵纹。嘴淡褐色，下嘴基部淡红褐色；脚暗褐色。

汉中分布 佛坪、留坝和洋县。

外地分布 省内见于秦岭；国内分布于青海、河南、四川、云南、甘肃、新疆和四川。

栖息地与习性 多栖息在高山坡、草滩和灌丛中，常集小群活动，以杂草的种子为食。

居留型 在汉中为夏候鸟。

摄影：王昌大

斑翅朱雀（三有动物）

雀 形 目 Passeriformes
燕 雀 科 Fringillidae
学　　名 *Carpodacus trifasciatus* (Verreaux)
英 文 名 Three-banded Rosefinch
别　　名 麻鹨子

识别特征 体长约19厘米，体重约28克。雄鸟额与头侧具珠白色鳞状斑；头顶和背羽皆黑色，着暗红色羽缘；腰羽呈石板灰色；尾上覆羽黑色；尾羽黑褐色；胁和上腹暗纹玫瑰红色；腹白色。雌鸟头灰褐色，后颈和上背灰褐沾棕色，具黑褐色纵纹。嘴暗褐色；脚黄褐色。

汉中分布 佛坪、留坝和宁强。

外地分布 省内见于留坝；国内分布于甘肃、西藏、四川和云南。为我国特有种。

栖息地与习性 多栖息在低山针阔叶混交林中，也到林缘农田和草地上觅食。食物以杂草的种子为主，偶食昆虫的残骸。

居留型 在汉中为留鸟。

摄影：张永文

雄鸟 / 摄影：胡万新

酒红朱雀（三有动物、省级重点）

雌鸟 / 摄影：赵纳勋

雀 形 目 Passeriformes
燕 雀 科 Fringillidae
学　　名 *Carpodacus vinaceus* (Verreaux)
英 文 名 Vinaceous Rosefinch
别　　名 红麻鹨子

识别特征 体长 12～15 厘米，体重约 19 克。雄鸟眉纹粉红色，显丝绢光泽；通体深朱红色，下体色较浅亮，腰羽异常鲜红；翼和尾羽黑褐色且有狭窄暗红棕色羽缘，最内侧两根飞羽外缘具粉红色端斑。雌鸟上体黄褐色，有黑褐色条纹；下体色较淡，颏与喉具暗色羽轴纹；翼和尾羽淡黑褐色，具黄褐色羽缘，最内侧两根飞羽外缘白色。

汉中分布 佛坪、洋县、留坝、宁强和镇巴。

外地分布 省内见于太白和周至等地；国内分布于甘肃、新疆、西藏、湖北、台湾及西南地区。

栖息地与习性 栖息在海拔 2000～3000 米的树林、山坡竹林和灌丛间，单独或结小群活动于地面草丛中。食物以杂草种子为主，也捕食昆虫。

居留型 在汉中为留鸟。

普通朱雀（三有动物）

雀 形 目 Passeriformes
燕 雀 科 Fringillidae
学　　名 *Carpodacus erythrinus* (Pallas)
英 文 名 Common Rosefinch
别　　名 红麻鹨、青麻鹨、朱雀

识别特征 体长约 15 厘米，体重约 22 克。雄鸟头顶、颏、喉和胸为有光泽的深红色；后颈、背、肩与翼上的内侧覆羽为橄榄褐色；腰以下暗洋红色；下胸淡洋红色，腹部以下污白色，较白的腹部与尾下覆羽是本种与其他朱雀最大的差别。雌鸟头部、上体橄榄褐色，有暗色纵斑；下体近白色；两胁具暗色斑纹。幼鸟似雌鸟，但褐色较重且有纵纹。嘴灰色；脚近黑色。

汉中分布 佛坪、洋县、城固、汉台区和勉县。

外地分布 省内见于秦岭巴山及延安、定边等地；国内分布于新疆、青海、甘肃、宁夏、西藏、云南、山西、河北和东北地区。

栖息地与习性 栖息在亚高山林带、高山草地、林间空地和灌丛中。

居留型 在汉中为夏候鸟。

雌鸟 / 摄影：赵纳勋

雄鸟 / 摄影：赵纳勋

红眉朱雀（三有动物）

雀形目 Passeriformes
燕雀科 Fringillidae
学　名 *Carpodacus pulcherrimus* (Milne Edwards)
英文名 Chinese Beautiful Rosefinch

识别特征 雄鸟额、眉纹、耳羽、颊、胸、腹和腰为玫瑰红色，头顶和上体呈灰褐色且具粗黑褐色纵纹；两翅和尾黑褐色，臀近白色。雌鸟上体灰褐色，下体灰白色，都具褐色纵纹。

汉中分布 佛坪和洋县。

外地分布 分布于内蒙古、陕西太白山、河北北部、北京、天津、山西和甘肃南部。

栖息地与习性 栖息在海拔 1200 ~ 4000 米的高山、灌丛和草地上。

居留型 在汉中为留鸟。

摄影：孟宪伟

红交嘴雀（三有动物）

雀 形 目 Passeriformes
燕 雀 科 Fringillidae
学　　名 *Loxia curvirostra* (Linnaeus)
英 文 名 Red crossbill
别　　名 交嘴雀、青交嘴（雌鸟）

识别特征 体长 15.8～16.5 厘米，体重约 35 克。上下嘴先端交错。雄鸟通体朱红色，颏、眼先、眼周和耳羽暗褐色，翅羽和尾黑色，下腹白色。雌鸟通体暗绿色，眼先、眼周、耳羽、颊至颈侧灰色，腰羽黄绿色。

汉中分布 佛坪和洋县。

外地分布 省内见于洋县等地；国内除华南地区外，其他地区均有分布。

栖息地与习性 栖息在针叶林和针阔叶混交林中。以松树的种子为食，尤喜吃落叶松种子，有助于种子传播。繁殖期为 5～7 月，多营巢于松树枝上，巢呈碗状。每窝产卵 3～5 枚，卵呈污白色稍带绿色，具红褐和黑褐色斑点，大小约 2.0 厘米 ×1.5 厘米。

居留型 在汉中为旅鸟。

雄鸟 / 摄影：赵纳勋

雌鸟 / 摄影：蔡 琼

灰头灰雀（三有动物、省级重点）

雀 形 目 Passeriformes
燕 雀 科 Fringillidae
学　　名 *Pyrrhula erythaca* (Blyth)
英 文 名 Gray-headed Bullfinch
别　　名 赤胸灰雀

识别特征 体长约15厘米，体重约20克。雄鸟嘴基周围和眼周黑色，外围有一圈白色；头顶、后颈、背和肩灰色；腰白色；两翼和尾大多灰色，沾紫辉；小覆羽为灰色，中覆羽与大覆羽黑色，具淡灰沾棕色的羽端；颏与喉淡棕色；上胸灰色，下胸与上腹部的羽色由棕黄变成鲜亮的橙红色；下腹白且沾灰色，尾下覆羽纯白色。雌鸟背部沾葡萄褐色，翼上横斑棕色；下体淡葡萄灰色代替了橙红色。其余羽色与雄鸟相同。

汉中分布 佛坪和洋县。

外地分布 省内见太白等地；国内分布于河北、山西、甘肃、青海、宁夏、西藏、湖北和台湾等地；国外见于印度等国。

栖息地与习性 多栖息在山地林区，单个、成对或集小群活动，以草籽、浆果和昆虫为食。

居留型 在汉中为留鸟。

雌鸟 / 摄影：蔡 琼

雄鸟 / 摄影：蔡 琼

摄影：陈 旭

黑尾蜡嘴雀（三有动物）

雀 形 目 Passeriformes
燕 雀 科 Fringillidae
学　　名 *Eophona migratoria* (Hartert)
英 文 名 Black-tailed Grosbeak
别　　名 蜡嘴、铜嘴

识别特征 体长18～19厘米，体重约50克。嘴粗大，呈蜡黄色。雄鸟头部黑色，后颈、背和肩深灰褐色；翼黑色且带白斑；中央尾羽亮黑色，其余尾羽黑色；腹部近灰色；腹侧橙黄色。雌鸟头灰褐色，翼白斑狭小，尾上覆羽灰色；尾羽褐灰色，尾端黑褐色。

汉中分布 佛坪、洋县、宁强和西乡。

外地分布 省内见于西安等地；国内除宁夏、青海、新疆、西藏和海南外，其他地区均可见。

栖息地与习性 栖息在山地林区，常活动于林缘和村头的树上，也到河谷或农田里觅食。食物为树木与杂草的种子及昆虫，属季节性迁徙的鸟类。繁殖期为5～6月，营巢于灌木或乔木的枝丫上，每窝产卵4或5枚。卵呈白色，具紫色或暗褐色蝌蚪状斑纹，大小约2.3厘米×1.8厘米。

居留型 在汉中为旅鸟。

摄影：牛蜀军

黑头蜡嘴雀（三有动物）

雀 形 目 Passeriformes
燕 雀 科 Fringillidae
学　　名 *Eophona personata* (Temminck *et* Schlegel)
英 文 名 Japanese Grosbeak
别　　名 蜡嘴、铜嘴蜡子

识别特征 体长约24厘米，体重65～75克。嘴粗大，呈鲜黄色；额、头顶、嘴基和眼周为辉蓝黑色；耳羽棕灰色；上体灰沾褐色；腰苍灰色；中央尾羽紫蓝色具金属光泽，其余尾羽黑色，下体胸和胁浅灰色；腹部灰白色。

汉中分布 西乡和镇巴。

外地分布 省内见于汉阴等地；国内广泛分布于大部分地区。

栖息地与习性 栖息在乔木林中，也在林缘和居民点附近的树上活动。善鸣唱，是传统观赏鸟。杂食性，食物以松树等树的种子和浆果为主；夏季则以各种昆虫为食，也吃树芽。营巢于林区乔木的枝杈间，每窝产卵4或5枚。卵呈绿灰色，具黑色细点，大小约2.5厘米×1.8厘米。

居留型 在汉中为旅鸟。

锡嘴雀（三有动物）

雀 形 目 Passeriformes
燕 雀 科 Fringillidae
学　　名 *Coccothraustes coccothraustes* (Linnaeus)
英 文 名 Hawfinch
别　　名 老锡儿、铁嘴蜡子、锡嘴

识别特征 体长约 18 厘米，体重约 50 克。雄鸟嘴粗大，呈灰蓝色；头顶与枕部皮黄色；背肩茶褐色；腰皮黄色；尾上覆羽棕色；颏与喉黑色；胸与腹淡葡萄红色，下腹中央和尾下覆羽白色。雌鸟和雄鸟基本相似，但羽色较浅淡，额至头顶乌灰色。嘴铅蓝色，下嘴基部近白色；脚肉褐色。

汉中分布 西乡和洋县。

外地分布 省内见于秦岭以北、西安及其附近地区；国内广泛分布于东北三省、河北、山东、福建、广东、四川、贵州、青海、甘肃、宁夏和内蒙古。

栖息地与习性 多栖息在山地林区和稀疏林地，喜欢在大树上活动，也常到林缘、灌丛、田间和河谷中觅食。食物为树木的种子、草籽和多种昆虫。营巢于乔木或灌木的树冠间，每窝产卵 4 ~ 6 枚。卵呈绿灰或淡绿色，具淡紫褐色斑点和细纹，大小约 2.3 厘米 ×1.7 厘米。

居留型 在汉中为冬候鸟。

摄影：柴 勇

摄影：柴 勇

白斑翅拟蜡嘴雀

雀形目 Passeriformes
燕雀科 Fringillidae
学　名 *Mycerobas carnipes* (Hodgson)
英文名 White-winged Grosbeak
别　名 蜡嘴雀、白翅拟蜡嘴雀

摄影：阮 跃

识别特征 体长约 22 厘米，体重约 65 克。雄鸟头、颈和背为黑色，肩、背与腰羽具暗黄绿色端缘；尾上覆羽黄色；尾羽黑色，具淡白色狭端缘，翅黑褐色，第 2 ～ 7 根飞羽中部具白斑；下体颏、喉与胸部黑色，余部黄色；腋羽和翅下覆羽淡白色。雌鸟体色较淡，上体多沾绿色。嘴黑褐色，下嘴较浅；爪肉褐色。

汉中分布 佛坪、洋县和宁强。

外地分布 省内见于太白山；国内分布于内蒙古、青海、甘肃、新疆、宁夏、四川、西藏和云南。

栖息地与习性 多栖息在山间云杉和柏树纯林与混交林中。食物以树木的种子、嫩枝芽和杂草的种子为主，有时也吃昆虫。

居留型 在汉中为留鸟。

摄影：匡中帆

摄影：陈 旭

田鹀（三有动物）

雀 形 目 Passeriformes
鹀　　科 Emberizidae
别　　名 *Emberiza rustica* (Pallas)
英 文 名 Rustic Bunting
别　　名 白眉儿、花眉子

识别特征 体长 14.5 ～ 15 厘米，体重约 17 克。雄鸟额至头顶黑褐色，具暗锈棕色羽缘，呈鳞斑状；眼先、眼周和耳羽黑色；眉纹白色；后颈沙灰色；颏与喉近白色，两侧各有一行黑褐色点斑；背与腰淡棕色，具黑褐色羽干纹；下体多为白色，胸具棕褐色纵纹。雌鸟体色较淡。胸部的栗红色带多杂以白色。

汉中分布 留坝、洋县、城固和汉台区。

外地分布 省内见于太白、岐山、眉县和西安等地；国内几乎遍及全国各地。

栖息地与习性 栖息在山麓林缘和灌丛中，常于田野和草地上活动，以杂草的种子和昆虫为食。

居留型 在汉中为冬候鸟。

白头鹀（三有动物）

雀 形 目 Passeriformes
鹀　　科 Emberizidae
学　　名 *Emberiza leucocephala* (Gmelin)
英 文 名 Pine Bunting
别　　名 白冠雀、松树鹀、地麻雀

识别特征 体长约17厘米，体重约26克。雄鸟额黑色，头顶正中有一个明显的白色块斑；眉纹土黄色；喉与上胸间有月牙形的白斑。雌鸟与雄鸟羽色相似，下体色淡。

汉中分布 佛坪和洋县。

外地分布 省内见于秦岭南北坡；国内分布于内蒙古、河北、江苏、山东及东北和西北地区。

栖息地与习性 栖息在低山丘陵和山脚平原地区，也常见于林缘、灌丛和田间，以杂草的种子、谷物和昆虫为食。营巢于地面或灌丛中，每窝产卵4或5枚。卵呈红色或蓝白色，具褐色或灰色斑点，大小约2.0厘米×1.7厘米。

居留型 在汉中为冬候鸟。

摄影：王昌大

灰头鹀（三有动物）

雀 形 目 Passeriformes
鹀　　科 Emberizidae
别　　名 *Emberiza spodocephala* (Pallas)
英 文 名 Black-faced Bunting

识别特征 雄鸟眼先与颊黑色，头、颈背、喉和上胸均为灰沾黄绿色，上体余部浓栗色且具明显的黑色纵纹；下体浅黄或近白色，肩部具一白斑；尾色深且带白色边缘。雌鸟头和上体灰红褐色，具黑色纵纹，贯眼纹和耳覆羽下的月牙形斑纹黄色。

汉中分布 佛坪和洋县。

外地分布 省内见于陕南和关中等地；国内分布于西北和长江中下游。

栖息地与习性 栖息在林缘落叶林、灌丛和草坡地带，尤喜沿林间公路和河谷两侧的次生林和灌丛活动。

居留型 在汉中为夏候鸟。

摄影：张永文

摄影：赵纳勋

雄鸟 / 摄影：赵纳勋

雌鸟 / 摄影：赵纳勋

苇鹀（三有动物）

雀 形 目 Passeriformes
鹀　　科 Emberizidae
学　　名 *Emberiza pallasi* (Cabanis)
英 文 名 Pallas's Reed Bunting
别　　名 苇麻雀

识别特征 体长 14～14.5 厘米，体重约 15 克。额与头顶黑色；后颈和上背白色，后颈具不明显的白环，羽缘沙黄色；上体余部沙棕白色；颈部具一褐色带状斑；肩与背具黑斑纹；喉与胸中央具大型黑色块斑，其余下体白色。

汉中分布 洋县、城固和汉台区。

外地分布 省内见于榆林、神木和西乡等地；国内分布于华东、东北、华北地区及内蒙古、甘肃、新疆、江西、宁夏和福建等地。

栖息地与习性 属广栖性种类，多栖息在河流两岸的山地林缘、灌丛、芦苇沼泽地、草地和农田中。营巢于沼泽地、草丛或灌丛中，卵呈褐灰色。

居留型 在汉中为冬候鸟。

三道眉草鹀(三有动物)

雀 形 目 Passeriformes
鹀　　科 Emberizidae
学　　名 *Emberiza cioides* (Brandt)
英 文 名 Meadow Bunting
别　　名 三道眉、山麻雀、地麻雀

摄影：陈 旭

识别特征 体长约16厘米，体重约20克。雄鸟头顶、耳羽、后颈和上体栗色，头顶杂以浓栗褐色纵纹；眉纹和颊为灰白色；眼先及颧纹黑色；背具黑色纵纹；颏、喉与上胸淡灰色；胸具栗色带状横纹；下胸与胁淡栗红色；腹沙黄色。雌鸟头顶和后颈褐色沾棕色，具黑褐色条纹；胸无栗色带状横纹。普通亚种头顶的红栗色与背的红棕色均较暗；内侧飞羽的外缘暗红棕色；腹部色较暗；翅较长。

摄影：蔡 琼

汉中分布 佛坪、洋县、汉台区、留坝、宁强、西乡和镇巴。

外地分布 省内见于眉县、周至、西安、宁陕、汉阴和安康等地；国内分布于甘肃、青海、新疆、宁夏、山东、河北、河南、四川、云南、贵州、湖北、湖南、江西、安徽、江苏、浙江、福建、广西及东北地区等。

栖息地与习性 栖息在低山林缘、灌丛、山坡草地、农田与河谷，属广栖性种类。食物以松毛虫和甲虫等昆虫为主，也吃杂草的种子和谷物。营巢于乔木和灌木的枝丫上或地面草丛中，每窝产卵4或5枚。卵呈灰白色，具黑色线状纹，重约2克，大小约2.0厘米×1.5厘米。

居留型 在汉中为留鸟。

摄影：陈 旭

黄眉鹀（三有动物）

雀 形 目 Passeriformes
鹀　　科 Emberizidae
学　　名 *Emberiza chrysophrys* (Pallas)
英 文 名 Yellow-browed Bunting
别　　名 黄眉地麻串

识别特征 体长约 14 厘米，体重约 18 克。雄鸟额、头顶、枕部和头侧为黑色，具白色冠羽；眉纹黄色，上体余部褐色；颏黑色，胸侧和胁栗褐色，具暗褐色条纹；下体余部白色。雌鸟头顶栗褐色，颏白色。嘴褐色，嘴尖端黑褐色；脚肉色。

汉中分布 佛坪。

外地分布 省内见于关中等地；国内分布于内蒙古、黑龙江、河南、河北、山东、四川、贵州、广东、福建和辽宁。

栖息地与习性 多栖息在低山丘陵的林缘、灌丛、农田和草丛中，食物以草籽等为主。

居留型 在汉中为旅鸟。

摄影：蔡 琼

黄喉鹀（三有动物、省级重点）

雀 形 目 Passeriformes
鹀　　科 Emberizidae
学　　名 *Emberiza elegans* (Temminck)
英 文 名 Yellow-throated Bunting
别　　名 黄眉子、黄豆瓣

识别特征 体长约16厘米，体重约16克。雄鸟眉纹、枕、颊和上喉辉黄色；下喉与颈侧白色；头顶羽冠和头侧黑色；羽冠覆于黄色枕羽上；背和肩棕栗色，腰灰色；尾上覆羽灰褐沾棕色；两翼黑褐色；大覆羽和中覆羽具棕白色宽缘，形成两道翼斑；中央尾羽灰褐色，外侧尾羽黑色，胸具黑色半圆形胸斑；下体余部近白且微沾棕色。雌鸟头顶为黑褐沾黄色；眉纹、枕、颏与上喉沙黄色；下喉和颈侧白色，胸斑黑褐色。其余羽色与雄鸟相同。

汉中分布 佛坪、洋县、汉台区、留坝、宁强、西乡和镇巴。

外地分布 省内遍布秦岭和巴山；国内几乎广泛分布于各地。

栖息地与习性 栖息在农田、灌丛、河谷、道路旁、居民点、小片次生林和林缘等地。以杂草的种子、昆虫和谷粒等为食。每窝产卵4或5枚，卵呈灰白色，具黑褐、紫褐和黑色斑点，重约2克，大小约1.5厘米×1.8厘米。孵化期约为11天。

居留型 在汉中为留鸟。

蓝鹀（三有动物、省级重点）

雀形目 Passeriformes
鹀　科 Emberizidae
学　名 *Latoucheornis siemsseni*
英文名 Slaty Bunting
别　名 蓝地麻串

识别特征 体长约 13 厘米，体重约 16 克。雄鸟通体灰蓝色，胁、下腹和尾下覆羽白色；飞羽黑色，有蓝灰色羽缘，内侧飞羽基部有白色斑；尾羽黑色，具灰蓝色羽缘；最外侧尾羽有一大型楔状斑。雌鸟头、颈和上胸棕黄色；上背棕褐色；具暗色羽干纹；下背、腰和尾上覆羽石板灰色，羽缘棕褐色；翼黑褐色，覆羽和飞羽均有棕褐色；尾羽灰褐色；下胸与两胁棕褐色，腹和尾下覆羽白色。

汉中分布 佛坪、洋县、宁强和西乡。

外地分布 省内见于周至、太白和宁陕等地；国内分布于甘肃、四川、湖北、安徽、浙江、贵州福建和广东。为我国特有种。

栖息地与习性 成群栖息在海拔 1000 米以上的山地森林灌丛中，食物为昆虫和草籽。

居留型 在汉中为夏候鸟。

雌鸟 / 摄影：蔡 琼

雄鸟 / 摄影：蔡 琼

小鹀（三有动物）

雀 形 目 Passeriformes
鹀　　科 Emberizidae
学　　名 *Emberiza pusilla* (Pallas)
英 文 名 Little Bunting
别　　名 红脸麻串

识别特征 体长约13.5厘米，体重约13克。雄鸟头顶中央栗红色，两侧各具一条黑色宽带状纹；脸部有栗色斑；翼和尾黑褐色。喉侧、胸与胁土黄色；下体余部白色，具黑色斑。雌鸟头顶两条带纹，沾栗褐色。

汉中分布 佛坪、洋县、汉台区、留坝、宁强、西乡和镇巴。

外地分布 省内见于太白、岐山、眉县、周至、户县、西安、安康、定边、榆林和神木等地；国内几乎分布全国各地。

栖息地与习性 栖息在山地、丘陵、草地和灌丛中，也常见于林缘和耕地活动，以植物的种子和昆虫为食。营巢于草丛中的地面上，每窝产卵4～6枚。卵呈白色或肉红色，具褐、灰、紫色斑点和条纹，大小约1.8厘米×1.4厘米。

居留型 在汉中为留鸟。

摄影：徐永春

摄影：匡中帆

汉中的绿水青山，造就出鸟儿的乐园。摄影：赵纳勋

中文名索引

A

B

C

D

E

F

G

H

J

L

M

N

O

P

英文名索引

A

B

C

D

E

F

S

T

U

V

W

Y

Z

拉丁名索引

A

B

C

D

E

F

G

H

I

J

K

L

M

N

O

P

鸟类学生僻字

鸨 bǎo（保）
鹎 bēi（杯）
鹭 lù（路）
鹛 méi（眉）
鸲 qú（渠）
䎃 rǎn（染）：绒羽
䴓 shī（师）
蠹 dù（杜）：虫蠹
隼 sǔn（损）
鹗 è（饿）
颚 è（饿）
鹟 wēng（翁）
鹀 wū（乌）
凫 fú（服）
翈 xiá（辖）：羽瓣
鸻 héng（恒）
鹞 yào（药）
鸠 jiū（究）
鹬 yù（预）
鸢 yuān（冤）
䴅 jué（绝）
颏 ké（壳）
肫 zhūn（谆）：鸟胃
椋 liáng（凉）
鸫 dōng（东）
鸮 xiāo（消）
䴕 liè（列）
鹁 bó（伯）
鹕 hú（胡）
鵟 kuáng（狂）
鹨 liù（六）
鹮 huán（还）
鹳 guàn（贯）
髭 zī（资）
鹫 jiù（救）
杓 sháo（芍）
鹣 jiān（间）
跖 zhí（直）：脚掌
鸬鹚 lú-cí（炉磁）
䴙䴘 pì-tī（僻梯）
鸱鸮 chī-xiāo（吃消）
鹡鸰 jí-líng（吉灵）
鸺鹠 xiū-liú（休留）
鹪鹩 jiāo-liáo（交辽）
鹧鸪 zhè-gū（这估）
啁啾 zhōu-jiū（周究）

参考文献

郑作新，张荣祖，1959. 中国动物地理区划 [M]. 北京：科学出版社 .
郑作新，1973. 秦岭鸟类志 [M]. 北京：科学出版社 .
王中裕等，1988. 陕西省雁鸭两种鸟类新记录 [J]. 四川动物杂志 .
辞海编辑委员会，1988. 辞海 [M]. 上海：上海辞书出版社 .
闵芝兰，1991. 陕西省重点保护野生动物 [M]. 北京：中国林业出版社 .
中国野生动物保护协会，1992. 中国鸟类图鉴 [M]. 北京：中国林业出版社 .
李桂桓，1993. 四川鸟类原色图鉴 [M]. 北京：中国林业出版社 .
王中裕等，1993. 汉中地区鹭科鸟类数量和分布现状 [J]. 四川动物杂志 .
郑生武，1994. 中国西北地区珍稀濒危动物志 [M]. 北京：中国林业出版社 .
许维枢，1995. 中国猛禽 [M]. 北京：中国林业出版社 .
钱燕文，1995. 中国鸟类图鉴 [M]. 郑州：河南科学技术出版社 .
颜重威等，1996. 中国野鸟图鉴 [M]. 台北：翠鸟文化事业有限公司 .
中国科学院中国动物志委员会，1997. 中国动物志・鸟纲 [M]. 北京：科学出版社 .
汪松，1998. 中国濒危动物红皮书 [M]. 北京：科学出版社 .
中国野生动物保护协会，1998. 中国珍贵野生动物 [M]. 北京：中国林业出版社 .
约翰・马敬能，卡伦・菲利普斯，何芬奇，2000. 中国鸟类野外手册 [M]. 长沙：湖南教育出版社 .
赵正阶，2001. 中国鸟类志 [M]. 长春：吉林科学技术出版社 .
史东仇，曹永汉，2001. 中国朱鹮 [M]. 北京：中国林业出版社 .
陕西省林业厅，2001. 陕西省陆生野生脊椎动物资源调查报告 [R].
王紫江等，2001. 云南鸟类 [M]. 昆明：云南人民出版社 .
郑作新，2002. 世界鸟类名称 [M]. 北京：科学出版社 .
郑光美，张词祖，2002. 中国野鸟 [M]. 北京：中国林业出版社 .
任毅，2002. 陕西长青国家级自然保护区动植物资源 [M]. 西安：西北大学出版社 .
刘诗峰，张坚，2003. 陕西佛坪自然保护区生物多样性研究与保护 [M]. 西安：陕西科学技术出版社 .
李维智，2005. 中国云南野生鸟类 [M]. 北京：中国林业出版社 .
蒋志刚，2005. 陕西青木川自然保护区的多样性 [M]. 北京：清华大学出版社 .
郑光美，2005. 中国鸟类分类与分布名录 [M]. 北京：科学出版社 .
任毅，刘明时等，2006. 太白山多样性研究与管理 [M]. 北京：中国林业出版社 .
李占刚，任毅，王学杰，2006. 陕西长青国家级自然保护区综合科学考察报告 [M]. 西安：陕西科学技术出版社 .
巩会生，阮玉琴等，2006. 陕西秦岭大巴山地区鸟类物种多样性及其分布的研究 [J]. 动物学杂志 .
雷富民，卢汰春，2006. 中国鸟类特有种 [M]. 北京：科学出版社 .
孙承骞，王万云，徐振武，冯宁，2007. 中国陕西鸟类图志 [M]. 西安：陕西科学技术出版社 .
冯宁，徐振武等，2007. 秦岭鸟类资源种类的分布变化研究 [J]. 西北林学院学报 .
冯宁，2007. 陕西省水鸟种群和地理分布研究 [J]. 动物分类学报 .
马建章，2008. 中国野生动物保护实用手册 [M]. 北京：科学技术文献出版社 .
曲利明，2014. 中国鸟类图鉴（便携版）[M]. 福州：海峡书局 .